怎样当好园林绿化工程造价员

江 文 张 琦 主 编

冯早玲 左沭涟 王湘菡 副主编

中国建材工业出版社

图书在版编目(CIP)数据

怎样当好园林绿化工程造价员 / 江文,张琦主编
—北京:中国建材工业出版社,2014.9
(怎样当好造价员丛书)
ISBN 978 - 7 - 5160 - 0866 - 9

Ⅰ.①怎… Ⅱ.①江… ②张… Ⅲ.①园林-绿化-
工程造价 Ⅳ.①TU986.3

中国版本图书馆 CIP 数据核字(2014)第 130799 号

怎样当好园林绿化工程造价员

江文 张琦 主编

出版发行:中国建材工业出版社
地 址:北京市西城区车公庄大街 6 号
邮 编:100044
经 销:全国各地新华书店
印 刷:北京紫瑞利印刷有限公司
开 本:787mm×1092mm 1/16
印 张:17
字 数:414 千字
版 次:2014 年 9 月第 1 版
印 次:2014 年 9 月第 1 次
定 价:46.00 元

本社网址:www.jccbs.com.cn 微信公众号:zgjcgycbs
本书如出现印装质量问题,由我社营销部负责调换。电话:(010)88386906
对本书内容有任何疑问及建议,请与本书责编联系。邮箱:dayi51@sina.com

内 容 提 要

本书根据《建设工程工程量清单计价规范》(GB 50500—2013)、《园林绿化工程工程量计算规范》(GB 50858—2013)、园林绿化工程概预算定额及编审规程进行编写,详细介绍了园林绿化工程造价编制与管理的相关理论及方法。全书主要内容包括园林工程造价基础,工程定额体系,园林绿化工程定额计价方法,园林绿化工程工程量清单与计价,绿化工程清单工程量计算,园路、园桥、驳岸、护岸工程清单工程量计算,园林景观工程清单工程量计算,园林绿化工程措施项目清单工程量计算,工程合同价款约定与管理,园林绿化工程工程量清单计价编制实例等。

本书实用性较强,既可供园林绿化工程造价编制与管理人员使用,也可供高等院校相关专业师生学习时参考。

前　言

工程造价的确定是规范建设市场秩序，提高投资效益的重要环节，具有很强的政策性、经济性、科学性和技术性。自我国于 2003 年 2 月 17 日发布《建设工程工程量清单计价规范》，积极推行工程量清单计价以来，工程造价管理体制的改革正不断继续深入，为最终形成政府制定规则、业主提供清单、企业自主报价、市场形成价格的全新计价形式提供了良好的发展机遇。

随着建设市场的发展，住房和城乡建设部先后在 2008 年和 2012 年对清单计价规范进行了修订。现行的《建设工程工程量清单计价规范》（GB 50500—2013）是在认真总结我国推行工程量清单计价实践经验的基础上，通过广泛调研、反复讨论修订而成，最终以住房和城乡建设部第 1567 号公告发布，自 2013 年 7 月 1 日开始实施。与《建设工程工程量清单计价规范》（GB 50500—2013）配套实施的还包括《房屋建筑与装饰工程工程量计算规范》（GB 50854—2013）、《仿古建筑工程工程量计算规范》（GB 50855—2013）、《通用安装工程工程量计算规范》（GB 50856—2013）等 9 本工程计量规范。

2013 版清单计价规范及工程计量规范的颁布实施，对广大工程造价工作者提出了更高的要求，面对这种新的机遇和挑战，要求广大工程造价工作者不断学习，努力提高自己的业务水平，以适应工程造价领域发展形势的需要。为帮助广大工程造价人员更好地履行职责，以适应市场经济条件下工程造价工作的需要，更好地理解工程量清单计价与定额计价的内容与区别，我们特组织了一批具有丰富工程造价理论知识和实践工作经验的专家学者，编写了这套《怎样当好造价员系列》丛书，以期为广大建设工程造价员更快更好地进行建设工程造价的编制工作提供一定的帮助。本系列丛书主要具有以下特点：

（1）丛书以《建设工程工程量清单计价规范》（GB 50500—2013）为基础，配合各专业工程量计算规范进行编写，具有很强的实用价值。本套丛书包含的分册有：《怎样当好建筑工程造价员》、《怎样当好安装工程造价员》、《怎样当好市政工程造价员》、《怎样当好装饰装修工程造价员》、《怎样当好公路工程造价员》、《怎样当好园林绿化工程造价员》、《怎样当好水利水电工程造价员》。

（2）丛书根据《建设工程工程量清单计价规范》（GB 50500—2013）及设计概算、施工图预算、竣工结算等编审规程对工程造价定额计价与工程量清单计价的内容及区别联系进行了介绍，并详细阐述了建设工程合同价款约定、工程计量、合同价款调整、合同价款期中支付、合同解除的价款结算与支付、竣工结算与支付、合同价款争议的解决、工程造价鉴定及工程计价资料与档案等内容，对广大工程造价人员的工作具有较强的指导价值。

（3）丛书内容翔实、结构清晰、编撰体例新颖，在理论与实例相结合的基础上，注重应用理解，以更大限度地满足造价工作者实际工作的需要，增加了图书的适用性和使用范围，提高了使用效果。

本系列丛书在编写过程中参阅了大量相关书籍，并得到了有关单位与专家学者的大力支持与指导，在此表示衷心的感谢。限于编者的学识及专业水平和实践经验，丛书中错误与不当之处，敬请广大读者批评指正。

编　者

目 录

第一章　园林工程造价基础

第一节　园林工程造价概述

一、工程造价的概念

工程造价是进行一项工程项目的建造所需要花费的全部费用,即从工程项目确定建设意向直至建成、竣工验收为止的整个建设期间所支出的总费用,这是保证工程项目建造正常进行的必要资金,是建设项目投资中最主要的部分。工程造价是个多义词,具有一词两意性质:一是指建设工程投资费用(或称投资额);二是指工程价格(或称合同价、承包价)。

(1)工程造价第一种含义是指建设一项工程预期开支或实际开支的全部固定资产投资费用。显然,这一含义是从投资者——业主的角度来定义的。投资者选定一个投资项目,为了获得预期的效益,就要通过项目评估进行决策,然后进行设计招标、工程招标,直至竣工验收等一系列投资管理活动完成。在投资活动中所支付的全部费用形成了固定资产和无形资产。所有这些开支就构成了工程造价。从这个意义上说,工程造价就是工程投资费用,建设项目工程造价就是建设项目固定资产投资。

(2)工程造价第二种含义是指针对承包方和发包方而言的工程造价,即为建成一项园林绿化工程,预计或实际在土地市场、设备材料市场、技术劳务市场以及承包市场等交易活动中所形成的园林绿化工程造价。这种工程造价方式,是以社会主义商品经济和市场经济为前提的,是以工程发包与承包的价格为基础的。发包与承包价格是工程造价中一种重要的,也是最典型的价格形式。从这个意义上说,工程造价就是工程价格。

通常,人们将工程价格认定为工程承发包价格。因此,工程承发包价格的确是工程造价一种最重要、最典型、最直接的价格形式。园林绿化工程承发包价格是在园林市场通过招标投标,由需求主体(投资者)和供给主体(承包商)共同认可的价格。鉴于园林绿化工程价格在项目固定资产中占有 60%~70% 的份额,又是工程建设中最活跃的部分,而施工企业是工程项目的实施者,是园林市场的主体,因此,将工程承发包价格界定为工程造价就很有现实意义。但这样界定对工程造价的含义理解就相对狭窄。

工程造价的两种含义,是从不同角度把握同一事物的本质。对于建设工程的投资者来说,面对市场经济条件下的工程造价就是项目投资,是"购买"项目要付出的价格;同时也是投资者作为市场供给主体"出售"项目时定价的基础。对于承包商、供应商和规划、设计等机构来说,工程造价就是它们作为市场供给主体出售商品和劳务的价格总和,或是特定范围的工程造价,如建筑安装工程造价。

二、工程造价的特点

工程造价的特点见表 1-1。

表 1-1　　　　　　　　　　　**工程造价的特点**

特　　点	内　　　容
大额性	园林绿化工程建设是一个建筑与艺术相结合的行业,是能够发挥一定生态和社会投资效用的一项工程,不仅占地面积和实物形体较大,施工周期较长,而且造价高昂,特大型综合风景园林绿化工程项目的造价可达几十亿元人民币
个别性、差异性	任何一项园林绿化工程都有其特定的功能、用途和规模。因此,对每一项工程的结构、造型、空间分割、设备配置都有具体的要求,从而使每项工程的实物形态都具有个别性,也就是项目具有一次性特点。园林产品的个别性与园林施工的一次性决定了园林绿化工程造价的个别性与差异性。同时,由于园林每项工程所处地区、地段都不相同,也使得这一特点得到了强化
动态性	任何一项园林绿化工程从决策到竣工交付使用,都有一个较长的建设时间,而且由于不可控因素的影响,在预计工期内,许多影响工程造价的动态因素,如工程变更,设备材料价格,工资标准以及费率、利率、汇率会发生变化。这些变化必然会影响到造价的变动,所以,工程造价在整个建设期中处于不确定状态,直至竣工决算后才能最终确定工程的实际造价
层次性	工程造价的层次性取决于园林绿化工程的层次性。一个园林建设项目往往含有多个能够独立发挥设计效能的单项工程,如绿化工程、园路工程、园桥工程和假山工程等。一个单项工程又由若干能够发挥专业效能的单位工程(如土建工程、安装工程等)组成。与工程的层次性相适应,工程造价也有三个层次,即建设项目总造价、单项工程造价和单位工程造价。如果专业分工更细,单位工程(如土建工程)的组成部分,分部分项工程也可以成为交换对象,如土方工程、基础工程、装饰工程等,这样工程造价的层次就增加了分部工程和分项工程而成为五个层次,如图 1-1 所示
复杂性	构成工程造价的因素十分复杂,涉及人工、材料、施工机械等多个方面,需要社会的各个方面协同配合。在园林绿化工程造价中,首先,成本因素非常复杂,其中为获得建设工程用地支出的费用、项目可行性研究和规划设计费用、与政府一定时期政策(特别是产业政策和税收政策)相关的费用占有相当的份额;其次,盈利的构成也较为复杂,资金成本较大
阶段性	根据建设阶段的不同,对同一园林绿化工程的造价有不同的名称、内容和作用,如图 1-2 所示。由此看出,工程造价的阶段性十分明确,在不同的建设阶段,工程造价的名称、内容和作用是不同的,这是长期大量工程实践的总结,也是工程造价管理的规定

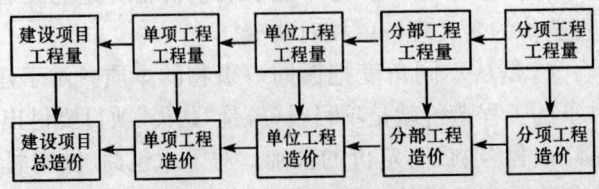

图 1-1　工程量计价的层次顺序

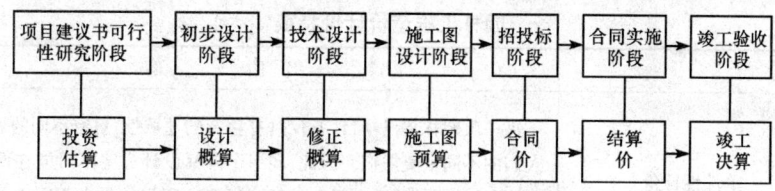

图 1-2 工程建设阶段性计价示意图

注：连线表示对应关系，箭头表示多次计价流程及逐步深化过程。

三、我国工程造价的构成

建设项目投资包括固定资产投资和流动资产投资两部分，建设项目总投资中的固定资产投资与建设项目的工程造价在量上相等。工程造价的构成按工程项目建设过程中各类费用支出或花费的性质、途径等来确定，通过费用划分和汇集所形成的工程造价的费用分解结构。工程造价是工程项目按照确定的建设内容、建设规模、建设标准、功能要求和使用要求等全部建成并验收合格交付使用所需的全部费用。

我国现行工程造价的构成主要划分为设备及工、器具购置费用，建筑安装工程费用，工程建设其他费用，预备费，建设期贷款利息，固定资产投资方向调节税等。具体构成内容如图 1-3 所示。

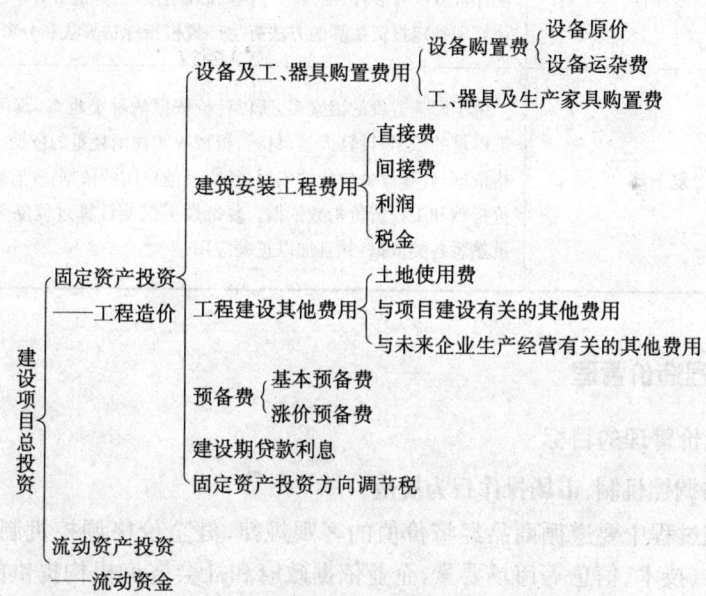

图 1-3 我国现行工程造价的构成

第二节 园林工程造价计价管理

一、园林工程造价的计价特征

园林工程造价计价特征见表 1-2。

表 1-2　　　　　　　　　　　园林工程造价计价特征

序　号	特　征	内　容
1	单件性计价	每一项园林建设项目,不仅具有独特的地域性,更有不同的地区经济实力和人们的不同审美习惯。因此,同一个园林设计方案不可能在两个地方同时实现,这就是园林建设项目和一般工程建设项目的最大不同之处。园林产品的这种个别差异性决定了每一项园林绿化工程必须单独计算造价
2	多次性计价	园林绿化工程的建设过程是一个周期长、数量大的生产消费过程,包括可行性研究在内的设计过程一般较长,而且要分阶段进行,逐步加深。为了适应园林绿化工程建设过程中各方经济关系的建立,适应项目管理、工程造价控制和管理的要求,需要按照设计和建设阶段多次进行计价。多次性计价是个逐步深化、逐步细化和逐步接近实际造价的过程
3	组合性	工程造价的特点从分解到组合的特征同建设项目的组合性有关,一个建设项目是一个工程综合体。这个综合体可以分解为诸多内在联系的独立和不能独立的工程,那么建设项目的工程计价过程就是一个逐步组合的过程
4	多样性	适应多次性计价有各不相同的计价依据,以及对造价的不同精度要求,从而使计价方法有多样性特征。计算和确定概、预算造价有单价法和实物法两种。计算和确定投资估算的方法有生产规模指标估算法和分项比例估算法两种
5	复杂性	由于影响造价的因素多,所以计价依据的种类也多,其可分为:计算设备和工程量的依据;计算人工、材料、机械等实物消耗量的依据;计算工程单价的价格依据;计算设备单价的依据;计算其他费用的依据;政府规定的税费依据;物价指数和工程造价指数依据。复杂性不仅使计算过程复杂,而且要求计价人员熟悉各类依据,并且加以正确应用

二、园林工程造价管理

(一)工程造价管理的目标

1. 健全价格调控机制,市场操作行为规范

在具体实施过程中要遵循商品经济价值的客观规律,健全价格调控机制,培育和规范建筑市场中劳动力、技术、信息等市场要素,企业依据政府和社会咨询机构提供的市场价格信息和造价指数自主报价,建立以市场竞争形势为主的价格机制。

2. 形成健全的市场体系,实施动态管理

实行市场价格机制,从而优化配置资源、合理使用投资、有效控制工程造价,从而取得最佳的经济效益,形成统一、开放、协调、有序的市场体系,将政府在工程造价管理中的职能从行政管理、直接管理转换为法规管理及协调监督,制定和完善市场中经济管理规则,规范招标投标及承发包行为,制止不正当竞争,严格审核中介机构人员的资格认定,培育社会咨询机构并使其成为独立的行业,对工程造价实施全过程、全方位的动态管理,建立符合中国国情的工程造价管理体系。

（二）工程造价管理的任务

工程造价管理的任务就是加强工程造价的全过程动态管理，强化工程造价的约束机制，维护有关各方的经济利益，规范价格行为，促进微观效益和宏观效益的统一，也就是按照经济规律的要求，根据市场经济的发展形势，用科学管理方法和先进管理手段来合理、有效地控制工程造价，以提高经济效益和园林企业经营效益。

（三）工程造价管理的特点

工程造价管理的特点见表1-3。

表 1-3 工程造价管理的特点

特 点	内 容
规范性	由于工程项目千差万别，构成造价的基本要素可分解为便于可比与便于计量的假定产品，因而要求标准客观、工作程序规范
公正性	既要维护业主（投资人）的合法权益，也要维护承包商的利益，站在公正的立场上工作
准确性	运用科学、技术原理及法律手段进行科学管理，从而使计量、计价、计费有理有据，有法可依
时效性	指在某一时期内的价格特性，即随时间的变化而不断变化的性质

（四）工程造价管理的内容

1. 工程造价管理的基本内容

工程造价管理的基本内容是合理确定和有效控制，其范围涉及工程项目建设的项目建议书和可行性研究、初步设计、技术设计、施工图设计、招标投标、合同实施、竣工验收等阶段全过程的工程造价管理。具体见表1-4。

表 1-4 工程造价管理的基本内容

项 目	内 容
工程造价的合理确定	工程造价的合理确定是指在建设程序的各个阶段，合理确定投资估算、概算造价、预算造价、承包合同价、结算价、竣工决算价
工程造价的有效控制	工程造价的有效控制是指在优化建设方案、设计方案和施工方案的基础上，在建设程序的各个阶段，采用一定的科学有效方法和措施，把工程造价的费用控制在合理范围以内，随时纠正发生的偏差，以保证工程造价管理目标的实现。具体地说，就是要用投资估价选择设计方案和控制初步设计概算造价、初步设计概算造价控制技术设计和修正概算造价、概算造价或修正概算造价控制施工图设计和施工图预算造价，力求合理使用人力、物力和财力，取得较好的投资效益

2. 工程造价管理的工作要素

工程造价管理围绕合理确定和有效控制工程造价这个基本内容，采取全过程、全方位管理，其具体的工作要素见表1-5。

表 1-5　　　　　　　　　　　**工程造价管理的工作要素**

项　目	内　容
坚持合理标准、推行限额设计	合理选定工程的建设标准、设计标准,贯彻国家的建设方针。按估算对初步设计(含应有的施工组织设计)推行量设计,积极、合理地采用新技术、新工艺、新材料,优化设计方案,编好、定好概算
加强可行性研究	可行性研究阶段对建设方案认真优选,在编制投资估算时,应考虑风险,打足投资。通过招标,从优选择建设项目的承建单位、咨询(监理)单位、设计单位。对设备、主材进行择优采购,抓好相应的招标工作
严格合同管理,做好工程索赔价款结算	强化项目法人责任制,落实项目法人对工程造价管理的主体地位,在法人组织内建立与造价紧密结合的经济责任制
协调各方关系,加强动态管理	协调好与各有关方面的关系,合理处理配套工作(包括征地、拆迁、城建等)中的经济关系。严格按概算对造价实行静态控制、动态管理。用好、管好建设资金,保证资金合理、有效的使用,减少资金利息支出和损失
强化服务意识,确保服务质量	社会咨询(监理)机构要为项目法人开展工程造价管理提供全过程、全方位的咨询服务,遵守职业道德,确保服务质量。各单位、各部门要组织好造价工程师的考核、培养和培训工作,促进人员素质和工作水平的提高

(五)工程造价管理的作用

工程造价管理的作用见表 1-6。

表 1-6　　　　　　　　　　　**工程造价管理的作用**

作　用	内　容
双重职能	工程建设关系着国计民生,同时政府投资公共、公益性项目在今后仍然会有相当份额,国家对工程造价的管理,不仅承担着控制一般商品价格职能,而且在政府投资项目上也承担着微观主体的管理职能。区分这两种管理职能,从而制定不同的管理目标,采用不同的管理方法是工程造价管理发展的必然趋势
项目建设的重心	工程造价管理是园林市场管理的重要组成部分和核心内容,是园林市场经济的价格体现,它与工程招标投标、质量、施工安全有着密切关系,是保证工程质量和安全生产的前提和保障。在整顿和规范建设市场经济秩序中,切实加强工程造价管理尤为关键,而合理确定工程造价对工程项目建设至关重要
加强经济核算	工程造价管理主要是从货币形态来研究完成一定园林产品的费用构成,以及如何运用各种经济规律和科学方法,对建设项目的立项、筹建、设计、施工、竣工交付使用的全过程的工程造价进行合理确定和有效控制。同时,通过加强经济核算和工程造价管理,寻求技术和经济的最佳结合点,合理利用人力、物力和财力,争取取得最大的投资效益

(六)工程造价管理的组织

工程造价管理的组织是指为了实现工程造价管理目标而进行的有效组织活动,以及与造价管理功能相关的有机群体。具体来说,主要是指国家、地方、部门和企业之间管理权限和职责范围。工程造价管理的组织有政府行政、企事业机构和行业协会三个管理系统。

1. 政府行政管理系统

政府行政管理系统是宏观管理主体,也是政府投资项目的微观管理主体。从宏观管理的角度,政府对工程造价管理有一个行之有效的管理系统,设置了管理机构,规定了管理权限和职责范围。政府行政管理系统在工程造价管理工作方面承担的主要职责:

(1)组织制定工程造价管理的有关法律、法规,组织贯彻实施方案。

(2)组织制定全国统一经济定额和监督部门行业经济定额的实施。

(3)管理全国工程造价咨询单位资质工作,负责全国甲级工程造价咨询单位的资质审定。省、自治区、直辖市和行业主管部门的造价管理机构在其管辖范围内行使管理职能;直辖市和地区的造价管理部门在所管辖地区内行使管理职能。其职责大体与住房和城乡建设部的工程造价管理机构相对应。

2. 企事业机构管理系统

企事业机构对工程造价的管理,属微观管理的范畴。设计机构和工程造价咨询机构,按照业主或委托方的意图,在可行性研究和规划设计阶段合理确定和有效控制建设项目的工程造价,通过限额设计等手段实现设定的造价管理目标;在招标、投标工作中编制招标控制价,参加评标、议标;在项目实施阶段,通过对设计变更、工期索赔和结算等项进行造价控制。设计机构和造价咨询机构,通过全过程造价管理中的业绩来赢得自己的信誉,以提高市场竞争力。

承包企业的工程造价管理是企业管理中的重要组成部分,设有专门的职能机构参与企业的投标决策,并通过对市场的调查研究,利用过去积累的经验,研究报价策略,提出报价;在施工过程中,进行工程造价的动态管理,注意各种调价因素的发生和工程价款的结算,避免收益的流失,以促进企业盈利目标的实现。承包企业在加强工程造价管理的同时,还要加强企业内部的各项管理,特别是成本控制,才能切实保证企业有较高的利润水平。

3. 行业协会管理系统

中国建设工程造价管理协会是我国建设工程造价管理的行业协会,是由从事工程造价管理与工程造价咨询服务的单位及具有注册造价工程师资格和资深的专家、学者自愿组成的具有社会团体法人资格的全国性社会团体,是对外代表造价工程师和工程造价咨询服务机构的行业性组织。经住房和城乡建设部同意,民政部核准登记,协会属非营利性社会组织。

三、园林绿化工程建设管理

(一)园林绿化工程建设的程序

园林绿化工程建设的程序包括园林建设项目从构思、策划、选择、评估、决策、设计、施工到竣工验收、投入使用、发挥效益的全过程。园林建设项目的实施一般包括立项(编制项目建议书、可行性研究、审批)、规划设计(初步设计、技术设计、施工图设计)、施工准备(申报施工许可、建设施工招标投标或施工委托、签订施工项目承包合同)、施工(建筑、设备安装、种植植物)、养护管理、后期评价等环节。

1. 园林绿化建设前期阶段

园林绿化建设前期阶段内容见表1-7。

表 1-7　　　　　　　　　　园林绿化建设前期阶段内容

阶段划分	内　容
项目建议书	项目建议书是建设某一具体园林项目的建议文件。项目建议书是工程建设程序最初阶段的工作,主要是提出拟建项目的轮廓设想,并论述项目建设的必要性、主要建设条件和建设的可能性等,以判定项目是否需要开展下一步可行性研究工作,其作用是通过论述拟建项目的建设必要性、可行性以及获利、获益的可能性,向国家或业主推荐建设项目,供国家或业主选择并确定是否有必要进行下一步工作
可行性研究	项目建议书一经批准,即可着手进行可行性研究,在现场调研的基础上,提出可行性研究报告。可行性研究是运用多种科研成果,在建设项目投资决策前进行技术经济论证,以保证取得最佳经济效益的一门综合学科,是园林基本建设程序的关键环节
立项审批	大型园林建设项目,特别是由国家或地方政府投资的园林项目,一般均需要有关部门进行项目立项审批
规划设计	园林规划设计是对拟建项目在技术上、艺术上、经济上所进行的全程安排。园林规划设计是进行园林绿化工程建设的前提和基础,是一切园林绿化工程建设的指导性文件

2. 园林绿化建设施工阶段

　　园林绿化建设施工一般有自行施工、委托承包单位施工、群众性义务植树绿化施工等。项目开工前,要切实做好施工组织设计等各项准备工作。具体内容见表 1-8。

表 1-8　　　　　　　　　　园林绿化建设施工阶段内容

阶段划分	内　容
施工前期准备	施工前期准备包括施工许可证办理、征地、拆迁、清理场地、临时供电、临时供水、临时用施工道路、工地排水等;精心选定施工单位,签订施工承包合同;参加施工企业与甲方合作,依据计划进行各方面的准备,包括人员、材料、苗木、设施设备、机械、工具、现场(临建、临设等)、资金等的准备
施工前期阶段	认真做好设计图纸会审工作,积极参加设计交底,了解设计意图,明确设计要求;选择合适的材料供应商,保证材料的价格合理、质量符合要求、供应及时;合理组织施工,争取实现项目利益的最大化;建立并落实技术管理、质量管理体系和质量保证体系,保证项目的质量;按照国家和社会的各项建设法规、规范、标准要求,严格做好中间质量验收和竣工验收工作
项目维护、养护管理阶段	现行园林建设工程,通常在竣工后需要对施工项目实施技术维护、养护一年至数年。项目维护、养护期间的费用执行园林养护管理预算
竣工验收阶段	园林绿化工程按设计文件规定的内容、业主要求和有关规范标准全部完成,竣工清理完成后,达到了竣工验收条件,建设单位便可以组织勘察、设计、施工、监理等有关单位参加竣工验收。竣工验收阶段是园林绿化工程建设的最后一环节,是全面考核建设成果、检验设计和工程质量的重要步骤,也是基本建设转入生产和使用的标志。目前园林绿化工程实行"养护期满"后,才算园林绿化工程总竣工
项目后评价阶段	建设项目的后评价是工程项目竣工并使用一段时间后,对立项决策、设计施工、竣工等进行系统评价的一种技术经济活动,是固定资产投资管理的一项重要内容。通过项目后评价总结经验、研究问题、肯定成绩、改进工作,不断提高决策水平

(二)园林绿化工程建设的特点

1. 目标的多样性

园林设施的性质、功能、作用等很复杂,每个设计一般都具有多重目的。园林建设的目的有以下几个方面:

(1)需占用一定的自然生态资源,以改善自然环境,提高生态环境,并使之可持续发展为建设目标。

(2)为人们提供舒适、健康的生存环境,同时创造优美景观,形成绿色、有当地特色的地域文化。

(3)城市建设的社会性。园林建设的中心目的是以对人们的身心健康有益为基础的,一般不能简单地以获取资金回报为目的。这是园林建设的独特之处。

(4)园林建设产品受技术发展水平、经济条件影响较大,还受当地的社会、政治、文化、风俗、传统、自然条件等因素的综合影响,所有这些因素决定着园林空间布局、景物造型、设施布置、园林建筑及构筑物的结构形式和设计技巧。

2. 协调统一

园林绿化工程的作用涉及内容广,物尽其值、一物多用、互相兼顾、统一协调,是园林设施布置的主要原则。

(1)综合性。园林的组成有园林建筑、小品、给水、排水、水景、照明、文化艺术、体育运动、卫生等,在各种设计能够发挥各自功能的前提下,还要求不同设施组合发挥总体作用来满足人们的需要。园林设施的多样性及其布置与人们的生活息息相关。另外,施工作业技艺也需要科学交叉、综合进行。

(2)协调性。传统中国园林建设讲究"巧于因借,精在本宜",而现代园林绿化建设强调表现各方面的协调性,如环境的协调、景观的协调、空间的协调、美的空间形式与健康游憩内容的协调。园林建设是一个整体,它的每一步骤、每一工艺都需要多种性质完全不同的工种经过计划、协作配合才能正常完成。

3. 季节性

园林工程的种植对季节的要求较高,外部环境直接影响种植成活率、施工投入、植物生长好坏及后期养护管理难易等。

4. 地方特色

由于地域不同,园林绿化的建设也会发生相应的改变。利用地方植被、景观、文化风俗、经济技术等条件,创造出独具特色的产品。

(1)每一项园林建设项目由于所涉及的因素不同,一般只能单独设计或生产,不像其他工业产品可批量生产。

(2)就园林艺术创作而言,不同于其他基建工程,园林建设中的有些产品,如雕塑、书法、诗词、楹联等,追求"不能归类"的独特艺术形式或内容,不能规范化、标准化生产。

四、园林绿化工程技术经济评价

园林绿化工程技术经济评价是指对园林绿化工程中所采用的种植技术方案、技术措施、技术政策的经济效益进行计算、比较、分析和评价,为选用最佳方案提供科学依据。

1. 园林绿化工程技术经济评价的基本原则

园林绿化工程技术经济评价应遵循的基本原则见表 1-9。

表 1-9 园林绿化工程技术经济评价的基本原则

项 目	内 容
当前利益与长远利益兼顾	设计评价时,既要评价建设阶段一次性投入的经济效益,又要考虑后期经常养护经营的方便及其所需资金的不断投入情况
先进技术与经济适用效益相结合	技术与经济是辩证统一的关系。从理论上说,技术先进与经济适用应是统一的关系,即所谓先进的技术必然有好的经济效益。然而现实中技术本身先进,但因当时当地的某些环境条件限制,经济效益可能比不上不太先进的技术的经济效益。当然,随着条件的变化,这种情况也会发生改变。在进行技术经济评价时,既要求技术上的先进性,又要求分析经济上的合理性,力求做到两者统一
经济、社会与生态效益相统一	园林建设工程技术评价是以经济效益为主体依据的。但是在很多情况下,园林建设工程技术评价,受园林技术方案的影响,除经济效益方面以外,还涉及生态效益、社会效益等方面。经济效益在园林建设工程技术评价中不是唯一的依据。园林绿化工程技术评价,要根据具体的情况,在考虑经济效益的同时,还要对社会效益、生态效益等进行综合评价
统筹全局考虑经济效益	园林绿化工程技术经济评价,不但要计算建设施工直接的经济效益,还要考虑相关投资的经济效益以及生态效益、社会效益;不但要对各园林建设专业部门带来的经济效益加以详细计算,还要考虑给相关行业部门和整个国民经济带来的整体效益和影响

2. 园林绿化工程技术经济评价的意义

园林绿化工程技术经济评价的意义见表 1-10。

表 1-10 园林绿化工程技术经济评价的意义

项 目	内 容
提供科学的依据	通过对园林绿化工程技术经济的评价,能够对该项技术方案的采用、推广或限制提出意见,更好地贯彻执行经济的原则,为园林行业各级主管部门制定合理的技术路线、技术政策提供科学的依据
选择最佳方案	通过对园林绿化工程技术经济的评价,能够对该项技术方案的应用,事先计算出它的经济效益。通过分析计算,找出各种不同技术方案的经济价值,据以选用技术上可行、经济上合理的最佳方案
提高园林企业的管理水平	通过对园林绿化工程技术经济的评价,可以为进一步提高经济效益提出建议、指明途径,更有力地促进园林技术的发展,提高园林企业的技术水平,提高园林建设的投资效益。开展园林绿化工程技术经济评价工作,是使各项技术更好地服务于生产建设,也是加速我国园林建设发展的重要措施

第三节　园林绿化施工图识读

一、园林绿化工程施工图概述

1. 分类

园林绿化工程施工图按不同的专业可分为以下几类。

(1)施工放线:施工总平面图,各分区施工放线图,局部放线详图等。

(2)土方工程:竖向施工图,土方调配图。

(3)建筑工程:建筑平面图、立面图、剖面图,建筑施工详图等。

(4)结构工程:基础图、基础详图,梁、柱详图,结构构件详图等。

(5)电气工程:电气施工平面图、施工详图、系统图、控制线路图等。大型工程应按强电、弱电、火灾报警及其智能系统分别设置目录。

(6)给排水工程:给排水系统总平面图、详图,给水、消防、排水、雨水系统图,喷灌系统施工图。

(7)绿化工程:种植施工图、局部施工放线图、剖面图等。如果采用乔、灌、草多层组合,分层种植设计较为复杂,应绘制分层种植施工图。

2. 设计深度

园林绿化工程施工图的设计深度应符合下列要求:

(1)能根据施工图编制施工图预算。

(2)能根据施工图安排材料、设备订货及非标准材料的加工。

(3)能根据施工图进行施工和安装。

(4)能根据施工图进行工程验收。

3. 图纸编号

园林绿化工程施工图的图纸编号以专业为单位,各专业编排各专业的图号。

(1)对于大、中型项目,应按照以下专业进行图纸编号:园林、建筑、结构、给排水、电气、材料附图等。

(2)对于小型项目,可以按照以下专业进行图纸编号:园林、建筑及结构、给排水、电气等。

(3)每一专业图纸应对图号加以统一表示,以方便查找,如:建筑结构施工可以缩写为"建施(JS)",给排水施工可以缩写为"水施(SS)",种植施工图可以缩写为"绿施(LS)"。

二、园林绿化施工总平面图识读

园林绿化施工总平面图主要反映的是园林绿化工程的形状、所在位置、朝向及拟建建筑周围道路、地形、绿化等情况,以及该工程与周围环境的关系和相对位置等。

1. 内容

园林绿化施工总平面图主要包括以下内容:

(1)指北针(或风玫瑰图),绘图比例(比例尺),文字说明,景点、建筑物或者构筑物的名称标注,图例表等。

(2)道路铺装的位置、尺度,主要点的坐标、标高以及定位尺寸。

(3)小品主要控制点坐标及小品的定位、定形尺寸。

(4)地形、水体的主要控制点坐标、标高及控制尺寸。

(5)植物种植区域轮廓。

(6)对无法用标注尺寸准确定位的自由曲线园路、广场、水体等,应给出该部分局部放线详图,用放线网表示,并标注控制点坐标。

2. 绘制要求

(1)布局与比例。图纸应按上北下南方向绘制,根据场地形状或布局,可向左或向右偏转,但不应超过45°。施工总平面图一般采用1:500、1:1000、1:2000的比例绘制。

(2)图例。《总图制图标准》(GB/T 50103—2010)列出了建筑物、构筑物、道路、铁路以及植物等的图例,具体内容参见相应的制图标准。如果由于某些原因必须另行设定图例时,应在总图上绘制专门的图例表进行说明。

(3)图线。在绘制总图时应该根据具体内容采用不同的图线,具体可参照相关标准使用。

(4)单位。施工总平面图中的坐标、标高、距离应以 m 为单位,并应至少取至小数点后两位,不足时以"0"补齐。详图应以 mm 为单位,如不以 mm 为单位,应另加说明。建筑物、构筑物、铁路、道路方位角(或方向角)和铁路、道路转向角的度数,应注写到"秒",特殊情况,应另加说明。道路纵坡度、场地平整坡度、排水沟沟底纵坡度应以百分计,并应取至小数点后一位,不足时以"0"补齐。

(5)坐标网络。坐标分为测量坐标和施工坐标。测量坐标为绝对坐标,测量坐标网应画成交叉十字线,坐标代号应用"X、Y"表示。施工坐标为相对坐标,相对零点应通常选用已有建筑物的交叉点或道路的交叉点,为区别于绝对坐标,施工坐标用大写英文字母 A、B 表示。

施工坐标网格应以细实线绘制,一般画成 100m×100m 或者 50m×50m 的方格网,当然也可以根据需要调整。

(6)坐标标注。坐标应直接标注在图上,如图面无足够位置,也可列表标注,如坐标数字的位数太多,可将前面相同的位数省略,其省略位数应在附注中加以说明。

建筑物、构筑物、道路等应标注下列部位的坐标:建筑物、构筑物的定位轴线(或外墙线)或其交点;圆形建筑物、构筑物的中心;道路的中线或转折点;挡土墙起始点、转折点,墙顶外侧边缘(结构面)。表示建筑物、构筑物位置的坐标,应标注其三个角的坐标,如建筑物、构筑物与坐标轴线平行,可标注对角坐标。平面图上有测量和施工两种坐标系统时,应在附注中注明两种坐标系统的换算公式。

(7)标高标注。施工图中标注的标高应为绝对标高,如标注相对标高,则应注明相对标高与绝对标高的关系。

建筑物、构筑物、道路等应按以下规定标注标高:建筑物室内地坪,标注图中±0.000处的标高,对不同高度的地坪,分别标注其标高;建筑物室外散水,标注建筑物四周转角或两对角的散水坡脚处的标高;构筑物标注其有代表性的标高,并用文字注明标高所指的位置;道路标注路面中心交点及变坡点的标高;挡土墙标注墙顶和墙脚标高;路堤、边坡标注坡顶和坡脚标高;排水沟标注沟顶和沟底标高;场地平整标注其控制位置标高;铺砌场地标注其铺砌面标高。

3. 识读

(1)看图名、比例、设计说明、风玫瑰图、指北针。根据图名、设计说明、指北针、比例和风玫瑰图,可了解到施工总平面图设计的意图和工程性质、设计范围、工程的面积和朝向等基本概况,为进一步了解图纸做好准备。

(2)看等高线和水位线。了解园林的地形和水体布置情况,从而对全园的地形骨架有一个基本的印象。

(3)看图例和文字说明。明确新建景物的平面位置,了解总体布局情况。

(4)看坐标或尺寸。根据坐标或尺寸查找施工放线的依据。

三、园林绿化施工放线图识读

1. 内容

园林绿化工程施工放线图主要包括以下内容:

(1)道路、广场铺装、园林建筑小品放线网格(间距 1m、5m 或 10m 不等)。

(2)坐标原点、坐标轴、主要点的相对坐标。

(3)标高(等高线、铺装等)。

2. 作用

园林绿化工程施工放线图主要包括以下作用:

(1)现场施工放线。

(2)确定施工标高。

(3)测算工程量,计算施工图预算。

3. 注意事项

(1)坐标原点的选择:固定的建筑物、构筑物角点,道路交点,水准点等。

(2)网格的间距:根据实际面积的大小及其图形的复杂程度,不仅要对平面尺寸进行标注,还要对立面高程进行标注(高程、标高)。写清楚各个小品或铺装所对应的详图标号,对于面积较大的区域给出索引图(对应分区形式)。

四、园林绿化竖向设计施工图识读

竖向设计是指在一块场地中进行垂直于水平方向的布置和处理。

1. 内容

园林绿化工程竖向设计施工图一般应包括以下内容:

(1)指北针、图例、比例、文字说明、图名。文字说明中应该包括标注单位、绘图比例、高程系统的名称、补充图例等。

(2)现状与原地形的标高、地形等高线、设计等高线。等高距一般取 0.25~0.5m,当地形较为复杂时,需要绘制地形等高线放线网格。

(3)最高点或者某些特殊点的坐标及该点的标高。如道路的起点、变坡点、转折点和终点等的设计标高(道路在路面中,阴沟在沟顶和沟底)、纵坡度、纵坡距、纵坡向、平曲线要素、竖曲线半径、关键点坐标;建筑物、构筑物室内外设计标高;挡土墙、护坡或土坡等构筑物的坡顶和坡脚的设计标高;水体驳岸、岸顶、岸底标高,池底标高,水面最低、最高及常水位。

(4)地形的汇水线和分水线,或用坡向箭头标明设计地面坡向,指明地表排水的方向、排水的坡度等。

(5)绘制重点地区、坡度变化复杂的地段的地形断面图,并标注标高、比例尺等。当工程比较简单时,竖向设计施工平面图可与施工放线图合并。

2. 具体要求

(1)计量单位。通常标高的标注单位为"m",如果有特殊要求,应在设计说明中注明。

(2)线型。竖向设计图中比较重要的就是地形等高线,设计等高线用细实线绘制,原有地形等高线用细虚线绘制,汇水线和分水线用细单点长画线绘制。

(3)坐标网格及其标注。坐标网格采用细实线绘制,网格间距取决于施工的需要以及图形的复杂程度,一般采用与施工放线图相同的坐标网体系。对于局部的不规则等高线,或者单独做出施工放线图,或者在竖向设计图纸中局部缩小网格间距,提高放线精度。竖向设计图的标注方法同施工放线图,针对地形中最高点、建筑物角点或者特殊点进行标注。

(4)地表排水方向和排水坡度。利用箭头表示排水方向,并在箭头上标注排水坡度。

3. 识读

(1)看图名、比例、指北针、文字说明,了解工程名称、设计内容、工程所处方位和设计范围。

(2)看等高线及其高程标注。看等高线的分布情况及高程标注,了解新设计地形的特点和原地形标高,了解地形高低变化及土方工程情况,并结合景观总体规划设计,分析竖向设计的合理性。并且根据新、旧地形高程变化,了解地形改造施工的基本要求和做法。

(3)看建筑、山石和道路标高情况。

(4)看排水方向。

(5)看坐标,确定施工放线依据。

五、园林绿化植物配置图识读

1. 内容与作用

(1)内容。植物种类、规格、配置形式、其他特殊要求。

(2)作用。可以作为苗木购买、苗木栽植、工程量计算等的依据。

2. 具体要求

(1)现状植物的表示。

(2)图例及尺寸标注。

1)行列式栽植。对于行列式的种植形式(如行道树、树阵等)可用尺寸标注出株行距,始末树种植点与参照物的距离。

2)自然式栽植。对于自然式的种植形式(如孤植树),可用坐标标注种植点的位置或采用三角形标注法进行标注。孤植树往往对植物的造型、规格的要求较严格,应在施工图中表达清楚,除利用立面图、剖面图表示以外,可与苗木表相结合,用文字来加以标注。

3)片植、丛植。植物配植图应绘出清晰的种植范围边界线,标明植物名称、规格、密度等。对于边缘线呈规则的几何形状的片状种植,可用尺寸标注方法标注,为施工放线提供依据,而对边缘线呈不规则的自由式的片状种植,应绘坐标网格,并结合文字加以标注。

4）草皮种植。草皮是用打点的方法表示，标注应标明其草坪名、规格及种植面积。

（3）注意事项。

1）植物的规格：图中为冠幅，根据说明确定。

2）借助于网格定出种植点位置。

3）图中应写清植物数量。

4）对于景观要求细致的种植局部，施工图应有表达植物高低关系、植物造型形式的立面图、剖面图、参考图或通过文字说明与标注。

5）对于种植层次较为复杂的区域应绘制分层种植图，即分别绘制上层乔木的种植施工图和中下层灌木地被等的种植施工图。

3. 识读

（1）看标题栏、比例、指北针（或风玫瑰图）及设计说明。了解工程名称、性质、所处方位及主导风向，明确工程的目的、设计范围、设计意图，了解绿化施工后应达到的效果。

（2）看植物图例、编号、苗木统计表及文字说明。根据图纸中各植物的编号，对照苗木统计表及技术说明，了解植物的种类、名称、规格、数量等，验核或编制种植工程预算。

（3）看图纸中植物种植位置及配置方式。根据植物种植位置及配置方式，分析种植设计方案是否合理。植物栽植位置与建筑及构筑物和市政管线之间的距离是否符合有关设计规范的规定等技术要求。

（4）看植物的种植规格和定位尺寸，明确定点放线的基准。

（5）看植物种植详图，明确具体种植要求，从而合理地组织种植施工。

六、园路、广场施工图识读

（1）园路、广场施工图是指导园林道路施工的技术性图纸，能够清楚地反映园林路网和广场布局。一份完整的园路、广场施工图纸主要包括以下内容：

1）图案、尺寸、材料、规格、拼接方式。

2）铺装剖切断面。

3）铺装材料特殊说明。

（2）园路、广场施工图主要具有以下作用：

1）便于购买材料。

2）确定施工工艺、工期，工程施工进度。

3）计算工程量。

4）绘制施工图。

5）了解本设计所使用的材料、尺寸、规格、工艺技术、特殊要求等。

七、其他园林绿化施工图识读

1. 假山施工图

为了清楚地反映假山设计，便于指导施工，通常要做假山施工图。假山施工图是指导假山施工的技术性文件，通常一幅完整的假山施工图包括以下几个部分：

（1）平面图。

(2)剖面图。

(3)立面图或透视图。

(4)做法说明。

(5)预算。

2. 水池施工图

为了清楚地反映水池的设计、便于指导施工,通常要作水池施工图。水池施工图是指导水池施工的技术性文件,通常一幅完整的水池施工图包括以下几个部分:

(1)平面图。

(2)剖面图。

(3)各单项土建工程详图。

3. 照明电气施工图

(1)照明电气施工图的内容包括:

1)灯具形式、类型、规格、布置位置。

2)配电图(电缆电线型号规格,联结方式;配电箱数量、形式规格等)。

(2)照明电气施工图的作用包括:

1)配电,选取、购买材料等。

2)取电(与电业部门沟通)。

3)计算工程量(电缆沟)。

(3)照明电气施工图的注意事项包括:

1)网格控制。

2)严格按照电力设计规格进行。

3)照明用电和动力电分别设施配电。

4)灯具的型号标注清楚。

4. 喷灌、给排水施工图

喷灌、给排水施工图的主要内容包括:

(1)给水、排水管的布设、管径。

(2)喷头、检查井、阀门井、排水井、泵房等。

(3)与供电设施相结合。

5. 园林小品详图

园林小品详图的主要内容包括:

(1)建筑小品平、立、剖面图(材料、尺寸)结构、配筋等。

(2)园林小品材料规格等。

第二章　工程定额体系

第一节　工程定额概述

一、工程定额的基本概念

定额是在进行生产经营活动时,在人力、财力、物力消耗方面所应遵守或应达到的数量标准。

工程定额是工程施工中的费用标准或尺度。具体来说,工程定额是指在正常的施工条件下,完成单个合格单位产品或完成一定量的工作所需消耗的人力、材料、机械台班和财力的数量标准(或额度)。

二、工程定额的特性

工程定额的特性见表 2-1。

表 2-1　　　　　　　　　　　　　　　**工程定额的特性**

特　性	内　　　容
科学性	工程定额的科学性有两种含义:一种含义是工程建设定额和生产力发展水平相适应,反映出工程建设中生产消费的客观规律;另一种含义是工程建设定额管理在理论、方法和手段上适应现代科学技术和信息社会发展的需要
权威性	工程建设定额具有很大权威性,这种权威性在一些情况下具有经济法规性质。权威性反映统一的意志和统一的要求,也反映信誉和信赖程度以及定额的严肃性。 工程建设定额的权威性的客观基础是定额的科学性。只有科学的定额才具有权威性。但是在社会主义市场经济条件下,它必然涉及各有关方面的经济关系和利益关系。赋予工程建设定额以一定的权威性,就意味着在规定的范围内,对于定额的使用者和执行者来说,不论主观上愿意不愿意,都必须按定额的规定执行。在当前市场不规范的情况下,赋予工程建设定额以权威性是十分重要的。但是在竞争机制引入工程建设的情况下,定额的水平必然会受市场供求状况的影响,从而在执行中可能产生定额水平的浮动
统一性	建设工程定额的统一性,主要是由国家对经济发展的宏观调控职能决定的。为了使国民经济按照既定的目标发展,就需要借助于某些标准、定额、参数等,对工程建设进行规划、组织、调节、控制。而这些标准、定额、参数等在一定范围内必须是一种统一的尺度,才能实现上述职能,才能利用它对项目的决策、设计方案、投标报价、成本控制进行比选和评价。 工程建设定额的统一性按照其影响力和执行范围来看,有全国统一定额、地区统一定额和行业统一定额等;按照定额的制定、颁布和贯彻使用来看,有统一的程序、统一的原则、统一的要求和统一的用途

特 性	内 容
系统性	建筑工程定额是由各种内容结合而成的有机整体,有鲜明的层次和明确的目标。系统性是由工程建设的特点决定的
稳定性与时效性	建筑工程中的任何一种定额,在一段时间内都表现出稳定的状态。不同的定额,稳定的时间有长有短。一般来说,工程量计算规则比较稳定,能保持十几年;工、料、机定额消耗量相对稳定在五年左右;基础单价、各项费用取费率等相对稳定的时间更短一些。保持稳定性是维护权威性所必需的,是有效地贯彻定额所必需的,稳定性是相对的。任何一种建筑工程定额,都只能反映一定时间生产力水平,当生产力向前发展了,定额就会变得陈旧了。所以,定额在具有稳定性特点的同时,也具有显著的时效性。当定额不再能起到促进生产力发展的作用时,就要重新编制或修订

三、工程定额的分类

工程定额是一个综合的概念,是工程建设中各类定额的总称。工程定额的内容和形式,是由运用它的需要决定的。因此,定额种类的划分也是多样化的。

1. 按定额构成的生产要素分类

生产要素包括劳动者、劳动手段和劳动对象,反映其消耗的定额就分为人工消耗定额、材料消耗定额和机械台班消耗定额三种。具体的分类及内容见表 2-2。

表 2-2   工程定额按定额构成的要素分类

类 别	内 容
人工消耗定额	人工消耗定额是指完成一定的合格产品(工程实体或劳物)所规定劳动消耗的数量标准。劳动定额的主要表现形式是时间定额和产量定额
材料消耗定额	材料消耗定额是指完成一定合格产品所需消耗原材料、半成品、成品、构配件、燃料以及水电等的数量标准。材料作为劳动对象是构成工程的实体物资,需用数量较大,种类较多,所以,材料消耗定额也是各类定额的重要组成部分
机械消耗定额	机械消耗定额是指完成一定的合格产品(工程实体或劳物)所规定机械台班消耗的数量标准。机械消耗定额的主要表现形式是机械时间定额和机械产量定额

2. 按定额编制的程序和用途分类

根据定额的编制程序和用途将工程建设定额分为施工定额、预算定额、概算定额、概算指标和投资估算指标等几种,具体见表 2-3。

表 2-3   工程定额按定额编制的程序和用途分类

类 别	内 容
施工定额	施工定额是施工企业内部直接用于施工管理的一种技术定额。它以同一性质的施工过程或工序为测定对象,确定建筑安装工人在正常施工条件下,为完成单位合格产品所需劳动、机械、材料消耗的数量标准。施工定额是建筑企业最基本的定额,用以编制施工预算、施工组织设计、施工作业计划,考核劳动生产率和进行成本核算。施工定额也是编制预算定额的基础

类　别	内　容
预算定额	预算定额是以建筑物或构筑物的各个分部分项工程为对象编制的定额。其内容包括人工、材料、机械消耗三个部分,并列有工程费用,是一种计价定额。从编制程序上看,预算定额是以施工定额为基础综合扩大编制的,同时,它也是编制概算定额的基础
概算定额	概算定额是以扩大分项工程或扩大结构构件为编制对象,规定某种建筑产品的劳动消耗量、材料消耗量和机械台班消耗量,并列有工程费用,也属于计价性定额。它的项目划分得粗细,与扩大初步设计的深度相适应。它是预算定额的综合和扩大,概算定额是控制项目投资的重要依据
概算指标	概算指标是比概算定额更为综合的指标。它是以整座房屋或构筑物为单位来编制的,包括劳动力、材料和机械台班定额三个组成部分,还列出了各结构部分的工作量和以每 $100m^2$ 建筑面积或每座构筑物体积为计量单位而规定的造价指标。概算指标是初步设计阶段编制概算的依据,是进行技术经济分析,考核建设成本的标准,是国家控制基本建设投资的主要依据
投资估算指标	投资估算指标是以独立单项工程或完整的工程项目为计算对象是在项目投资需要量时使用的定额。它的综合性与概括性极强,其综合概略程度与可行性研究阶段相适应。投资估算指标是以预算定额、概算定额和概算指标为基础编制的

3. 按定额投资的费用性质分类

按定额投资的费用性质分类,可分为建筑工程定额、设备安装工程定额、建筑安装工程费用定额、工器具定额、工程建设其他费用定额,具体见表 2-4。

表 2-4　　　　　　　　　　按定额投资的费用性质分类

类　别	内　容
建筑工程定额	建筑工程定额是建筑工程的施工定额、预算定额、概算定额、概算指标的总称
设备安装工程定额	设备安装工程定额是安装工程的施工定额、预算定额、概算定额、概算指标的总称
建筑安装工程费用定额	建筑安装工程费用定额包括工程直接费用定额和间接费用定额等
工器具定额	工器具定额是为新建或扩建项目投产运转首次配置的工具、器具数量标准
工程建设其他费用定额	工程建设其他费用定额是独立于建筑安装工程、设备和工器具购置之外的其他费用开支的标准

4. 按定额专业分类

工程建设定额可分为建筑工程定额、安装工程定额、装饰工程定额、市政工程定额、园林绿化工程定额等,具体见表 2-5。

表 2-5　　　　　　　　　　按定额专业分类

类　别	内　容
建筑工程定额	建筑工程消耗量定额是指建筑工程人工、材料及机械的消耗量标准
安装工程定额	安装工程是指各种管线、设备等的安装工程。安装工程消耗量定额是指安装工程人工、材料及机械的消耗量标准

续表

类　　　别	内　　　容
装饰工程定额	装饰工程是指房屋建筑的装饰装修工程。装饰工程消耗量定额是指建筑装饰装修工程人工、材料及机械的消耗量标准
市政工程定额	市政工程是指城市的道路、桥梁等公共设施及公用设施的建设工程。市政工程消耗量定额是指市政工程人工、材料及机械的消耗量标准
园林绿化工程定额	园林绿化工程消耗量定额是指仿古园林绿化工程人工、材料及机械的消耗量标准

5. 按定额编制单位和执行范围分类

工程建设定额可分为全国统一定额、行业统一定额、地区统一定额、企业定额、补充定额等,见表 2-6。

表 2-6　　　　　　　　　　　　按定额编制单位和执行范围分类

类　　　别	内　　　容
全国统一定额	全国统一定额是综合全国基本建设的生产技术、施工组织和生产劳动的一般情况编制的,在全国范围内执行
行业统一定额	行业统一定额是考虑到各行业部门专业技术特点,以及施工生产和管理水平编制的。一般只在本行业和相同专业性质的范围内使用
地区统一定额	地区统一定额是由各省、市、自治区在考虑地区特点和统一定额水平的条件下编制的,只在规定的地区范围内使用的定额
企业定额	企业定额是由建筑企业编制,在本企业内部执行的定额。针对现行的定额项目中的缺项与国家定额规定条件相差较远的项目可编制企业定额,经主管部门批准后执行
补充定额	补充定额是指随着设计、施工技术的发展,在现行定额不能满足需要的情况下,为补充现行定额中漏项或缺项而制定的。补充定额是只能在指定的范围内使用的指标

第二节　　施工定额

一、施工定额的概念

施工定额是施工企业内部使用的生产定额,它是以同一性质的施工过程或工序为测定对象,确定建筑安装工人在正常施工条件下,为完成单位合格产品所需劳动、机械、材料消耗的数量标准。施工定额是施工企业直接用于建筑工程施工管理的一种定额,是生产性定额,属于企业定额的性质。施工定额是由劳动定额、材料消耗定额和机械台班定额组成,是最基本的定额。

在市场经济条件下,施工定额是企业定额,而国家定额和地区定额也不再是强加于施工单位的约束和指令,而是对企业的施工定额管理进行引导,为企业提供有关参数和指导,从而实现对工程造价的宏观调控。

二、施工定额的作用

施工定额是施工企业管理工作的基础,也是工程定额体系的基础。施工定额的作用概括起来有以下几个方面:

(1)施工定额是施工企业编制施工预算,进行工料分析和"两算对比"的基础。

(2)施工定额是编制施工组织设计、施工作业设计和确定人工、材料及机械台班需要量计划的基础。

(3)施工定额是施工企业向工作班(组)签发任务单、限额领料的依据。

(4)施工定额是组织工人班(组)开展劳动竞赛、实行内部经济核算、承发包、计取劳动报酬和奖励工作的依据。

(5)施工定额是编制预算定额和企业补充定额的基础。

三、施工定额的组成

施工定额由劳动定额、材料消耗定额和机械台班消耗定额三个相对独立的部分组成。施工定额不同于劳动定额、预算定额。考虑到工种的不同,施工定额较粗、步距较大,工作内容也在适当地扩大;施工定额与预算定额的分项方法和所包括的内容相近,施工定额测算的对象是施工过程,比预算定额细;预算、测算的对象是分部、分项工程,比施工定额包括的范围广。

(一)劳动定额

劳动定额又称人工定额,是建筑安装工人在正常的施工(生产)条件下、在一定的生产技术和生产组织条件下、在平均先进水平的基础上制定的,它表明每个建筑安装工人生产单位合格产品所必需消耗的劳动时间,或在单位时间所生产的合格产品的数量。

1. 劳动定额的表现形式

劳动定额按其表现形式的不同可分为时间定额和产量定额两种。

(1)时间定额。时间定额是某种专业、某种技术等级工人班(组)或个人,在合理的劳动组织和合理使用材料的条件下,完成单位合格产品所必需的工作时间。包括准备与结束时间、基本生产时间、辅助生产时间、不可避免的中断时间(即工人必需的休息时间)。时间定额以工日为单位,每一工日按 8h 计算。其计算公式如下:

$$单位产品时间定额(工日)=1/每工产量$$

或　　　　　　$$单位产品时间定额(工日)=小组成员工日数总和/台班产量$$

(2)产量定额。产量定额是在合理的劳动组织和合理使用材料的条件下,某种专业、某种技术等级的工人小组或个人在单位工日所应完成的合格产品数量。产量定额根据时间定额计算,其计算公式如下:

$$每工产量=\frac{1}{单位产品时间定额(工日)}$$

或　　　　　　$$台班产量=\frac{小组成员工日数的总和}{单位产品时间定额(工日)}$$

产量定额的计量单位,通常以自然单位或物理单位来表示如台、套、个、米、平方米、立方米等。产量定额的高低与时间定额成反比,两者互为倒数。生产某一单位合格产品所消耗的工时越少,则在单位时间内的产品产量越高;反之越低。

$$时间定额 \times 产量定额 = 1$$

或

$$时间定额 = \frac{1}{产量定额}$$

$$产量定额 = \frac{1}{时间定额}$$

两种定额中,无论知道哪一种定额,都可以很容易计算出另一种定额。

时间定额和产量定额是同一个劳动定额的不同表示方法,但有各自不同的用处。时间定额便于综合,便于计算总工日数,便于核算工资。劳动定额一般均采用时间定额的形式。产量定额便于施工班(组)分配任务,便于编制施工作业计划。

根据定额的标定对象不同,劳动定额又分单项工序定额和综合定额两种。

综合定额表示完成同一产品中的各单项(工序或工种)定额的综合。按工序综合的用"综合"表示(表2-7),按工种综合的一般用"合计"表示,其计算方法如下:

关于建设部颁发的《建筑安装工程劳动定额》《建筑装饰工程劳动定额》,改变了传统的复式定额表现形式,全部采用单式,即用时间定额(工日/m³)表示。表2-8为该定额砖墙的时间定额标准表。

表2-7　　　　　　　　　　　每1m³砌体的劳动定额

项目		混水内墙					混水外墙					序号
		0.25砖	0.5砖	0.75砖	1砖	1.5砖及1.5砖以外	0.5砖	0.75砖	1砖	1.5砖	2砖及2砖以外	
综合	塔吊*	2.05/0.488	1.32/0.758	1.27/0.787	0.972/1.03	0.945/1.06	1.42/0.704	1.37/0.73	1.04/0.962	0.985/1.02	0.955/1.05	一
	机吊**	2.26/0.442	1.51/0.662	1.47/0.68	1.18/0.847	1.15/0.87	1.62/0.617	1.57/0.637	1.24/0.806	1.19/0.84	1.16/0.862	二
砌砖		1.54/0.65	0.822/1.22	0.774/1.29	0.458/2.18	0.426/2.35	0.931/1.07	0.869/1.15	0.522/1.92	0.466/2.15	0.435/2.3	三
运输	塔吊	0.433/2.31	0.412/2.43	0.415/2.41	0.418/2.39	0.418/2.39	0.412/2.43	0.415/2.41	0.418/2.39	0.418/2.39	0.418/2.39	四
	机吊	0.64/1.56	0.61/1.64	0.613/1.63	0.621/1.61	0.621/1.61	0.61/1.64	0.613/1.63	0.619/1.62	0.619/1.62	0.619/1.62	五
调制砂浆		0.081/12.3	0.081/12.3	0.083/11.8	0.096/10.4	0.101/9.9	0.081/12.3	0.085/11.8	0.096/10.4	0.101/9.9	0.102/9.8	六
编号		13	14	15	16	17	18	19	20	21	22	

* 塔吊——塔式起重机吊动。

** 机吊——卷扬机吊运。

表 2-8　　　　　　　　　　　　　　　　　砖墙

工作内容:包括砌墙面艺术形式、墙垛、平旋及安装平旋模板,梁板头砌砖,梁板下塞砖,楼楞间砌砖,留楼梯踏步斜槽,留孔洞,砌各种凹进处、山墙泛水槽,安放木砖、铁件,安放 60kg 以内的预制混凝土门窗过梁、隔板、垫块以及调整立好的门窗框等。

工日/m³

项目		混水内墙				混水外墙					序号
		0.5 砖	0.75 砖	1 砖	1.5 砖及1.5 砖以外	0.5 砖	0.75 砖	1 砖	1.5 砖	2 砖及2 砖以外	
综合	塔吊	1.38	1.34	1.02	0.944	1.5	1.44	1.09	1.04	1.01	一
	机吊	1.59	1.55	1.24	1.21	1.71	1.65	1.3	1.25	1.22	二
砌砖		0.865	0.815	0.482	0.448	0.98	0.915	0.549	0.491	0.458	三
运输	塔吊	0.434	0.437	0.44	0.44	0.434	0.437	0.44	0.44	0.44	四
	机吊	0.642	0.645	0.654	0.654	0.642	0.645	0.652	0.652	0.652	五
调制砂浆		0.085	0.089	0.101	0.106	0.085	0.089	0.101	0.106	0.107	六
编号		12	13	14	15	16	17	18	19	20	

2. 劳动定额消耗量的确定

劳动定额是在拟定基本工作时间、辅助工作时间、不可避免的中断时间、准备与结束的工作时间,以及休息时间的基础上制定的,具体方法见表 2-9。

表 2-9　　　　　　　　　　　　劳动定额消耗量的确定

方　法	内　容
拟定基本工作时间	基本工作时间在必需消耗的工作时间中占的比重最大。在确定基本工作时间时,必须细致、精确。基本工作时间消耗一般应根据计时观察资料来确定。其做法是首先确定工作过程每一组成部分的工时消耗,然后再综合出工作过程的工时消耗。如果组成部分的产品计量单位和工作过程的产品计量单位不符,就需先求出不同计量单位的换算系数,进行产品计量单位的换算,然后再相加,求得工作过程的工时消耗
拟定辅助工作时间和准备与结束工作时间	辅助工作时间和准备与结束工作的时间的确定方法与基本工作时间相同。但是,如果这两项工作时间在整个工作班的工作时间消耗中所占比重不超过 5%~6%,则可归纳为一项,以工作过程的计量单位表示,确定出工作过程的工时消耗。如果在计时观察时不能取得足够的资料,也可采用工时规范或经验数据来确定。如具有现行的工时规范,可以直接利用工时规范中规定的辅助和准备与结束工作时间的百分比来计算
拟定不可避免的中断时间	在确定不可避免的中断时间的定额时,必须注意由工艺特点所引起的不可避免的中断才可列入工作过程的时间定额。不可避免的中断时间也需要根据测时资料通过整理分析获得,也可以根据经验数据或工时规范,以占工作日的百分比表示此项工时消耗的时间定额

方　法	内　容
拟定休息时间	休息时间应根据工作班作息制度、经验资料、计时观察资料，以及对工作的疲劳程度作全面分析来确定。同时，应考虑尽可能利用不可避免中断时间作为休息时间。 从事不同工种、不同工作的工人，疲劳程度有很大差别。为了合理确定休息时间，往往要对从事各种工作的工人进行观察、测定，以及进行生理和心理方面的测试，以便确定其疲劳程度。国内外往往按工作轻重和工作条件好坏，将各种工作划分为不同的级别。如我国某地区工时规范将体力劳动分为六类：最沉重、沉重、较重、中等、较轻、轻便
拟定定额时间	确定的基本工作时间、辅助工作时间、准备与结束工作的时间、不可避免中断时间和休息时间之和，就是劳动定额的时间定额。根据时间定额可计算出产量定额，时间定额和产量定额互为倒数。 利用工时规范，可以计算劳动定额的时间定额。其计算公式如下： 作业时间＝基本工作时间＋辅助工作时间 规范时间＝准备与结束工作时间＋不可避免的中断时间＋休息时间 工序作业时间＝基本工作时间＋辅助工作时间 ＝基本工作时间/[1－辅助时间(%)] 定额时间＝作业时间/1－规范时间(%)

【例 2-1】 人工挖土方(土壤系潮湿的黏性土，按土壤分类属二类土)测试资料表明，挖 $1m^3$ 需消耗基本工作时间 40min，辅助工作时间占基本工作时间 2.5%，准备与结束工作时间占 2.5%，不可避免中断时间占 1.5%，休息占 25%。试确定时间定额。

【解】

$$时间定额 = \frac{(40+40\times2.5\%)\times100}{100-(2.5+1.5+25)} = \frac{4100}{71} = 57.75min$$

$$时间定额 = \frac{57.75}{60\times8} = 0.12(工日)$$

根据时间定额可计算出产量定额为：$\frac{1}{0.12} = 8.33m^3$

3. 劳动定额的编制方法

劳动定额水平测定的方法较多，一般常用的方法有技术测定法、经验估计法、统计分析法和比较类推法四种，具体见表 2-10。

表 2-10　　　　　　　　　　　劳动定额的编制方法

方　法	内　容
技术测定法	技术测定法是通过对施工过程的具体活动进行实地观察，详细记录工人和机械的工作时间消耗、完成产品数量及有关影响因素，并将记录结果予以研究、分析，去伪存真，整理出可靠的原始数据资料，为制定定额提供科学依据的一种方法。 根据施工过程的特点和技术测定的目的、对象和方法的不同，技术测定法又分为测时法、写实记录法、工作日写实法和简易测定法四种

续表

方　法	内　容
经验估计法	经验估计法是根据定额员、技术员、生产管理人员和老工人的实际工作经验对生产某一产品或完成某项工作所需的人工、机械台班、材料数量进行分析、讨论和估算，并最终确定定额耗用量的一种方法。经验估计法具有制定定额的工作过程短、工作量较小、省时、简便易行的特点，但是其准确度在很大程度上取决于参加估计人员的经验，有一定的局限性。因此，经验估计法只适用于产品品种多、批量小，某些次要定额项目中。 由于估计人员的经验和水平的差异，同一项目往往会提出一组不同的定额数据。此时应对提出的各种不同数据进行认真的分析处理，反复平衡，并根据统筹法原理，进行优化以确定出平均先进的指标。其计算公式如下： $$t=(a+4m+b)/6$$ 式中　t——定额优化时间（平均先进水平）； a——先进作业时间（乐观估计）； m——一般作业时间（最大可能）； b——后进作业时间（保守估计）
统计分析法	统计分析法是将以往施工中所累积的同类型工程项目的工时耗用量加以科学地分析、统计，并考虑施工技术与组织变化的因素，经分析研究后制定劳动定额的一种方法。统计分析法简便易行，与经验估计法相比有较多的原始统计资料。采用统计分析法时，应注意剔除原始资料中相差悬殊的数值，并将数值均换算成统一的定额单位，用加权平均的方法求出平均修正值。该方法适用于条件正常、产品稳定、批量较大、统计工作制度健全的施工过程
比较类推法	比较类推法，又称"典型定额法"。它是以同类产品或工序定额作为依据，经过分析比较，以此推算出同一组定额中相邻项目定额的一种方法。例如：已知挖一类土地槽在不同槽深和槽宽的时间定额，根据各类土耗用工时的比例来推算挖二、三、四类土地槽的时间定额；又如：已知架设单排脚手架的时间定额，推算架设双排脚手架的时间定额。这种方法适用于制定规格较多的同类型产品的劳动定额。 比较类推法计算简便而准确，但是对典型定额的选择务必恰当合理，类推结果有的需要做调整，其计算公式为： $$t=p \cdot t_0$$ 式中　t——比较类推同类相邻定额项目的时间定额； p——比例关系； t_0——典型项目的时间定额

【例2-2】　某一施工过程单位产品的工时消耗，通过座谈讨论估计出了三种不同的工日消耗，分别是0.3工日、0.7工日、0.8工日，计算定额时间。

【解】　　　　　　$t=(0.3+4\times0.7+0.8)/6=0.65$（工日）

【例2-3】　已知挖一类土地槽在1.5m以内槽深和不同槽宽的时间定额及各类土耗用工时的比例（表2-11），推算挖二、三、四类土地槽的时间定额。求挖三类土、上口宽度为0.8m以内的时间定额 t_3。

【解】　时间定额　　　　$t_3=p_3 \cdot t_0=2.50\times0.167=0.418$（工日/m³）

表 2-11		按地槽、地沟时间定额确定表			工日/m³
项　　目	比例关系	挖地槽、地沟深在 1.5m 以内			
		上口宽在(m 以内)			
		0.8	1.5	3	
一类土	1.00	0.167	0.144	0.133	
二类土	1.43	0.239	0.206	0.190	
三类土	2.50	0.418	0.36	0.333	
四类土	3.76	0.628	0.541	0.500	

(二)材料消耗定额

材料消耗定额是指在正常的施工(生产)条件下,在节约和合理使用材料的情况下,生产单位合格产品所必需消耗的一定品种、规格的材料、半成品、构配件等的数量标准。材料消耗定额是编制材料需要量计划、运输计划、供应计划、计算仓库面积、签发限额领料单和经济核算的根据。

制定合理的材料消耗定额,是组织材料的正常供应,保证生产顺利进行,以及合理利用资源,减少积压、浪费的必要前提,也是施工队(组)向工人班组签发限额领料单、考核和分析材料利用情况的依据。

定额材料消耗的消耗指标按使用性质、用途和用量大小划分为四类,即:

主要材料:是指直接构成工程实体的材料。

辅助材料:是指直接构成工程实体但所占比例较小的材料。

周转性材料:又称工具性材料,是指施工中多次使用不构成工程实体的材料。如模板脚手架等。

次要材料:是指用量少,价值小,不便计算的零星用材料,可用估算法计算。

1. 主要材料消耗量的确定

材料各种类型的损耗量之和称为材料损耗量,除去损耗量之后净用于工程实体上的数量称为材料净用量,材料净用量与材料损耗量之和称为材料总消耗量,损耗量与总消耗量之比称为材料损耗率,用公式表示为:

$$损耗率 = \frac{损耗量}{总消耗量} \times 100\%$$

$$损耗量 = 总消耗量 - 净用量$$

$$净用量 = 总消耗量 - 损耗量$$

$$总消耗量 = \frac{净用量}{1 - 损耗率}$$

或
$$总消耗量 = 净用量 + 损耗量$$

为了简便,通常将损耗量与净用量之比作为损耗率。即

$$损耗率 = \frac{损耗量}{净用量} \times 100\%$$

$$总消耗量 = 净用量 \times (1 + 损耗率)$$

2. 材料消耗定额的制定

材料消耗定额必须在充分研究材料消耗规律的基础上制定。科学的材料消耗定额应当

是材料消耗规律的正确反映。材料消耗定额是通过施工生产过程中对材料消耗进行观察、试验以及根据技术资料的统计与计算等方法制定的,具体见表 2-12。

表 2-12　　　　　　　　　　　　材料消耗定额的制定

方　　法	内　　　　容
观察法	观察法是指通过对园林绿化工程实际施工中进行现场观察和测定,并对所完成的园林绿化工程施工产品数量与所消耗的材料数量进行分析、整理和计算,确定园林施工材料损耗的方法。 观察前要充分做好各项准备工作,如选择典型的工程项目,确定工人操作技术水平,检验材料的品种、规格和质量是否符合设计要求,检查量具、衡具和运输工具是否符合标准等。最后还要对完成的产品进行质量验收,必须达到合格要求。选择观察对象应具有代表性,以保证观察法的准确性和合理性
试验法	试验法是指在实验室或施工现场内对测定资料进行材料试验,通过整理计算制定材料消耗定额的方法。此法适用于测定混凝土、砂浆、沥青膏、油漆涂料等材料的消耗定额。这种方法测定的数据精确度高。但这种方法不一定能充分估计到施工过程中的某些因素对材料消耗量的影响,因此往往还需作适当调整
统计法	统计法是指通过对各类已完园林绿化工程分部分项工程拨付工程材料数量,竣工后的工程材料剩余数量和完成园林绿化工程产品数量的统计、分析研究、计算确定目标工程材料消耗定额的方法。 采用统计法时,必须保证统计和测算的材料消耗量与完成相应产品的一致性,以确保统计资料的真实性。统计法虽然简便易行,但不能分清材料消耗的性质,即不能分别确定材料净用量和损耗量
理论计算法	理论计算法是指根据工程施工图所确定的构件类型和其他技术资料,用理论计算公式计算确定材料消耗定额的方法。此法适用于不易损耗、废品容易确定的各种材料消耗量的计算

3. 周转性材料消耗量的确定

周转性材料在施工过程中不是属于通常的一次性消耗材料,而是可多次周转使用,经过修理、补充才逐渐消耗尽的材料。如:模板、钢板桩、脚手架等,实际上它也是作为一种施工工具和措施。周转性材料消耗的定额量是指每使用一次摊销的数量,其计算必须考虑一次使用量、周转使用量、回收价值和摊销量之间的关系,具体见表 2-13。

表 2-13　　　　　　　　　　　　周转性材料消耗量的确定

项　　目	内　　　　容
一次使用量	周转材料的一次使用量是根据施工图计算出的。它与各分部分项工程的名称、部位、施工工艺及施工方法有关。 例如:钢筋混凝土模板的一次使用量计算公式为: 一次使用量＝1m³构件模板接触面积×1m²接触面积模板用量×(1+制作损耗率)
损耗率	损耗率又称补损率,是指周转性材料使用一次后,因损坏不能再次使用的数量占一次使用量的百分数
周转次数	周转次数是指周转性材料从第一次使用起可重复使用的次数。 影响周转次数的因素主要有材料的坚固程度、材料的使用寿命、材料服务的工程对象、施工方法及操作技术以及对材料的管理、保养等。一般情况下,金属模板、脚手架的周转次数可达数十次,木模板的周转次数在 5 次左右。周转材料的确定要经过现场调查、观测及统计分析,取平均合理的水平

项　　目	内　　容
周转使用量	周转使用量是指周转性材料在周转使用和补损的条件下,每周转一次的平均需用量,根据一定的周转次数和每次周转使用的损耗量等因素来确定。损耗量是周转性材料使用一次后由于损坏而需补损的数量,故在周转性材料中又称"损量",按一次使用量的百分数计算。该百分数即为损耗率。 　　周转性材料在其由周转次数决定的全部周转过程中,投入使用总量为: 投入使用总量＝一次使用量＋一次使用量×(周转次数－1)×损耗率 因此,周转使用量根据下列公式计算: $$周转使用量=\frac{投入使用总量}{周转次数}$$ $$=\frac{一次使用量+一次使用量×(周转次数-1)×损耗率}{周转次数}$$ $$=一次使用量×\left[\frac{1+(周转次数-1)×损耗率}{周转次数}\right]$$ 设　　　　$$周转使用系数\ k_1=\frac{1+(周转次数-1)×损耗率}{周转次数}$$ 则　　　　　　　周转使用量＝一次使用量×k_1 　　各种周转性材料,当使用在不同的项目中,只要知道其周转次数和损耗率,即可计算相应的周转使用系数 k_1
周转回收量	周转回收量是指周转性材料在周转使用后除去损耗部分的剩余数量,即可以回收的数量。 $$周转回收量=\frac{周转使用最终回收量}{周转次数}$$ $$=\frac{一次使用量-(一次使用量×损耗率)}{周转次数}$$ $$=一次使用量×\left(\frac{1-损耗率}{周转次数}\right)$$
摊销量	周转性材料摊销量是指完成一定计量单位产品,一次消耗周转性材料的数量。 (1)现浇混凝土结构的模板摊销量的计算。 $$摊销量=周转使用量-周转回收量×回收折价率$$ $$=一次使用量×k_1-一次使用量×\frac{1-损耗率}{周转次数}×回收折价率$$ $$=一次使用量×\left[k_1-\frac{(1-损耗率)×回收折价率}{周转次数}\right]$$ 设　　　　$$摊销量系数\ k_2=k_1-\frac{(1-损耗率)×回收折价率}{周转次数}$$ 则　　　　　　　摊销量＝一次使用量×k_2 　　(2)预制混凝土结构的模板摊销量的计算。预制钢筋混凝土构件模板虽然也多次使用反复周转,但与现浇构件模板的计算方法不同,预制构件是按多次使用平均摊销的计算方法,不计算每次周转损耗率。因此,计算预制构件模板摊销量时,只需确定其周转次数,按图纸计算出模板一次使用量后,摊销量按下式计算: $$摊销量=\frac{一次使用量}{周转次数}$$

【例 2-4】　某工程现浇钢筋混凝土独立基础,1m³独立基础的模板接触面积为 4.5m²,每平方米模板接触面积需用板材 0.058m³,制作损耗率为 3.5%,模板周转 6 次,每次周转损耗率为 14.5%,回收折价率为 50%,计算该基础模板的周转使用量、周转回收量和施工定额摊销量。

【解】　　　　　　　一次使用量:4.5×0.058×(1＋3.5%)＝0.27m³

$$周转使用量:0.27×\left[\frac{1+(6-1)×14.5\%}{6}\right]=0.078m^3$$

$$周转回收量:0.27\times\left(\frac{1-14.5\%}{6}\right)=0.038m^3$$

施工定额摊销量:$0.078-0.038\times50\%=0.059m^3$

【例 2-5】 预制 $0.5m^3$ 内钢筋混凝土柱,每 $10m^3$ 模板一次使用量为 $12.25m^3$,周转 30 次,计算摊销量。

【解】
$$摊销量=\frac{12.25}{30}=0.408m^3$$

(三)机械台班使用定额

机械台班使用定额也称机械台班定额,其反映了施工机械在正常的施工条件下,在合理的、均衡地组织劳动和使用机械时,该机械在单位时间内的生产率。

机械台班定额以台班为单位,每一台班按 8h 计算。其表现形式有机械时间定额和机械产量定额两种。

编制机械台班使用定额包括的内容见表 2-14。

表 2-14　　　　　　　　　　　　　机械台班使用定额的编制

步　骤	内　容
拟定机械正常工作条件	机械正常工作条件,包括施工现场的合理组织和编制的合理配置。施工现场的合理组织是指对机械的放置位置、工人的操作场地等做出合理的布置,最大限度地发挥机械的工作性能。它要求施工机械和操作机械的工人在最小范围内移动,但又不阻碍机械运转和工人操作;应使机械的开关和操作装置尽可能集中地装置在操作工人的近旁,以节省工作时间和减轻劳动强度;应最大限度发挥机械的效能,减少工人的手工操作。编制机械台班消耗定额,应正确确定机械配置和拟定工人编制,保持机械的正常生产率和工人正常的劳动效率
确定机械纯工作时间	机械纯工作时间包括机械的有效工作时间、不可避免的无负荷工作时间和不可避免的中断时间。机械纯工作时间(台班)的正常生产率是在机械正常工作条件下,由具备必需的知识与技能的技术工人操作机械工作 1h(台班的生产效率)。 根据机械工作特点的不同,机械纯工作 1h 正常生产率的确定方法,也有所不同。对于循环动作机械,确定机械纯工作 1h 正常生产率的计算公式如下: $$\frac{机械一次循环的}{正常延续时间}=\sum\left(\frac{循环各组成部分}{正常延续时间}\right)-交叠时间$$ $$\frac{机械纯工作 1h}{循环次数}=\frac{60\times60(s)}{一次循环的正常延续时间}$$ $$\frac{机械纯工作 1h}{正常生产率}=\frac{机械纯工作 1h}{正常循环次数}\times\frac{一次循环生产}{的产品数量}$$ 从式中可以看到,计算循环机械纯工作 1h 正常生产率的步骤是: (1)根据现场观察资料和机械说明书确定各循环组成部分的延续时间。 (2)将各循环组成部分的延续时间相加,减去各组成部分之间的交叠时间,求出循环过程的正常延续时间。 (3)计算机械纯工作 1h 的正常循环次数。 (4)计算循环机械纯工作 1h 的正常生产率。 对于连续动作机械,确定机械纯工作 1h 正常生产率要根据机械的类型和结构特征,以及工作过程的特点来进行。其计算公式如下: $$\frac{连续动作机械纯工作}{1h 正常生产率}=\frac{工作时间内生产的产品数量}{工作时间(小时)}$$

续表

步　骤	内　容
确定施工机械正常利用系数	机械正常利用系数是指机械在施工作业班内对时间的利用率。其计算公式为： $$\frac{机械正常}{利用系数} = \frac{机械在一个工作班内纯工作时间}{一个工作班延续时间(8h)}$$
计算机械台班定额	计算机械施工定额是编制机械定额的最后一步，在确定了机械工作正常条件，机械纯工作1h正常生产率和机械正常利用系数后，采用下列公式计算施工机械的产量定额： $$\frac{施工机械台班}{产量定额} = \frac{机械纯工作1h}{正常生产率} \times \frac{工作班纯}{工作时间}$$ $$\frac{施工机械台班}{产量定额} = \frac{机械纯工作1h}{正常生产率} \times \frac{工作班}{延续时间} \times \frac{机械正常}{利用系数}$$ $$施工机械时间定额 = \frac{1}{机械台班产量定额指标}$$

【例 2-6】 某工程现场采用出料容量 600L 的混凝土搅拌机，每一次循环中，装料、搅拌、卸料、中断需要的时间分别为 2min、3min、2min、3min，机械正常功能利用系数为 0.8，求该机械的台班产量定额。

【解】　　　该搅拌机一次循环的正常延续时间＝2＋3＋2＋3＝10min

该搅拌机纯工作 1h 循环次数＝6 次

该搅拌机纯工作 1h 正常生产率＝6×600＝3600L＝3.6m³

该搅拌机台班产量定额＝3.6×0.8×8＝23.04(m³/台班)

四、施工定额的主要内容

施工定额的主要内容包括说明、定额项目表、附录及加工表三部分。

(1)说明。说明包括总说明、分册说明、章和节说明。总说明包括编制依据、适用范围、工程质量要求、有关规定、说明和编制施工预算的若干说明；分册、章、节说明主要包括工作内容、施工方法、有关规定、说明和工程量计算规则等。

(2)定额项目表。定额项目表在定额内容中所占比例最大，包括工作内容、定额表、附注等，见表 2-15。工作内容列在定额表的上端，是除说明规定的工作内容之外，完成本项目另外规范的工作内容。定额表由计量单位、定额编号、项目名称及工料消耗指标等组成。附注是某些定额项目在设计上有特别要求需要单独说明的。

(3)附录及加工表。附录通常放在定额分册说明之后，包括术语解释、图示及有关参考资料，如砂浆、混凝土配合比、材料消耗计算附表等。加工表是指在执行某定额项目时，在相应的定额基础上需要增加工日的数量。

表 2-15　　　　　　　　　　　　　　　干粘石

工作内容:包括清扫、打底、弹线、嵌条、筛洗石渣、配色、抹光、起线、粘石等　　　　　　10m²

编号	项　目			人工			水泥	砂	石渣	108胶	甲基硅醇钠
				综合	技工	普工			kg		
147	墙面、墙裙			$\frac{2.62}{0.38}$	$\frac{2.08}{0.48}$	$\frac{0.54}{1.85}$	92	324	60		
148	混凝土墙面	不打底	干粘石	$\frac{1.85}{0.54}$	$\frac{1.48}{0.68}$	$\frac{0.37}{2.7}$	53	104	60	0.26	
149			机喷石	$\frac{1.85}{0.54}$	$\frac{1.48}{0.68}$	$\frac{0.37}{2.7}$	49	46	60	4.25	0.4
150	柱		方柱	$\frac{3.96}{0.25}$	$\frac{3.1}{0.32}$	$\frac{0.86}{1.16}$	96	340	60		
151			圆柱	$\frac{4.21}{0.24}$	$\frac{3.24}{0.31}$	$\frac{0.97}{1.03}$	92	324	60		
152	窗盘心			$\frac{4.05}{0.25}$	$\frac{3.11}{0.32}$	$\frac{0.94}{1.06}$	92	324	60		

注:1. 墙面(裙)、方柱以分格为准,不分格者,综合时间定额乘以 0.85。

2. 窗盘心以起线为准,不带起线者,综合时间定额乘以 0.8。

第三节　预算定额

一、预算定额概述

(一)预算定额的概念

预算定额是指规定消耗在合格质量的单位工程基本构造要素上的人工、材料和机械台班的数量标准。所谓工程基本构造要素,即通常所说的分项工程和结构构件。预算定额按工程基本构造要素规定劳动力、材料和机械的消耗数量,以满足编制施工图预算、规划和控制工程造价的要求。

预算定额是工程建设中一项重要的技术法规。预算定额规定了施工企业和建设单位在完成施工任务时,允许消耗的人工、材料和机械台班的数量,确定了国家、建设单位和施工企业之间的经济关系,在我国建设工程中占有十分重要的地位和作用。

园林绿化工程预算定额是对园林绿化工程实行科学管理和监督的重要手段之一,园林绿化工程预算定额的实施将为园林绿化建设工程造价管理提供翔实的技术衡量标准和数量指标,对推动园林绿化工程的市场化、法制化、专业化、系统化建设具有重要意义。

(二)预算定额的作用

预算定额的作用可归纳为如下几个方面:

(1)预算定额是编制地区单位估价表的依据。

(2)预算定额是编制工程施工图预算和确定工程造价的依据,起着控制劳动消耗、材料消耗和机械台班消耗的作用。

(3)预算定额是工程招标投标中确定招标控制价(标底)和投标报价的主要依据。

(4)预算定额是建设单位和施工单位按照工程进度对已完成工程进行工程结算的依据。

(5)预算定额是编制概算定额和概算指标的基础资料。

(6)预算定额是对新结构、新材料进行技术分析的依据。

(7)预算定额是控制投资的有效手段,也是有关部门对投资项目进行审核、审计的依据。

(三)预算定额与施工定额的区别

预算定额与施工定额的区别见表 2-16。

表 2-16　　　　　　　　　　　　　　预算定额与施工定额的区别

区　别	内　容
性质不同	预算定额与施工定额的性质不同,预算定额不是企业内部使用的定额,不具有企业定额的性质,预算定额是一种计价定额,是编制施工图预算、招标控制价(标底)、投标报价、工程结算的依据
技术水平不同	施工定额作为企业定额,要求采用平均先进水平,而预算定额作为计价定额,要求采用社会平均水平。因此,在一般情况下,预算定额水平要比施工定额水平低 10%～15%
包括的内容不同	预算定额比施工定额综合的内容要更多一些。预算定额不仅包括了为完成该分项工程或结构构件的全部工序,而且考虑了施工定额中未包含的内容,如施工过程之间对前一道工序进行检验,对后一道工序进行准备的组织间歇时间、零星用工,材料在现场内的超运距用工等

二、预算定额的编制

(一)预算定额的编制步骤

预算定额的编制,大致分为准备工作,搜集资料,编制定额,定额报批和修改定稿、整理资料五个阶段,见表 2-17。各阶段工作互有交叉,有些工作还有多次反复。

表 2-17　　　　　　　　　　　　　　预算定额的编制步骤

阶　段	主要内容
准备工作阶段	(1)拟定编制方案。 (2)抽调人员根据专业需要划分编制小组和综合组
搜集资料阶段	(1)普遍搜集资料。在已确定的范围内,采用表格搜集定额编制基础资料,以统计资料为主,注明所需要的资料内容、填表要求和时间范围,便于资料整理,并具有广泛性。 (2)专题座谈会。邀请建设单位、设计单位、施工单位及其他有关单位有经验的专业人士开座谈会,就以往定额存在的问题提出意见和建议,以便在编制新定额时改进。 (3)搜集现行规定、规范和政策法规资料。 (4)搜集定额管理部门积累的资料。主要包括:日常定额解释资料;补充定额资料;新结构、新工艺、新材料、新机械、新样板技术用于工程实践的资料。 (5)专项查定及实验。主要指混凝土配合比和砌筑砂浆实验资料。除搜集实验试配资料外,还应搜集一定数量的现场实际配合比资料

续表

阶　段	主要内容
编制定额阶段	(1)确定编制细则。主要包括：统一编制表格及编制方法；统一计算口径、计量单位和小数点位数的要求；有关统一性规定，名称统一，用字统一，专业用语统一，符号代码统一，简化文字规范化，文字要简练明确。 (2)确定定额的项目划分和工程量计算规则。 (3)定额人工、材料、机械台班耗用量的计算、复核和测算
定额报批阶段	(1)审核定稿。 (2)预算定额水平测算。新定额编制成稿，必须与原定额进行对比测算，分析水平升降原因。一般新编定额的水平应该不低于历史上已经达到过的水平，并略有提高。在定额水平测算前，必须编出同一工人工资、材料价格、机械台班费的新旧两套定额的工程单价
修改定稿、整理资料阶段	(1)印发征求意见。定额编制初稿完成后，需要征求各有关方面意见和组织讨论，反馈意见。在统一意见的基础上整理分类，制定修改方案。 (2)修改整理报批。按修改方案的决定，将初稿按照定额的顺序进行修改，并经审核无误后形成报批稿，经批准后交付印刷。 (3)撰写编制说明。其内容包括：项目、子目数量；人工、材料、机械的内容范围；资料的依据和综合取定情况；定额中允许换算和不允许换算规定的计算资料；工人、材料、机械单价的计算和资料；施工方法、工艺的选择及材料运距的考虑；各种材料损耗率的取定资料；调整系数的使用；其他应说明的事项与计算数据、资料。 (4)归档、成卷。定额编制资料是贯彻执行定额中需查对资料的唯一依据，也为修编定额提供历史资料数据，应作为技术档案永久保存

(二)预算定额的编制方法

1. 制定预算定额的编制方案

预算定额的编制方案主要内容包括：建立相应的机构；确定编制定额的指导思想、编制原则和编制进度；明确定额的作用、编制的范围和内容；确定人工、材料、机械消耗定额的计算基础和搜集的基础资料，并对搜集到的资料进行分析整理，使其资料系统化。

2. 工程内容的确定

基础定额子目中的人工、材料消耗量和机械台班使用量是直接由工程内容确定的，所以，工程内容范围的规定是十分重要的。

3. 确定预算定额的计量单位

预算定额与施工定额的计量单位往往不同。施工定额的计量单位一般按照工序或施工过程确定；而预算定额的计量单位主要是根据分部分项工程和结构构件的形体特征及其变化确定。由于工作内容综合，预算定额的计量单位也具有综合的性质。工程量计算规则的规定应确切反映定额项目所包含的工作内容。

预算定额的计量单位关系到预算工作的繁简和准确性。因此，要正确地确定各分部分项工程的计量单位。一般依据以下建筑结构构件形状的特点确定：

计量单位一般应根据结构构件或分项工程的特征及变化规律来确定。通常，当物体的三个度量(长、宽、高)都会发生变化时，选用 m³(立方米)为计量单位，如园林景观土方、砖石、混凝土等工程；当物体的三个度量(长、宽、高)中有两个度量经常发生变化时，选用 m^2(平方米)为计量单位，如地面、抹灰、门窗等工程；当物体的截面形状基本固定，长度变化不定时，选用 m(米)、km(千米)为计量单位(如踢脚线、管线工程等)；当分项工程无一定规格，而构造又比较复杂时，可按个、块、套、座、吨等为计量单位。一般情况下的计量单位应按公制执行。

4. 按典型设计图纸和资料计算工程量

计算工程量，是为了通过计算出典型设计图纸所包括的施工过程的工程量，以便在编制预算定额时，有可能利用施工定额的劳动、机械和材料消耗指标确定预算定额所含工序的消耗量。

5. 确定预算定额各项人工、材料和机械台班消耗量

确定预算定额人工、材料、机械台班消耗指标时，必须首先按施工定额的分项逐项计算出消耗指标，然后再按预算定额的项目加以综合。但是，这种综合不是简单的合并和相加，而需要在综合过程中增加两种定额之间适当的水平差。预算定额的水平，首先取决于这些消耗量的合理确定。人工、材料和机械台班消耗量指标，应根据定额编制原则和要求，采用理论与实际相结合、图纸计算与施工现场测算相结合、编制人员与现场工作人员相结合等方法进行计算和确定，使定额既符合政策要求，又与客观情况一致，便于贯彻执行。

6. 编制定额项目表和拟定有关说明

定额项目表的一般格式：横向排列为该分项工程的项目名称，竖向排列为该分项工程的人工、材料和施工机械消耗量指标。有的项目表下部还有附注，以说明涉及有特殊要求时，怎样进行调整和换算。

三、预算定额消耗指标的确定

预算定额消耗指标包括人工消耗指标、材料消耗指标和施工机械台班消耗指标。

(一)人工消耗指标

1. 人工消耗指标的确定

以劳动定额为基础的人工工日消耗量的确定包括基本用工、材料及半成品用工、辅助用工、人工幅度差等，具体见表 2-18。

表 2-18　　　　　　　　　　　　　人工消耗指标的确定

项　目	内　容
基本用工	基本用工是指完成某工程子项目的主要用工数量，如墙体砌筑工程中，包括调运铺砂浆、运砖、砌砖的用工。基本用工量应按综合取定的工程量乘以劳动定额中的时间定额进行计算
材料及半成品用工	材料及半成品用工是指预算定额中材料及半成品的运输距离超过了劳动定额基本用工中规定的距离所需增加的用工量
辅助用工	辅助用工是指劳动定额中基本用工以外的材料加工等所需的用工。例如，机械土方工程配合用工、材料加工中过筛砂、冲洗石子、化淋灰膏等
人工幅度差	人工幅度差是指施工定额中劳动定额未包括的、在一般正常施工情况下又不可避免的零星用工。其内容包括：各工种间的工序搭接及交叉作业互相配合所发生的停歇用工；质量检查和隐蔽工程验收工作的影响；班组操作地点转移用工；工序交接时对前一工序不可避免的修整用工；施工中不可避免的其他零星用工等

续表

项　　目	内　　容
平均工资等级	平均工资等级是指预算定额中总用工量的平均工资等级。预算定额的人工消费指标中,有不同工种的类型,为了统一计量定额中的人工费用,必须按照预算定额中的各种用工量、各种工资等级和工资等级系数,采用加权平均法,计算预算定额总用工量的平均工资等级

2. 人工消耗指标的计算

人工消耗指标的计算法:预算定额各种用工量,根据测算后综合取定的工程数量和劳动定额计算。预算定额是一项综合定额,是按组成分项工程内容的各个工序综合而成。编制分项定额时,要按工序划分的要求测算、综合取定工程量。综合取定工程量是指按照一个地区历年实际设计房屋的情况,选用多份设计图纸,进行测定,取定数量。

国家颁布的《建筑安装工程统一劳动定额》,规定各种用工量的基本计算方法,见表 2-19。

表 2-19　　　　　　　　　　　　　　人工消耗指标计算方法

消耗指标	计算方法
基本用工	(1)基本用工是按综合取定的工程量数据和劳动定额中的相应时间定额进行计算。其计算公式如下: $$基本用工工日数量=\sum(时间定额×工序工程量)$$ (2)基本用工的平均工资等级系数和工资等级总系数:基本用工的平均工资等级系数应按劳动小组的平均工资等级系数来确定。统一劳动定额中对劳动小组的成员数量、技术和普工的技术等级都作了规定,应依据这些数据和工资等级系数表,用加权平均方法计算小组成员的平均工资等级系数和工资等级总系数。平均工资等级系数计算公式如下: $$劳动小组成员平均工资等级系数=\sum(相应等级工资系数×人工数量)/人工总数$$ (3)基本用工平均工资等级总系数计算公式如下: $$基本用工工资等级总系数=基本用工工日总量×基本用工平均工资等级系数$$
超运距用工	(1)超运距用工工日数量:应按各种超运距的材料数量和相应的超运距时间定额进行计算。其计算公式为: $$超运距用工工日数量=\sum(时间定额×超运距材料数量)$$ (2)超运距用工平均工资等级系数和工资等级总系数的计算: $$超运距用工工资等级总系数=超运距用工总量×超运距用工平均工资等级系数$$
辅助用工	(1)辅助用工工日数量:按所需加工的各种材料数量和劳动定额中相应的材料加工时间定额进行计算。其计算公式为: $$辅助用工工日数量=\sum(时间定额×需要加工材料数量)$$ (2)辅助用工平均工资等级系数和工资等级总系数的计算: $$辅助用工工资等级总系数=辅助用工总量×辅助用工平均工资等级系数$$
人工幅度差计算	(1)人工幅度差用工量:应按国家规定的人工幅度差系数,在以上各种用工量的基础上进行计算。其计算公式如下: $$人工幅度差=(基本用工+超运距用工+辅助用工)×人工幅度差系数$$ (2)人工幅度差平均工资等级系数和工资等级总系数的计算:其计算公式为: $$人工幅度差平均工资等级系数=前三项系数之和/前三项工日系数之和$$ $$人工幅度差工资等级总系数=人工幅度差×人工幅度差平均工资等级系数$$

消耗指标	计算方法
预算定额用工的工日数量和平均工资等级系数	分项工程定额用量＝前四项工日数量之和 平均工资等级系数＝前四项总系数之和/前四项工日数量之和 平均工资等级系数计算出来后，就可以按照工资工龄等级系数表中的系数确定定额用工的平均工资等级

(二)材料消耗指标

1. 材料消耗指标的内容

预算定额中的材料消耗指标内容同施工定额一样，包括主要材料、辅助材料、周转性材料和次要(其他)材料的消耗量标准，并计入了相应损耗，其内容包括：从工地仓库或现场集中堆放地点至现场加工地点或操作地点以及加工地点至安装地点的运输损耗、施工操作损耗、施工现场堆放损耗。

2. 材料消耗量计算方法及公式

(1)材料消耗量计算方法。

1)凡有标准规格的材料,按规范要求计算定额计量单位耗用量。

2)有图纸标注尺寸及下料要求的,按设计图纸尺寸计算材料净用量。

3)换算法。

4)测定法。包括试验室法和现场观察法。

(2)材料消耗量计算公式。

1)材料消耗量计算公式:

$$材料消耗量＝材料净用量＋材料损耗量$$

或
$$材料消耗量＝材料净用量×(1＋损耗率)$$

2)材料摊销量计算公式:

$$木模板摊销量＝周转使用量－周转回收量×回收折价率$$

$$＝一次使用量×\left[\frac{1＋(周转次数－1)×补损率}{周转次数}\right]$$

$$＝\frac{一次使用量×(1－补损率)×回收折旧率}{周转次数}$$

(三)施工机械台班消耗指标

1. 机械台班消耗指标的内容

(1)基本台班数量:按机械台班定额确定的为完成定额计量单位建筑安装产品所需要的施工机械台班数量。

(2)机械幅度差:编制预算定额时,在按照统一劳动定额计算施工机械台班的耗用量后,还应考虑在合理的施工组织设计条件下机械停歇的因素,另外增加一定的机械幅度差。

(3)机械幅度差系数:一般根据测定和统计资料取定。大型机械幅度差系数为:土方机械

1.25,打桩机械 1.33,吊装机械 1.3,其他均按统一规定的系数计算。由于垂直运输用的塔式起重机、卷扬机及砂浆、混凝土搅拌机是按小组配合,应以小组产量计算机械台班产量,不另增加机械幅度差。预算定额中机械幅度差所包括的内容大致应包括以下几项:

1)施工中机械转移工作面及配套机械互相影响损失的时间。

2)在正常施工情况下机械施工中不可避免的工序间歇。

3)工程结尾工作量不饱满所损失的时间。

4)检查工程质量影响机械操作的时间。

5)临时水电线路在施工过程中移动所发生的不可避免的机械操作间歇时间。

6)冬季施工期内使用机械的时间。

7)不同厂牌机械的工效差。

8)配合机械施工的工人,在人工幅度差范围以内的工作间歇影响的机械间歇。

2. 机械台班消耗量指标的计算

机械台班消耗量一般是按全国统一劳动定额中的机械台班消耗量,并考虑一定的机械幅度差进行计算的。

通常以施工定额中的机械台班消耗用量加机械幅度差来计算预算定额的机械台班消耗量。其计算式为:

$$预算定额机械台班消耗量=施工定额中机械台班用量+机械幅度差$$
$$=施工定额中机械台班用量×(1+机械幅度差系数)$$

四、预算定额的应用

(一)预算定额的套用

当施工图的设计要求与预算定额的项目内容一致时,可直接套用预算定额,预算定额的套用分以下三种情况,具体见表 2-20。

表 2-20　　　　　　　　　　　　　　预算定额的套用

分　类	套用方法
分项工程条件与定额项目设置条件相同	当分项工程的设计要求、做法说明、结构特征、施工方法等条件与定额中相应项目的设置条件(如工作内容、施工方法等)完全一致时,可直接套用相应的定额子目。 在编制单位工程施工图预算的过程中,大多数项目可以直接套用预算定额
设计要求与定额条件一致	当设计要求与定额条件基本一致时,可根据定额规定套用相近定额子目,不允许换算
设计要求与定额条件完全不同	当设计要求与定额条件完全不同时,可根据定额规定套用相应定额子目,不允许换算

(二)预算定额的换算

预算定额的换算见表 2-21。

表 2-21　　　　　　　　　　　　　　　预算定额的换算

项　目	内　　容
换算原则	为了保持定额的水平,在预算定额的说明中规定了有关换算原则,一般包括以下几种: (1)定额的砂浆、混凝土强度等级,如设计与定额不同时,允许按定额附录的砂浆、混凝土配合比表换算,但配合比中的各种材料用量不得调整。 (2)园林景观工程定额中抹灰项目已考虑了常用厚度,各层砂浆的厚度一般不作调整。如果设计有特殊要求时,定额中工、料可以按厚度比例换算。 (3)必须按预算定额中的各项规定换算定额
换算类型	预算定额的换算类型包括以下几种: (1)砂浆换算,即砌筑砂浆换强度等级、抹灰砂浆换配合比及砂浆用量。 (2)混凝土换算,即构件混凝土、楼地面混凝土的强度等级、混凝土类型的换算。 (3)系数换算,按规定对定额中的人工费、材料费、机械费乘以各种系数的换算。 (4)其他换算,除上述三种情况以外的定额换算
计价换算公式	(1)砌筑砂浆换算。当设计图纸要求的砌筑砂浆强度等级在预算定额中缺项时,就需要调整砂浆强度等级,求出新的定额基价。其换算公式为: $$\text{换算后定额基价}=\text{原定额基价}+\text{定额砂浆用量}\times\left(\text{换入砂浆基价}-\text{换出砂浆基价}\right)$$ (2)园林景观抹灰砂浆换算。当设计图纸要求的抹灰砂浆配合比或抹灰厚度与预算定额的抹灰砂浆配合比或厚度不同时,就要进行抹灰砂浆换算。其换算公式为: 当抹灰厚度不变只换算配合比时,人工费、机械费不变,只调整材料费。 $$\text{换算后定额基价}=\text{原定额基价}+\text{抹灰砂浆定额用量}\times\left(\text{换入砂浆基价}-\text{换出砂浆基价}\right)$$ 当抹灰厚度发生变化时,砂浆用量要改变,因而人工费、材料费、机械费均要换算。 $$\text{换算后定额基价}=\text{原定额基价}+\left(\text{定额人工费}+\text{定额机械费}\right)\times(K-1)+$$ $$\sum\left(\text{各层换入砂浆用量}\times\text{换入砂浆基价}-\text{各层换出砂浆用量}\times\text{换出砂浆基价}\right)$$ 式中　K——工、机费换算系数,且 $$K=\frac{\text{设计抹灰砂浆总厚}}{\text{定额抹灰砂浆总厚}}$$ $$\text{各层换入砂浆用量}=\frac{\text{定额砂浆用量}}{\text{定额砂浆厚度}}\times\text{设计厚度}$$ $$\text{各层换出砂浆用量}=\text{定额砂浆用量}$$ (3)构件混凝土换算。当设计要求构件采用的混凝土强度等级,在预算定额中没有相符合的项目时,就产生了混凝土强度等级或石子粒径的换算。其换算公式为: $$\text{换算后定额其价}=\text{原定额基价}+\text{定额混凝土用量}\times\left(\text{换入混凝土基价}-\text{换出混凝土基价}\right)$$ (4)乘系数换算。乘系数换算是指在使用某些预算定额项目时,定额的一部分或全部乘以规定的系数

第四节　单位估价表

一、单位估价表概述

建筑安装工程单位估价表,也称工程预算单价表,是确定定额计量单位建筑安装分项工程直接费用的文件。以建筑安装工程概算定额规定的人工、材料、机械台班消耗量指标为依据,以货币形式表示分部分项工程单位预算价值而制定的价格表。

分项工程的单价表,是预算定额规定的分项工程的人工、材料和施工机械台班消耗指标,分别乘以相应地区的工资标准、材料预算价格和施工机械台班费,算出的人工费、材料费及施工机械费,并加以汇总而成。因此,单位估价表是以预算定额为依据,既列出预算定额中的"三量",又列出了"三价",并汇总出定额单位产品的预算价值。为便于施工图预算的编制,简化单位估价表的编制工作,各地区多采用预算定额和单位估价表合并的形式来编制,即预算定额内不仅仅列出"三量",同时列出预算单价,使地区预算定额和地区单位估价表融为一体。

单位估价表的具体作用体现在以下几个方面:

(1)单位估价表是编制和审查建筑安装工程施工图预算,确定工程造价的主要依据。

(2)单位估价表是拨付工程价款和结算的依据。

(3)在招标投标活动中,单位估价表是编制招标控制价(标底)及投标报价的依据。

(4)单位估价表是设计单位对设计方案进行技术经济比较分析的依据。

(5)单位估价表是施工单位实行经济核算,考核工程成本的依据。

(6)单位估价表是制定概算定额、概算指标的基础。

单位估价表编制的基本方法参考表 2-22 的规定。

表 2-22　　　　　　　　　　　　　　单位估价表的编制

项　目	内　　容
单位估价表的组成	(1)确定完成分项工程所消耗的人工、材料、施工机械的实物数量。这一内容在单位估价表中用数量一栏表示,从需要编制单位估价表的相应预算定额中抄录。 (2)确定该分项工程消耗的人工、材料、施工机械的相应预算价格,即相应的工日单价、材料预算价格和施工机械台班使用费。这一内容在单位估价表中用单价一栏表示,从为编制单位估价表而编制的日工资级差单价表、材料预算价格汇总表和施工机械台班使用费计算表中摘录。 (3)该分项工程直接费用的人工费、材料费和施工机械使用费。这一内容在单位估价表中用合价一栏表示。它是根据第一部分中的三个"量"和第二部分中的三个"价"对应相乘计算求得。将人工费、材料费和施工机械使用费累加,即得该定额计量单位建筑安装产品的工程预算单价

续表

项 目	内 容
计算单位估价表的人工费、材料费、机械费和预算价值	定额计量单位建筑安装工程产品的工程预算单价(即分项工程直接费单价),可以根据以下公式进行计算: 每一定额计量单位分项工程预算价值=人工费+材料费+机械费 其中 人工费=定额工日数量×预算工资单价+其他人工费材料费 =∑(定额材料数量×相应材料预算单价)+其他材料费机械费 =∑(定额机械台班数×相应机械台班费单价)+其他机械费
单位估价表的表示和表格的填写	(1)表式。单位估价表可以是一个分项工程编一张表,也可以将多个分项工程编在同一张表上,编制时应特别注意: 1)表头:填写分部分项工程的名称及其定额编号,并在表格的右上角标明计量单位。单位估价表的计量单位应与定额计量单位一致。 2)表格的设计:单位估价表为项目、单位、单价、数量、合价横向多栏式。如一张表上编制几个分项工程的单位估价表,可只列一栏共同使用的单价,而每一分项工程只列数量和合价两栏。 单位估价表的纵向依次为人工费、材料费、机械使用费和合计栏,材料费和机械使用费应按材料和机械种类分列项目。 (2)表格填写。单位估价表的"费用项目"栏应包括的基本因素是:定额中所规定的为完成定额计量单位产品所需要的各种工料与机械名称。 1)单位栏:按预算定额中的工、料、施工机械等的计量单位填写。 2)单价栏:填写与工、料、施工机械名称相适应的预算价格。 3)数量栏:填写预算定额中的工、料、施工机械台班数量。 4)合价栏:为各自单价和数量相乘之积。 最后各"费用项目"的合计数,就是该单位表计算出来的定额计量单位建筑安装产品的工程预算单价,即该分项工程的直接费单价
编制单位估计汇总表	单位估价汇总表,是汇总单位估价表中主要内容的文件。 在编制单位估价汇总表时,应将单位估价表中的主要资料列入,包括有定额编号、分项工程名称、计量单位、工程预算单价以及其中人工费、材料费、施工机械使用费的小计数等资料。每一项汇总表可列 10 余个分项工程的工程预算单价,便于编制施工图预算时使用。在编制单位估价汇总表时,要注意计量单位值的变化。单位估价表是按预算定额编制的,其计量单位值与定额计量单位值一致。 单位估价汇总表的形式见表 2-23

表 2-23 单位估价汇总表

定额编号	分项工程名称	单位	预算单价/元	其中		
				人工费	材料费	机械费
03-166	一墙内砖	m³	168.60	25.49	130.32	22.79

二、人工单价的确定

(一)人工工日单价的确定

人工工日单价也称人工预算价格或定额工资单价,是指一个建筑安装工人在一个工作日内预算中应记入的全部人工费用。它基本上反映了建筑安装工人的工资水平和一个工人在一个工作日中可以得到的报酬。预算定额的人工单价包括综合平均等级的基本工资、辅助工资、工资性质津贴、职工福利费和劳动保护费,具体参考表 2-24。

定额工资单价＝基本工资＋辅助工资＋工资性质津贴＋职工福利费＋劳动保护费

表 2-24　　　　　　　　　　　人工单价的内容

项　目	内　容
生产工人基本工资	根据有关规定,生产工人基本工资应执行岗位工资和技能工资标准
生产工人辅助工资	生产工人辅助工资是指生产工人年有效施工天数以外非作业天数的工资,包括职工学习、培训期间的工资,调动工作、探亲、休假期间的工资,因气候影响的停工工资,女工哺乳时间的工资,病假在 6 个月以内的工资及产、婚、丧假期的工资
生产工人劳动保护费	生产工人劳动保护费是指为了补偿工人额外或特殊的劳动消耗及为了保证工人的工资水平不受特殊条件影响,而以补贴形式支付给工人的劳动报酬,它包括按规定标准发放的物价补贴,煤、燃气补贴,交通费补贴,住房补贴,流动施工津贴及地区津贴等
职工福利费	职工福利费是指按规定标准计提的职工福利费
生产工人劳动保护费	生产工人劳动保护费是指按规定标准发放的劳动保护用品的购置费及修理费,徒工服装补贴,防暑降温费,在有碍身体健康环境中施工的保健费用等。人工工日单价组成内容在各部门、各地区并不完全相同,但其中每一项内容都是根据有关法规、政策文件的精神,结合本部门、本地区的特点,通过反复测算最终确定的

(二)人工单价的计算

(1)综合平均工资等级系数和工资标准的计算方法。计算工人小组的平均工资或平均工资等级系数,应采用综合平均工资等级系数的计算方法,其计算公式如下:

$$\text{小组成员综合平均工资等级系数} = \frac{\sum_{i=1}^{n}(\text{某工资等级系数}\times\text{同等级工人数})_i}{\text{小组成员总人数}}$$

【例 2-7】　园林绿化种植小组由 15 人组成,各等级的工人及工资等级系数如下,计算综合平均工资等级系数和工资标准(已知标准工资＝32.78 元/月)。

二级工:2 人　　工资等级系数:1.187
三级工:2 人　　工资等级系数:1.409
四级工:5 人　　工资等级系数:1.672
五级工:3 人　　工资等级系数:1.985
六级工:2 人　　工资等级系数:2.358
七级工:1 人　　工资等级系数:2.800

【解】　(1)求综合平均工资等级系数。

$$小组综合平均工资等级系数＝(1.187×2＋1.409×2＋1.672×5＋$$
$$1.985×3＋2.358×2＋2.800×1)/$$
$$(2＋2＋5＋3＋2＋1)$$
$$＝1.802$$

(2)求综合平均工资标准。

$$小组综合平均工资标准＝32.78×1.802＝59.07(元/月)$$

(2)预算定额人工单价的计算公式为：

$$人工单价＝\frac{基本工资＋工资性补贴＋保险费}{月平均工作天数}$$

式中　　基本工资——规定的月工资标准；

　　　　工资性补贴——流动施工补贴、交通费补贴、附加工资等；

　　　　保险费——医疗保险，失业保险费等。

$$月平均工作天数＝\frac{365－52×2－10}{12个月}＝20.92(天)$$

【例2-8】　已知砌砖工人小组综合平均月工资标准为315元/月，月工资性补贴为210元/月，月保险费为56元/月，试计算人工单价。

【解】　$人工单价＝\dfrac{315＋210＋56}{20.92}＝\dfrac{581}{20.92}＝27.77(元/天)$

三、材料单价的确定

(一)材料单价的概念及分类

材料预算价格是指材料(包括构件、成品及半成品)由来源地或交货点到达工地仓库或施工现场指定堆放点后的出库价格。它由材料原价、供销部门手续费、包装费、采购保管费组成。

按照材料采购和供应方的不同，构成材料单价的费用也不同，一般分为以下几种：

(1)材料供货到工地现场。当材料供应商将材料送到施工现场时，材料单价由材料原价和采购保管费构成。

(2)到供货地点采购材料。当需要派人到供货地点采购材料时，材料单价由材料原价、运杂费和采购保管费构成。

(3)需二次加工的材料。当某些材料采购回来后，还需要进一步加工的材料，材料单价除了上述费用外还包括二次加工费。

综上所述，材料单价包括材料原价、运杂费、采购及保管费和二次加工费。

材料预算价格按适用范围划分，可分为地区材料预算价格和某项工程使用的材料预算价格。地区材料预算价格是按地区(城市或建设区域)编制的，供该地区所有工程使用；某项工程(一般指大中型重点工程)使用的材料预算价格，是以一个工程为编制对象，专供该工程项目使用。地区材料预算价格与某项工程使用的材料预算价格的编制原理和方法是一致的，只是在材料来源地、运输数量权数等具体数据上有所不同。

(二)材料单价的计算

材料单价的计算具体见表2-25。

表 2-25　　　　　　　　　　　　　　　　材料单价的计算

项　目	内　容
材料原价的计算	材料原价是指付给材料供应商的材料单价。当某种材料有两个或两个以上的材料供应商供货且材料原价不同时,要计算加权平均原价。其计算公式为: $$\overline{P}=\dfrac{\sum\limits_{i=1}^{n}P_iQ_i}{\sum\limits_{i=1}^{n}Q_i}$$ 式中　$\overline{P}$——加权平均材料原价; 　　　P_i——各来源地材料原价; 　　　Q_i——各来源地材料数量或占总供应量的百分比
材料运杂费的计算	材料运杂费是指材料由来源地运至工地仓库或堆放场地后的全部运输过程中所支出的一切费用,包括车、船等的运输费、调车费或驳船费、装卸费及合理的运输损耗等。 调车费是指机车到非公用装货地点装货时的调车费用。 装卸费是指火车、汽车、轮船出入仓库时的搬运费,按行业标准支付。材料运输费按运输价格计算,若供货来源地不同且供货数量不同时,需要计算加权平均运输费,其计算公式为: $$加权平均运输费=\dfrac{\sum\limits_{i=1}^{n}(运输单价\times 材料数量)_i}{\sum\limits_{i=1}^{n}(材料数量)_i}$$ 材料运输损耗是指材料在运输、搬运过程中发生的合理(定额)损耗。其费用计算公式为: 材料运输损耗费=(材料原价+装卸费+运输费)×运输损耗率 属于材料预算价格的运杂费和有关费用只能算到运至工地仓库后的全部费用。从工地仓库或堆置场地运到施工地点的各种费用应该包括在预算定额的原材料运输费中,或者计入材料二次搬运费中
材料采购及保管费的计算	材料采购及保管费是指材料供应部门在组织采购、供应和保管材料过程中所发生的各项费用。其计算公式为: 材料采购及保管费=(加权平均原价+运杂费)×采购及保管费率 采购及保管费率综合取定值一般为 2%。各地区可根据实际情况来确定
材料单价综合计算	材料单价综合计算公式为: 材料单价=(加权平均单价+材料运杂费)×(1+材料保管费率)
进口材料、设备预算价格的组成	建设单位或设计单位指定使用进口材料或设备时,应依据其到岸期完税后的外汇牌价折算为人民币价格,另加运至本市的运杂费、市内运杂费和 2% 的采购及保管费组成预算价格。 进口材料、设备预算价格的计算公式为: 进口材料、设备供应价格=材料、设备到岸期完税后的外汇牌折成人民币价格+实际发生的外埠运杂费 进口材料、设备预算价格=(进口材料、设备供应价格+实际发生的市内运杂费)×1.02 对于材料预算价格中缺项的材料、设备,应按实际供应价格(含实际发生的外埠运杂费),加市内运杂费及采购保管费,组成补充预算价格

【例 2-9】　某园林景观工程需要定做标准砖,由甲、乙、丙三地供应,数量及价格见表 2-26。计算标准砖的加权平均原价。

表 2-26　　　　　　　　甲、乙、丙三地供应面砖的数量及价格表

货源地	数量/m²	出厂价/(元·m⁻²)
甲地	600	30
乙地	1400	30.5
丙地	700	31.5

【解】　标准砖的加权平均原价$= \dfrac{600 \times 30 + 1400 \times 30.5 + 700 \times 31.5}{600 + 1400 + 700}$

$$= \dfrac{82750}{2700} = 30.65(元/m^2)$$

【例 2-10】　某园林景观工程所需标准砖由甲、乙、丙三地供应,根据表 2-27 和例 2-9 资料计算标准砖运杂费。

表 2-27　　　　　　　　　标准砖运杂费汇总表

供货地点	面砖数量/m²	运输单价/(元·m⁻²)	装卸费/(元·m⁻²)	运输损耗率(%)
甲	300	1.20	0.80	1.5
乙	700	1.80	0.95	1.5
丙	800	2.40	0.85	1.5

【解】　(1)计算加权平均装卸费。

$$\text{墙面砖加权平均装卸费} = \dfrac{0.80 \times 300 + 0.95 \times 700 + 0.85 \times 800}{300 + 700 + 800} = \dfrac{1585}{1800}$$

$$= 0.88(元/m^2)$$

(2)计算加权平均运输费。

$$\text{墙面砖加权平均运输费} = \dfrac{1.20 \times 300 + 1.80 \times 700 + 2.40 \times 800}{300 + 700 + 800} = \dfrac{3540}{1800}$$

$$= 1.97(元/m^2)$$

(3)计算运输损耗费。

$$\text{墙面砖运输损耗费} = (30.65 + 0.88 + 1.97) \times 1.5\%$$

$$= 33.50 \times 1.5\% = 0.50(元/m^2)$$

(4)计算运杂费。

$$\text{墙面砖运杂费} = 0.88 + 1.97 + 0.50 = 3.35(元/m^2)$$

四、机械台班单价的确定

机械台班单价也称施工机械台班单价,是指在单位工作台班中为使机械正常运转所分摊和支出的各项费用。

机械台班预算价格按原建设部建标〔1998〕97 号文颁发的《全国统一施工机械台班费用定

额》(2012 版)的规定,由 8 项费用组成。这些费用按其性质划分为第一类费用和第二类费用。

第一类费用也称不变费用,是指属于分摊性质的费用。包括折旧费、大修理费、经常修理费和安拆费及场外运费。

第二类费用也称可变费用,是指属于支出性质的费用。包括燃料动力费、人工费及车船使用费、保险费。

(一)第一类费用的计算

第一类费用的计算见表 2-28。

表 2-28   第一类费用的计算

费用类型	计算方法

折旧费	折旧费是指机械设备在规定的使用期限内(耐用总台班),陆续收回其原值及支付贷款利息等费用。其计算公式为:
	
	$$台班折旧费 = \frac{机械预算价格 \times (1-残值率) + 贷款利息}{耐用总台班}$$
	
	若是国产运输机械,则:
	
	$$机械预算价格 = 销售价 \times (1+购置附加费) + 运杂费$$
	
	(1)机械预算价格。国产机械预算价格由机械出厂(或到岸完税)价格和由生产厂(销售单位交货地点或口岸)运至使用单位库房,并经过主管部门验收的全部费用组成。包括出厂价格、供销部门手续费和一次运杂费。其计算公式为:
	
	$$国产运输机械预算价格 = 出厂(或销售)价格 \times (1+购置附加费率) + 供销部门手续费 + 一次运费$$
	
	进口机械预算价格是由进口机械到岸完税价格加上关税、外贸部门手续费、银行财务费以及由进口岸运至使用单位机械管理部门验收入库的全部费用。
	
	(2)残值率。残值率是指机械报废时其回收残余价值占机械(即机械预算价格)原值的比率。国家规定的残值率在 $3\% \sim 5\%$ 范围内。各类施工机械的残值率结合确定如下:
	
	        运输机械 2%
	        特、大型机械 3%
	        中、小型机械 4%
	        掘进机械 5%
	
	(3)贷款利息系数。贷款利息是指用于支付购置机械设备所需贷款的利息,一般按复利计算,贷款利息系数能够合理反映资金的时间价值,以大于 1 的贷款利息系数,将贷款利息(单利)分摊在台班折旧费中。其计算公式为:
	
	$$贷款利息系数 = 1 + \frac{(n+1)}{2}i$$
	
	式中 n——机械的折旧年限;
	      i——设备更新贷款年利率。
	    折旧年限是指国家规定的各类固定资产计提折旧的年限。
	    设备更新贷款年利率是以定额编制当年的银行贷款年利率为准。
	    (4)耐用总台班。耐用总台班是指机械在正常施工作业条件下,从开始投入使用至报废前所使用的总台班数。其计算公式为:
	
	$$耐用总台班 = 大修间隔台班 \times 大修周期$$

费用类型	计算方法
大修理费	大修理费是指机械设备按规定的大修理间隔台班进行大修理,以保持机械正常功能所需支出的台班摊销费用。其计算公式为:$$台班大修理费=\frac{一次大修理费\times(大修理周期-1)}{耐用总台班}$$ (1)一次大修理费。一次大修理费是指机械设备按规定的大修范围和修理工作内容,进行一次全面修理所需消耗的工时、配件、辅助材料、油燃料以及送修运输等全部费用。 (2)大修理周期。大修理周期是指机械设备为恢复原机功能按规定在使用期限内需要进行的大修次数
经常修理费	经常修理费是指机械设备除大修理以外必须进行的各级保养(包括一、二、三级保养)以及临时故障排除和机械停置期间的维护保养等所需各项费用;为保障机械正常运转所需替换设备、随机工具附具的摊销及维护费用;机械运转及日常保养所需润滑、擦拭材料费用。机械寿命期内上述各项费用之和分摊到台班费中,即为台班经常修理费。其计算公式为:$$台班经常修理费=大修理费\times K_a$$ 式中　$K_a=\dfrac{典型机械台班经常修理费测算值}{典型机械台班大修理费测算值}$
安拆费及场外运输费	(1)安拆费。安拆费是指机械在施工现场进行安装、拆卸所需人工、材料、机械和试运转费用以及安装所需的机械辅助设施(如基础、底座、固定锚桩、行走轨道、枕木等)的折旧、搭设、拆除等费用。其计算公式为:$$台班安拆费=\frac{机械一次安装拆卸费\times每年平均安装拆卸次数}{年工作台班}$$ (2)场外运输费。场外运输费是指机械整体或分件自停放场地运至施工现场或由一个工地运至另一个工地,运距25km以内的机械进出场运输、装卸,辅助材料以及架线等费用。其计算公式为:$$台班场外运输费=\frac{\left(\begin{array}{c}一次运输\\及装卸费\end{array}+\begin{array}{c}辅助材料\\一次摊销费\end{array}+一次架线费\right)\times年运输次数}{年工作台班}$$ 在定额基价中未列此项费用的项目有:一是金属切削加工机械等,由于该类机械系安装在固体的车间房屋内,不需经常安拆运输;二是不需要拆卸安装自身能开行的机械,如水平运输机械;三是不适合按台班摊销本项费用的机械,如特大型机械,其安拆费及场外运输费按定额规定另行计算

【例 2-11】　6t 载重汽车的销售价为 85000 元,购置附加费率为 12%,运杂费为 4800 元,残值率为 2%,耐用总台班为 1800 个,贷款利息为 4700 元,试计算台班折旧费。

【解】　(1)6t 载重汽车预算价格:

6t 载重汽车预算价格＝85000×(1＋12%)＋4800＝100000(元)

(2)6t 载重汽车台班折旧费:

$$\frac{6t \text{载重汽车}}{\text{台班折旧费}} = \frac{100000 \times (1-2\%)+4700}{1800} = 57.06 \text{(元/台班)}$$

【例 2-12】 6t 载重汽车一次大修理费为 8900 元,大修理周期为 3 个,耐用总台班为 2100 个,试计算台班大修理费。

【解】 $\dfrac{6t \text{载重汽车}}{\text{台班大修理费}} = \dfrac{8900 \times (3-1)}{2100} = \dfrac{17800}{2100} = 8.48 \text{(元/台班)}$

【例 2-13】 经测算 6t 载重汽车的台班经常修理系数为 6.2,根据例 2-12 计算出的台班大修费,计算台班经常修理费。

【解】 6t 载重汽车台班经常修理费 = 8.48 × 6.2 = 52.58 (元/台班)

(二)第二类费用的计算

第二类费用的计算见表 2-29。

表 2-29　　　　　　　　　　　　　　第二类费用的计算

项　目	内　容
动力燃料费	动力燃料费是指机械在运转施工作业中所耗用的电力、固定燃料(煤、木柴)、液体燃料(汽油、柴油)、水和风力等费用。其计算公式为: $$\frac{\text{台班燃料}}{\text{动力消耗量}} = \frac{\text{实测数}\times 4+\text{定额平均值}+\text{调查平均值}}{6}$$ 定额机械燃料动力消耗量,以实测的消耗量为主,以现行定额消耗量和调查的消耗量为辅的方法确定。其计算公式为: 台班燃料动力费=台班燃料动力消耗量×燃料或动力单价
人工费	人工费是指机上司机、司炉和其他操作人员的工作日以及上述人员在机械规定的年工作台班以外基本工资和工资性津贴。其计算公式为: 台班人工费=定额机上人工工日×日工资单价
车船使用税	车船使用税是指机械按国家及省、市有关规定应交纳的运输管理费、车辆年检费、牌照费和车船使用税等的台班摊销费用。其计算公式为: $$\text{车船使用税} = \frac{\dfrac{\text{载重量}}{\text{(或核定吨位)}} \times \dfrac{\text{车船使用税}}{\text{(元/吨·年)}}}{\text{年工作台班}} + \text{保险费及年检费}$$

【例 2-14】 6t 载重汽车台班耗用柴油 31.28kg,每 1kg 单价 2.38 元,计算台班燃料费。

【解】 6t 汽车台班燃料费 = 31.28 × 2.38 = 74.45 (元/台班)

【例 2-15】 6t 载重汽车每个台班的机上操作人工工日数为 1.35 个,人工工日单价为 28 元,求台班人工费。

【解】 $\dfrac{6t \text{载重汽车}}{\text{台班人工费}} = 1.35 \times 28 = 37.8 \text{(元/台班)}$

第五节　概算定额

一、概算定额的概念

概算定额是在预算定额的基础上，主体结构分布为主，合并其相关部分，进行综合扩大、因此也叫扩大结构定额。也就是确定完成合格的单位扩大分项工程或单位扩大结构构件所需消耗的人工、材料和机械台班的数量限额。

概算定额的内容和深度是以预算定额为基础的综合与扩大。在合并中不得遗漏或增加细目，以保证定额数据的严密性和正确性。概算定额表达的主要内容、主要方式及基本使用方法都与预算定额相近。

定额基准价＝定额单位人工费＋定额单位材料费＋定额单位机械费

$$＝人工概算定额消耗量×人工工资单价＋\sum（材料概算定额消耗量×材料预算价格）＋\sum（施工机械概算定额消耗量×机械台班费用单价）$$

概算定额由文字说明和定额项目表两部分组成。

(1)文字说明一般包括总说明和各章节的说明。

1)在总说明中，主要对编制的依据、用途、适用范围、工程内容、有关规定、取费标准和概算造价计算方法等进行阐述。

2)在各章节的说明中，包括分部工程量的计算规则、说明、定额项目的工程内容等。

(2)定额项目表是分部(章)分项顺序排列的工程子项目表，是概算定额手册的主要内容，由若干分节定额组成。各节定额由工程内容、定额表及附注说明组成。定额表头注有本节定额的工作内容和定额的计量单位(或在表格内)。表格内有基价、人工、材料和机械费，主要材料消耗量等。

二、概算定额的作用

(1)概算定额是确定基本建设项目投资额，控制基本建设拨款和编制基本建设计划的依据。

(2)概算定额是编制设计概算和概算指标的重要依据。

(3)概算定额是设计人员对所设计项目负责，对设计方案进行技术经济分析与比较的依据。

(4)概算定额是编制固定资产计划、主要材料申请计划的基础。

(5)概算定额是进行施工前准备，控制施工图预算的依据。

(6)概算定额是签订工程承包合同的依据。

(7)概算定额是工程结束后，进行竣工决算的依据。

三、概算定额的编制依据

(1)现行的全国通用的设计标准、规范和施工验收规范。

(2)现行的设计规范和施工文献。

(3)具有代表性的标准设计图纸和其他设计资料。

(4)现行的人工工资标准,材料预算价格,机械台班预算价格。

(5)现行工程预算定额。

(6)有关工程施工图预算和结算资料。

四、概算定额的编制要求

(1)概算定额的编制深度要适应设计深度的要求。由于概算定额是初步设计阶段使用,受初步设计的设计深度影响,因此,定额项目划分应坚持简化、准确和适用的原则。

(2)使概算定额适应设计、计划、统计和拨款的要求,更好地为工程建设服务。

(3)概算定额水平的确定,应与预算定额、综合预算定额的水平基本一致,反映在正常条件下大多数企业的设计、生产、施工、管理水平。因概算定额是在综合预算定额的基础上编制的,适当的再一次扩大、综合、简化,并且在工程标准、施工方法和工程量取值等方面进行综合测算时,概算定额与综合预算定额之间必将产生并允许留有一定的幅度差,从而根据概算定额编制的概算控制施工图预算。

(4)为了稳定概算定额水平,统一考核尺度和简化计算工程量,编制概算定额时,原则上不留变动幅度,由于设计和施工变化大而影响工程量、差价大的,应根据有关资料进行测算,综合取定常用数值,对于其中还包括不了的个性数值,可适当留些变动幅度。

五、概算定额的编制步骤

概算定额的编制步骤一般分为准备、编制初稿和审查定稿阶段,具体见表 2-30。

表 2-30　　　　　　　　　　概算定额的编制步骤

阶　段	内　容
准备阶段	准备阶段主要是确定编制机构和人员组成,进行调查研究,搜集相关资料,了解并熟悉市场变化状况,了解现行概算定额执行情况和存在的问题,明确编制的目的,制定概算定额的编制方案和确定要编制概算定额的项目
编制初稿阶段	编制初稿阶段是根据已确定的编制方案和概算定额项目,搜集和整理各种编制依据资料,对各种资料进行深入细致的研究分析,考虑当时的生产要素指导价格,确定人工、材料和机械台班的消耗量指标,最后编制出概算定额初稿
审查定稿阶段	审查定稿阶段的主要工作是测算概算定额水平,即测算新编概算定额与原概算定额及现行预算定额之间的水平。概算定额水平与预算定额水平之间应有一定的幅度差,幅度差一般在 5% 以内。概算定额经测算比较后,可报送国家授权机关审批

第三章 园林绿化工程定额计价方法

第一节 园林绿化工程设计概算编制与审查

一、设计概算的概念

设计概算是指在投资估算的控制下，由设计单位根据初步设计图纸、概算定额（或概算指标）、各项费用定额或取费标准（指标）、施工地域的自然经济条件和设备、材料预算价格等资料，编制和确定的建设项目从筹建到竣工交付使用所需全部费用的文件。设计概算是设计文件的重要组成部分。根据我国现有文件规定，采用两阶段设计的建设项目，初步设计阶段必须编制设计概算；采用三阶段设计的，技术设计阶段必须编制修正概算。

二、设计概算的内容

园林绿化工程设计概算是园林绿化工程初步设计概算的简称，是指在初步设计或扩大初步设计阶段，由设计单位根据初步设计图纸、定额、指标、其他工程费用定额等，对园林绿化工程投资进行的概略计算，这是初步设计文件的重要组成部分，是确定园林绿化工程设计阶段投资的依据，经过批准的园林绿化工程设计概算是控制园林绿化工程建设投资的最高限额。

设计概算可分为单位工程概算、单项工程概算和建设项目总概算三种，具体见表 3-1。

表 3-1 设计概算的划分

种　类	内　容
单位工程概算	单位工程概算是指一个独立建筑物中分专业工程计算造价的概算，是编制单项工程综合概算的依据，是单项工程综合概算的组成部分
单项工程概算	单项工程概算是指单位工程建设费用的综合性文件，是建设项目总概算文件的重要组成部分
建设项目总概算	建设项目总概算是指确定整个建设项目从筹建到竣工验收所需全部费用的文件。它由各单项工程综合概算、工程建设其他费用概算、预备费、建设期贷款利息和固定资产投资方向调节税概算汇总编制而成

三、设计概算的作用

园林绿化工程设计概算的作用见表 3-2。

表 3-2　　　　　　　　　　　　　　设计概算的作用

作　用	内　容
园林绿化工程设计概算是确定园林绿化工程项目、各单项工程及单位工程投资的依据	国家规定,编制年度固定资产投资计划,确定计划投资总额及其构成数额,要以批准的初步设计概算为依据,没有批准的初步设计及其概算的建设工程不能列入年度固定资产投资计划。在工程建设过程中,年度固定资产投资计划安排,银行拨款或贷款、施工图设计及其预算、竣工决算等,未经规定的程序批准,都不能突破这一限额,确保国家固定资产投资计划的严格执行和有效控制
园林绿化工程设计概算是编制投资计划的依据	计划部门根据批准的设计概算编制园林绿化工程项目年固定资产投资计划,并严格控制投资计划的实施。如果园林绿化工程项目实际投资数额超过了总概算,那么必须在原设计单位和建设单位共同提出追加投资的申请报告基础上,经上级计划部门审核批准后,方能追加投资
园林绿化工程设计概算是衡量设计方案经济合理性,选择最佳设计方案的依据	根据设计概算可以对不同的设计方案进行技术与经济合理性比较,以便选择最佳的设计方案
园林绿化工程设计概算是进行拨款和贷款的依据	建设银行根据批准的设计概算和年度投资计划,进行拨款和贷款,并严格实行监督控制。对超出概算的部分,未经计划部门批准,建设银行不得追加拨款和贷款
园林绿化工程设计概算是编制招标标底和投标报价的依据	设计总概算一经批准,就作为工程造价管理的最高限额,并据此对工程造价进行严格控制。以设计概算进行招标投标的工程,招标单位编制招标控制价(标底)是以设计概算造价为依据的,并以此作为评标定标的依据。承包单位为了在投标竞争中取胜,也必须以设计概算为依据,编制出合适的投标报价
园林绿化工程设计概算是考核建设项目投资效果的依据	通过设计概算与竣工决算对比,可以分析和考核投资效果,还可以验证设计概算的准确性,有利于加强设计概算管理和建设项目的造价管理工作

四、设计概算的编制

(一)设计概算的编制依据

(1)批准的可行性研究报告。

(2)设计工程量。

(3)项目涉及的概算指标或定额。

(4)国家、行业和地方政府相关法律、法规或规定。

(5)资金筹措方式。

(6)正常的施工组织设计。

(7)项目涉及的设备材料供应及价格。

(8)项目的管理(含监理)、施工条件。

(9)项目所在地区有关的气候、水文、地质地貌等自然条件。

(10)项目所在地区有关的经济、人文等社会条件。

(11)项目的技术复杂程度,以及新技术、专利使用情况等。

(12)有关文件、合同、协议等。

(二)设计概算的编制方法

1.建设项目总概算及单项工程综合概算的编制

(1)概算编制说明应包括以下主要内容:

1)项目概况:简述建设项目的建设地点、设计规模、建设性质(新建、扩建或改建)、工程类别、建设期(年限)、主要工程内容、主要工程量、主要工艺设备及数量等。

2)主要技术经济指标:项目概算总投资(有引进的给出所需外汇额度)及主要分项投资、主要技术经济指标(主要单位工程投资指标)等。

3)资金来源:按资金来源不同渠道分别说明,发生资产租赁的说明租赁方式及租金。

4)编制依据:见前述"(一)设计概算编制依据"。

5)其他需要说明的问题。

6)总说明附表。

①建筑、安装工程工程费用计算程序表;

②引进设备材料清单及从属费用计算表;

③具体建设项目概算要求的其他附表及附件。

(2)总概算表。概算总投资由工程费用、其他费用、预备费及应列入项目概算总投资中的几项费用组成:

第一部分工程费用;

第二部分其他费用;

第三部分预备费;

第四部分应列入项目概算总投资中的几项费用:建设期利息;固定资产投资方向调节税;铺底流动资金。

1)第一部分工程费用。按单项工程综合概算组成编制,采用二级编制的按单位工程概算组成编制。

①市政民用建设项目一般排列顺序:主体建(构)筑物、辅助建(构)筑物、配套系统。

②工业建设项目一般排列顺序:主要工艺生产装置、辅助工艺生产装置、公用工程、总图运输、生产管理服务性工程、生活福利工程、厂外工程。

2)第二部分其他费用。一般按其他费用概算顺序列项,具体见下述"2.其他费用、预备费、专项费用概算编制"。

3)第三部分预备费。包括基本预备费和价差预备费,具体见下述"2.其他费用、预备费、专项费用概算编制"。

4)第四部分应列入项目概算总投资中的几项费用。一般包括建设期利息、铺底流动资金、固定资产投资方向调节税(暂停征收)等,具体见下述"2.其他费用、预备费、专项费用概算编制"。

(3)综合概算以单项工程所属的单位工程概算为基础,采用"综合概算表"进行编制,分别按各单位工程概算汇总成若干个单项工程综合概算。

(4)对单一的、具有独立性的单项工程建设项目,按二级编制形式编制,直接编制总概算。

2. 其他费用、预备费、专项费用概算编制

（1）一般建设项目其他费用包括建设用地费、建设管理费、勘察设计费、可行性研究费、环境影响评价费、劳动安全卫生评价费、场地准备及临时设施费、工程保险费、联合试运转费、生产准备及开办费、特殊设备安全监督检验费、市政公用设施建设及绿化补偿费、引进技术和引进设备材料其他费、专利及专有技术使用费、研究试验费等。

1）建设管理费。

①以建设投资中的工程费用为基数乘以建设管理费费率计算。

$$建设管理费＝工程费用×建设管理费费率$$

②工程监理是受建设单位委托的工程建设技术服务，属建设管理范畴。若采用监理，建设单位部分管理工作量会转移至监理单位。监理费应根据委托的监理工作范围和监理深度在监理合同中商定或按当地或所属行业部门相关规定计算。

③若建设管理采用工程总承包方式，其总包管理费由建设单位与总包单位根据总包工作范围在合同中商定，从建设管理费中支出。

④改、扩建项目的建设管理费费率应比新建项目适当降低。

⑤建设项目建成后，应及时组织验收，移交生产或使用。已超过批准的试运行期，并已符合验收条件但未及时办理竣工验收手续的建设项目，视同项目已交付生产，其费用不得从基建投资中支付，所实现的收入作为生产经营收入，不再作为基建收入。

2）建设用地费。

①根据征用建设用地面积、临时用地面积，按建设项目所在省、市、自治区人民政府制定颁发的土地征用补偿费、安置补助费标准和耕地占用税、城镇土地使用税标准计算。

②建设用地上的建（构）筑物如需迁建，其迁建补偿费应按迁建补偿协议计列或按新建同类工程造价计算。

③建设项目采用"长租短付"方式租用土地使用权，在建设期间支付的租地费用计入建设用地费，在生产经营期间支付的土地使用费应进入营运成本中核算。

3）可行性研究费。

①依据前期研究委托合同计列，或参照《国家计委关于印发〈建设项目前期工作咨询收费暂行规定〉的通知》（计投资［1999］1283 号）规定计算。

②编制预可行性研究报告参照编制项目建议书收费标准并可适当调整。

4）研究试验费。

①按照研究试验内容和要求进行编制。

②研究试验费不包括以下项目：

a. 应由科技三项费用（即新产品试制费、中间试验费和重要科学研究补助费）开支的项目。

b. 应在建筑安装费用中列支的施工企业对建筑材料、构件和建筑物进行一般鉴定、检查所发生的费用及技术革新的研究试验费。

c. 应由勘察设计费或工程费用中开支的项目。

5）勘察设计费。依据勘察设计委托合同计列，或参照原国家计委、建设部《关于发布〈工程勘察设计收费管理规定〉的通知》（计价格［2002］10 号）规定计算。

6）环境影响评价及验收费、水土保持评价及验收费、劳动安全卫生评价及验收费。环境影响评价及验收费依据委托合同计列,或按照原国家计委、国家环境保护总局《关于规范环境影响咨询收费有关问题的通知》(计价格[2002]125号)规定及建设项目所在省、市、自治区环境保护部门有关规定计算;水土保持评价及验收费、劳动安全卫生评价及验收费依据委托合同,以及按照国家和建设项目所在省、市、自治区劳动和国土资源等行政部门规定的标准计算。

7)职业病危害评价费等。依据职业病危害评价、地震安全性评价、地质灾害评价委托合同计列,或按照建设项目所在省、市、自治区有关行政部门规定的标准计算。

8)场地准备及临时设施费。

①场地准备及临时设施费应尽量与永久性工程统一考虑。建设场地的大型土石方工程应进入工程费用中的总图运输费用中。

②新建项目的场地准备和临时设施费应根据实际工程量估算,或按工程费用的比例计算。改扩建项目一般只计拆除清理费。

$$场地准备和临时设施费＝工程费用×费率＋拆除清理费$$

③发生拆除清理费时可按新建同类工程造价或主材费、设备费的比例计算。凡可回收材料的拆除工程采用以料抵工方式冲抵拆除清理费。

④此项费用不包括已列入建筑安装工程费用中的施工单位临时设施费用。

9)引进技术和引进设备其他费。

①引进项目图纸资料翻译复制费:根据引进项目的具体情况计列或按引进货价(F.O.B)的比例估列;引进项目发生备品备件测绘费时按具体情况估列。

②出国人员费用:依据合同或协议规定的出国人次、期限以及相应的费用标准计算。生活费按照财政部、外交部规定的现行标准计算,旅费按中国民航公布的票价计算。

③来华人员费用:依据引进合同或协议有关条款及来华技术人员派遣计划进行计算。来华人员接待费用可按每人次费用指标计算。引进合同价款中已包括的费用内容不得重复计算。

④银行担保及承诺费:应按担保或承诺协议计取。投资估算和概算编制时可以担保金额或承诺金额为基数乘以费率计算。

⑤引进设备材料的国外运输费、国外运输保险费、关税、增值税、外贸手续费、银行财务费、国内运杂费、引进设备材料国内检验费等,按照引进货价(F.O.B或C.I.F)计算后进入相应的设备、材料费中。

⑥单独引进软件,不计关税只计增值税。

10)工程保险费。

①不投保的工程不计取此项费用。

②不同的建设项目可根据工程特点选择投保险种,根据投保合同计列保险费用。编制投资估算和概算时可按工程费用的比例估算。

③不包括已列入施工企业管理费中的施工管理用财产、车辆保险费。

11)联合试运转费。

①不发生试运转或试运转收入大于(或等于)费用支出的工程,不列此项费用。

②当联合试运转收入小于试运转支出时

$$联合试运转费＝联合试运转费用支出－联合试运转收入$$

③联合试运转费不包括应由设备安装工程费用开支的调试及试车费用,以及在试运转中暴露出来的因施工原因或设备缺陷等发生的处理费用。

④试运行期按照以下规定确定:引进国外设备项目按建设合同中规定的试运行期执行;国内一般性建设项目试运行期原则上按照批准的设计文件所规定的期限执行。个别行业的建设项目试运行期需要超过规定试运行期的,应报项目设计文件审批机关批准。试运行期一经确定,各建设单位应严格按规定执行,不得擅自缩短或延长。

12)特殊设备安全监督检验费。按照建设项目所在省、市、自治区安全监察部门的规定标准计算。无具体规定的,在编制投资估算和概算时可按受检设备现场安装费的比例估算。

13)市政公用设施费。按工程所在地人民政府规定标准计列;不发生或按规定免征项目不计算。

14)专利及专有技术使用费。

①按专利使用许可协议和专有技术使用合同的规定计列。

②专有技术的界定应以省、部级鉴定批准为依据。

③项目投资中只计需要在建设期支付的专利及专有技术使用费。协议或合同规定在生产期支付的使用费应在生产成本中核算。

④一次性支付的商标权、商誉及特许经营权费按协议或合同规定计列。协议或合同规定在生产期支付的商标权或特许经营权费应在生产成本中核算。

⑤为项目配套的专用设施投资,包括专用铁路线、专用公路、专用通信设施、变送电站、地下管道、专用码头等,如由项目建设单位负责投资但产权不归属本单位的,应作无形资产处理。

15)生产准备及开办费。

①新建项目按设计定员为基数计算,改扩建项目按新增设计定员为基数计算:

$$生产准备费=设计定员×生产准备费用指标(元/人)$$

②可采用综合的生产准备费用指标进行计算,也可以按费用内容的分类指标计算。

(2)引进工程其他费用中的国外技术人员现场服务费、出国人员旅费和生活费折合人民币列入,用人民币支付的其他几项费用直接列入其他费用中。

(3)预备费包括基本预备费和价差预备费,基本预备费以总概算第一部分"工程费用"和第二部分"其他费用"之和为基数的百分比计算;价差预备费一般按下式计算:

$$P = \sum_{t=1}^{n} I_t \left[(1+f)^m (1+f)^{0.5} (1+f)^{t-1} - 1 \right]$$

式中　P——价差预备费;

　　　n——建设期(年)数;

　　　I_t——建设期第 t 年的投资;

　　　f——投资价格指数;

　　　t——建设期第 t 年;

　　　m——建设前年数(从编制概算到开工建设年数)。

(4)应列入项目概算总投资中的几项费用。

1)建设期利息:根据不同资金来源及利率分别计算。

$$Q = \sum_{j=1}^{n} (P_{j-1} + A_j/2)i$$

式中　Q——建设期利息；

　　P_{j-1}——建设期第 $(j-1)$ 年末贷款累计金额与利息累计金额之和；

　　A_j——建设期第 j 年贷款金额；

　　i——贷款年利率；

　　n——建设期年数。

2）铺底流动资金按国家或行业有关规定计算。

3）固定资产投资方向调节税（暂停征收）。

3. 单位工程概算的编制

（1）单位工程概算是编制单项工程综合概算（或项目总概算）的依据，单位工程概算项目根据单项工程中所属的每个单体按专业分别编制。

（2）单位工程概算一般分建筑工程、设备及安装工程两大类，建筑工程单位工程概算按下述"（3）建筑工程单位工程概算"的要求编制，设备及安装工程单位工程概算按下述"（4）设备及安装工程单位工程概算"的要求编制。

（3）建筑工程单位工程概算。

1）建筑工程概算费用内容及组成见《建筑安装工程费用项目组成》（建标〔2013〕44 号）。

2）建筑工程概算要采用"建筑工程概算表"编制，按构成单位工程的主要分部分项工程编制，根据初步设计工程量按工程所在省、市、自治区颁发的概算定额（指标）或行业概算定额（指标），以及工程费用定额计算。

3）对于通用结构建筑可采用"造价指标"编制概算；对于特殊或重要的建（构）筑物，必须按构成单位工程的主要分部分项工程编制，必要时结合施工组织设计进行详细计算。

（4）设备及安装工程单位工程概算。

1）设备及安装工程概算费用由设备购置费和安装工程费组成。

2）设备购置费：

　　　　定型或成套设备费＝设备出厂价格＋运输费＋采购保管费

引进设备费用分外币和人民币两种支付方式，外币部分按美元或其他国际主要流通货币计算。

非标准设备原价有多种不同的计算方法，如综合单价法、成本计算估价法、系列设备插入估价法、分部组合估价法、定额估价法等。一般采用不同种类设备综合单价法计算，计算公式为：

　　　　设备费 ＝ $\sum$ 综合单价(元／吨) × 设备单重(吨)

工具、器具及生产家具购置费一般以设备购置费为计算基数，按照部门或行业规定的工具、器具及生产家具费率计算。

3）安装工程费。安装工程费用内容组成，以及工程费用计算方法见《建筑安装工程费用项目组成》（建标〔2013〕44 号）；其中，辅助材料费按概算定额（指标）计算，主要材料费以消耗量按工程所在地当年预算价格（或市场价）计算。

4）引进材料费用计算方法与引进设备费用计算方法相同。

5)设备及安装工程概算采用"设备及安装工程概算表"形式,按构成单位工程的主要分部分项工程编制,要据初步设计工程量按工程所在的省、市、自治区颁发的概算定额(指标)或行业概算定额(指标),以及工程费用定额计算。

6)概算编制深度可参照《建设工程工程量清单计价规范》(GB 50500—2013)深度执行。

(5)当概算定额或指标不能满足概算编制要求时,应编制"补充单位估价表"。

4. 调整概算的编制

(1)设计概算批准后一般不得调整。由于特殊原因需要调整概算时,由建设单位调查分析变更原因,报主管部门审批同意后,由原设计单位核实编制、调整概算,并按有关审批程序报批。

(2)调整概算的原因。

1)超出原设计范围的重大变更。

2)超出基本预备费规定范围内不可抗拒的重大自然灾害引起的工程变动和费用增加。

3)超出工程造价调整预备费的国家重大政策性的调整。

(3)影响工程概算的主要因素已经清楚,工程量完成了一定量后方可进行调整,一个工程只允许调整一次概算。

(4)调整概算编制深度与要求、文件组成及表格形式同原设计概算,调整概算还应对工程概算调整的原因做详细分析说明,所调整的内容在调整概算总说明中要逐项与原批准概算对比,并编制调整前后概算对比表,分析主要变更原因。

(5)在上报调整概算时,应同时提供有关文件和调整依据。

(三)设计概算文件的编制程序和质量控制

(1)设计概算文件编制的有关单位应当一起制定编制原则、方法,以及确定合理的概算投资水平,对设计概算的编制质量、投资水平负责。

(2)项目设计负责人和概算负责人对全部设计概算的质量负责;概算文件编制人员应参与设计方案的讨论;设计人员要树立以经济效益为中心的观念,严格按照批准的工程内容及投资额度设计,提出满足概算文件编制深度的技术资料;概算文件编制人员对投资的合理性负责。

(3)概算文件需要经编制单位自审,建设单位(项目业主)复审,工程造价主管部门审批。

(4)概算文件的编制与审查人员必须具有国家注册造价工程师资格,或者具有省市(行业)颁发的造价员资格证,并根据工程项目大小按持证专业承担相应的编审工作。

(5)各造价协会(或者行业)、造价主管部门可根据所主管的工程特点制定概算编制质量的管理办法,并对编制人员采取相应的措施进行考核。

五、设计概算的审查

1. 设计概算的审查内容

(1)审查设计概算的编制是否符合党的方针、政策,是否根据工程所在地的自然条件编制。

(2)审查设计概算的投资规模、生产能力、设计标准、建设用地、配套工程、设计定员等是否符合原批准可行性研究报告或立项批文的标准。如投资可能增加,概算总投资超过原批准投资估算,都要进一步审查超估算的原因。

(3)审查编制方法、设计依据和程序是否符合现行规定,包括定额或指标的适用范围和调整方法是否正确。进行定额或指标的补充时,要求补充定额的项目划分、内容组成、编制原则等要与现行的定额相一致等。

(4)审查所选用的设备规格、数量和配置是否符合设计要求。设备概算价格是否真实,设备原价和运杂费的计算是否正确;非标设备原价的计价方法是否符合规定;进口设备的各项费用的组成及计算程序、方法是否符合国家主管部门的规定。

(5)审查工程量是否准确。工程量的计算是否根据初步设计图纸、概算定额、工程量计算规则和施工组织设计的要求进行,有无多算、重算和漏算,尤其对工程量大、造价高的项目要重点审查。

(6)审查投资经济效果。计算概算是初步设计经济效果的反映,要按照生产规模、工艺流程、产品品种和质量,从企业的投资效益和投产后的运营效益全面分析,是否达到了先进可靠、经济合理的要求。

(7)审查费用项目的计列是否符合国家有关规定,具体费率或计取标准是否按国家、行业或有关部门规定计算,有无随意列项、多列、交叉计列和漏项等现象。

(8)审查编制说明。审查设计概算的编制方法、深度和编制依据等原则问题,若有差错,具体概算也会有差错。

(9)审查概算编制深度。一般大中型项目的设计概算,应有完整的编制说明和"三级概算"(即总概算表、单项工程综合概算表、单位工程概算表),并按有关规定的深度进行编制。审查其编制深度是否到位,有无随意变化的情况。

(10)审查概算的编制范围。审查设计概算的编制范围及内容是否与主管部门批准的建设项目范围及具体工程内容一致;审查分期建设项目的建设范围及具体工程内容有无重复交叉,是否有重复计算或漏算的现象;审查其他费用应列的项目是否符合规定,静态投资、动态投资和经营性项目铺底流动资金是否分别列出等。

2. 设计概算的审查方法

设计概算的审查方法有对比分析法、查询核实法和联合会审法,具体见表 3-3。

表 3-3　　　　　　　　　　　　　设计概算审查方法

方　　法	内　　容
对比分析法	对比分析法主要是通过建设规模、标准与立项批文对比;工程数量与设计图纸对比;综合范围、内容与编制方法、规定对比;各项取费与规定标准对比;材料、人工单价与统一信息对比;引进设备、技术投资与报价要求对比;技术经济指标与同类工程对比等。通过以上对比,容易发现设计概算存在的主要问题和偏差
查询核实法	查询核实法是对一些关键设备和设施、重要装置、引进工程图纸不全、难以核算的较大投资进行多方面查询核对,逐项落实的方法。主要设备的市场价向设备供应部门或招标公司查询核实;重要生产装置、设施向同类企业(工程)查询核对;引进设备价格及有关税费向进出口公司调查落实;复杂的建安工程向同类工程的建设、承包、施工单位征求意见;深度不够或不清楚的问题直接同原概算编制人员、设计者询问清楚

方　法	内　容
联合会审法	联合会审前,可先采取多种形式分头审查,包括设计单位自审,主管、建设、承包单位初审,工程造价咨询公司评审,邀请同行专家预审,审批部门复审等。经层层审查把关后,由有关单位和专家进行联合会审。经过充分协商,认真听取设计单位意见后,实事求是地处理和调整

第二节　园林绿化工程施工图预算编制与审查

一、施工图预算的概念及作用

施工图预算是施工图设计预算的简称,又称为设计预算。它是由设计单位在施工图设计完成后,根据施工图纸、现行定额以及地区设备、材料、人工、施工机械台班等价格编制和确定园林绿化工程工程造价的文件。严格地讲招标控制价(标底)、投标报价都不属于施工图预算,它们仅在编制方法上相似,但使用的定额、编制依据和结果都不一样。

施工图预算的作用体现在以下几个方面:

(1)对于实行施工招标的园林绿化工程,施工图预算是编制招标控制价(标底)的依据,也是承包企业投标报价的基础。

(2)施工图预算是工程实施招标投标的重要依据。

(3)施工图预算是设计阶段控制园林绿化工程造价的重要环节,是控制施工图设计不突破设计概算的重要措施。

(4)施工图预算是办理工程财务拨款、工程贷款和工程结算的依据。

(5)施工图预算是施工单位进行人工和材料准备、编制施工进度计划、控制园林绿化工程成本的依据。

(6)施工图预算是落实或调整年度进度计划和投资计划的依据。

(7)施工图预算是施工企业降低成本和实施经济核算的依据。

二、施工图预算的编制

(一)施工图预算的编制依据

(1)国家、行业、地方政府发布的计价依据、有关法律法规或规定。

(2)建设项目有关文件、合同、协议等。

(3)批准的设计概算。

(4)批准的施工图设计图纸及相关标准图集和规范。

(5)相应预算定额和地区单位估价表。

(6)合理的施工组织设计和施工方案等文件。

(7)项目有关的设备、材料供应合同、价格及相关说明书。

(8)项目所在地区有关的气候、水文、地质地貌等的自然条件。

(9)项目的技术复杂程度,以及新技术、专利使用情况等。

(10)项目所在地区有关的经济、人文等社会条件。

(二)施工图预算的编制一般规定

(1)建设工程施工图预算是施工图设计阶段合理确定和有效控制工程造价的重要依据。

(2)建设工程施工图预算的编制应由相应专业资质的单位和造价专业人员完成。编制单位应在施工图预算成果文件上加盖公章和资质专用章,对成果文件质量承担相应责任;注册造价工程师和造价员应在施工图预算文件上签署执业(从业)印章,并承担相应责任。

(3)对于大型或复杂的建设工程,应委托多个单位共同承担其施工图预算文件编制时,委托单位应指定主体承担单位,由主体承担单位负责具体编制时主体承担单位负责具体编制工作的总体规划、标准的统一、编制工作的部署、资料的汇总等综合性工作,其他各单位负责其所承担的各个单项、单位工程施工图预算文件的编制。

(4)建设工程施工图预算应按照设计文件和工程所在地的人工、材料和机械等要素的市场价格水平进行编制,应充分考虑工程其他因素对工程造价的影响;并应确定合理的预备费,力求能够使投资额度得以科学合理地确定,以保证工程的顺利进行。

(5)建设工程施工图预算由总预算、综合预算和单位工程预算组成。建设工程总预算由综合预算汇总而成;综合预算由组成本单项工程的各单位工程预算汇总而成;单位工程预算包括建筑工程预算和设备及安装工程预算。

(6)施工图预算总预算应控制在已批准的设计总概算投资范围以内。

(7)施工图预算总投资包含建筑工程费、设备及工器具购置费、安装工程费、工程建设其他费用、预备费、建设期贷款利息、固定资产投资方向调节税及铺底流动资金。

(8)施工图预算的编制应保证编制依据的合法性、全面性和有效性,以及预算编制成果文件的准确性、完整性。

(9)施工图预算应考虑施工现场实际情况,并结合拟建建设项目合理的施工组织设计进行编制。

(三)施工图预算的编制方法

1. 单位工程预算编制

单位工程预算的编制应根据施工图设计文件、预算定额(或综合单价)以及人工、材料与施工机械台班等价格资料进行编制。其主要编制方法有单价法和实物量法。其中单价法分为定额单价法和工程量清单单价法。

(1)定额单价法。定额单价法是用事先编制好的分项工程单位估价表来编制施工图预算的方法。

定额单价法编制施工图预算的基本步骤如下:

1)编制前的准备工作。编制施工图预算的过程是具体确定建筑安装工程预算造价的过程。编制施工图预算,不仅应严格遵守国家计价法规、政策,严格按图纸计量,还应考虑施工现场条件因素,是一项复杂而细致的工作,也是一项政策性和技术性都很强的工作,因此,必须事前做好充分准备。准备工作主要包括两个方面:一是组织准备;二是资料的收集和现场情况的调查。

2)熟悉图纸和预算定额以及单位估价表。图纸是编制施工图预算的基本依据。熟悉图纸不但要弄清图纸的内容,还应对图纸进行审核:图纸间相关尺寸是否有误,设备与材料表上的规格、数量是否与图示相符,详图、说明、尺寸和其他符号是否正确等,若发现错误应及时纠正。另外,还要熟悉标准图以及设计更改通知(或类似文件),这些都是图纸的组成部分,不可遗漏。通过对图纸的熟悉,要了解工程的性质、系统的组成、设备和材料的规格型号和品种,以及有无新材料、新工艺的采用。

预算定额和单位估价表是编制施工图预算的计价标准,对其适用范围及定额系数等都要充分了解,做到心中有数,这样才能使预算编制准确、迅速。

3)了解施工组织设计和施工现场情况。编制施工图预算前,应了解施工组织设计中影响工程造价的有关内容。例如,各分部分项工程的施工方法,土方工程中余土外运使用的工具、运距,施工平面图对建筑材料、构件等堆放点到施工操作地点的距离等,以便能正确计算工程量和正确套用或确定某些分项工程的基价。这对于正确计算工程造价、提高施工图预算质量,具有重要意义。

4)划分工程项目和计算工程量。

①划分工程项目。划分的工程项目必须和定额规定的项目一致,这样才能正确地套用定额。不能重复列项计算,也不能漏项少算。

②计算并整理工程量。必须按现行国家计量规范规定的工程量计算规则进行计算,该扣除部分要扣除,不该扣除的部分不能扣除。当按照工程项目园林绿化工程量全部计算完以后,要对工程项目和工程量进行整理,即合并同类项和按序排列,为套用定额、计算分部分项和进行工料分析打下基础。

5)套单价(计算定额基价),即将定额子项中的基价填于预算表单价栏内,并将单价乘以工程量得出合价,将结果填入合价栏。

6)工料分析。工料分析即按分项工程项目,依据定额或单位估价表,计算人工和各种材料的实物耗量,并将主要材料汇总成表。工料分析的方法是首先从定额项目表中分别将各分项工程消耗的每项材料和人工的定额消耗量查出;再分别乘以该工程项目的工程量,得到分项工程工料消耗量,最后将各分项工程工料消耗量加以汇总,得出单位工程人工、材料的消耗数量。

7)计算主材费(未计价材料费)。因为许多定额项目基价为不完全价格,即未包括主材费用在内。计算所在地定额基价(基价合计)后,还应计算出主材费,以便计算工程造价。

8)按费用定额取费,即按有关规定计取措施项目费和其他项目费,以及按相关取费规定计取规费和税金等。

9)计算汇总工程造价。将分部分项工程费、措施项目费、其他项目费、规费和税金相加即为工程预算造价。

(2)工程量清单单价法。工程量清单单价法是指招标人按照设计图纸和国家统一的工程量计算规则提供工程数量,采用综合单价的形式计算工程造价的方法。该综合单价是指完成一个规定计量单位的分部分项工程工程量清单项目或措施清单项目所需的人工费、材料费、施工机具使用费和企业管理费与利润,以及一定范围内的风险费用。

(3)实物量法。实物量法是依据施工图纸和预算定额的项目划分及工程量计算规则,先计算出分部分项工程量,然后套用预算定额(实物量定额)来编制施工图预算的方法。实物量法的优点是能比较及时地反映各种材料、人工、机械的当时当地市场单价计入预算价格,不需调价,反映当时当地的工程价格水平。

2. 综合预算和总预算编制

(1)综合预算造价由组成该单项工程的各个单位工程预算造价汇总而成。

(2)总预算造价由组成该建设项目的各个单项工程综合预算以及经计算的工程建设其他费、预备费、建设期贷款利息、固定资产投资方向调节税汇总而成。

3. 建筑工程预算编制

(1)建筑工程预算费用内容及组成,应符合《建筑安装工程费用项目组成》(建标[2013]44号)的相关规定。

(2)建筑工程预算采用"建筑工程预算表",按构成单位工程的分部分项工程编制,根据设计施工图纸计算各分部分项工程量,按工程所在省(自治区、直辖市)或行业颁发的预算定额或单位估价表,以及建筑安装工程费用定额进行编制。

4. 安装工程预算编制

(1)安装工程预算费用组成应符合《建筑安装工程费用项目组成》(建标[2013]44号)的相关规定。

(2)安装工程预算采用"设备及安装工程预算表",按构成单位工程的分部分项工程编制,根据设计施工图计算各分部分项工程工程量,按工程所在省(省治区、直辖市)或行业颁发的预算定额或单位估价表,以及建筑安装工程费用定额进行编制计算。

5. 调整预算编制

(1)工程预算批准后,一般情况下不得调整。由于重大设计变更、政策性调整及不可抗力等原因造成的可以调整。

(2)调整预算编制深度与要求、文件组成及表格形式同原施工图预算。调整预算还应对工程预算调整的原因做详尽分析说明,所调整的内容在调整预算总说明中要逐项与原批准预算对比,并编制调整前后预算对比表,分析主要变更原因。在上报调整预算时,应同时提供有关文件和调整依据。

三、施工图预算的审查

施工图预算编完之后,需要认真进行审查。加强施工图预算的审查,对于提高预算的准确性,降低工程造价具有重要的意义。施工图预算的审查有利于提高预算的准确性;有利于加强固定资产投资管理,节约建设资金;有利于控制工程造价,克服和防止预算超概算;有利于施工承包合同价的合理确定和控制;有利于积累和分析各项技术经济指标,不断提高设计水平。

1. 施工图预算审查的内容

(1)审查施工图预算的编制是否符合现行国家、行业、地方政府有关法律、法规和规定要求。

(2)审查工程计算的准确性、工程量计算规则与计价规范规则或定额规则的一致性。

(3)审查在施工图预算的编制过程中,各种计价依据使用是否恰当,各项费率计取是否正确;审查依据主要有施工图设计资料、有关定额、施工组织设计、有关造价文件规定和技术规范、规程等。

(4)审查各种要素市场价格选用是否合理。

(5)审查施工图预算是否超过概算以及进行偏差分析。

2. 施工图预算审查的方法

(1)逐项审查法。逐项审查法又称全面审查法,即按定额顺序或施工顺序,对各分项工程中的工程细目逐项全面详细审查的一种方法。其优点是全面、细致,审查质量高、效果好;缺点是工作量大,时间较长。这种方法适用于一些工程量较小、工艺比较简单的工程。

(2)标准预算审查法。标准预算审查法就是对利用标准图纸或通用图纸施工的工程,先集中力量编制标准预算,以此为准来审查工程预算的一种方法。按标准设计图纸或通用图纸施工的工程,一般上部结构和做法相同,只是根据现场施工条件或地质情况不同,仅对基础部分做局部改变。凡这样的工程,以标准预算为准,对局部修改部分单独审查即可,不需逐一详细审查。该方法的优点是时间短、效果好、易定案;缺点是适用范围小,仅适用于采用标准图纸的工程。

(3)分组计算审查法。分组计算审查法就是把预算中有关项目按类别划分若干组,利用同组中的一组数据审查分项工程量的一种方法。这种方法首先将若干分部分项工程按相邻且有一定内在联系的项目进行编组,利用同组分项工程间具有相同或相近计算基数的关系,审查一个分项工程数量,由此判断同组中其他几个分项工程的准确程度。该方法特点是审查速度快、工作量小。

(4)对比审查法。对比审查法是当工程条件相同时,用已完工程的预算或未完但已经过审查修正的工程预算对比审查拟建工程的同类工程预算的一种方法。

(5)"筛选"审查法。"筛选"审查法是能较快发现问题的一种方法。建筑工程虽面积和高度不同,但其各分部分项工程的单位建筑面积指标变化却不大。将这样的分部分项工程加以汇集、优选,找出其单位建筑面积工程量、单价、用工的基本数值,归纳为工程量、价格、用工三个单方基本指标,并注明基本指标的适用范围。这些基本指标用来筛分各分部分项工程,对不符合条件的应进行详细审查,若审查对象的预算标准与基本指标的标准不符,就应对其进行调整。"筛选"审查法的优点是简单易懂,便于掌握,审查速度快,便于发现问题。但问题出现的原因尚需继续审查。该方法适用于审查住宅工程或不具备全面审查条件的工程。

(6)重点审查法。重点审查法就是抓住工程预算中的重点进行审核的方法。审查的重点一般是工程量大或者造价较高的各种工程、补充定额、计取的各项费用(计取基础、取费标准)等。重点审查法的优点是突出重点、审查时间短、效果好。

第三节　园林绿化工程竣工结算编制与审查

一、工程价款的主要结算方式

(1)按月结算。实行旬末或月中预支,月终结算,竣工后清算的方法。跨年度竣工的工程,在年终进行工程盘点,办理年度结算。我国现行建筑安装工程价款结算中,相当一部分是实行这种按月结算。

(2)竣工后一次结算。建设项目或单项工程全部建筑安装工程建设期在12个月以内,或者工程承包合同价值在100万元以下的,可以实行工程价款每月月中预支,竣工后一次结算。

(3)分段结算。即当年开工，当年不能竣工的单项工程或单位工程按照工程形象进度，划分不同阶段进行结算。分段结算可以按月预支工程款。分段的划分标准，由各部门、自治区、直辖市、计划单列市规定。

(4)目标结款方式。即在工程合同中，将承包工程的内容分解成不同的控制界面，以业主验收控制界面作为支付工程价款的前提条件。也就是说，将合同中的工程内容分解成不同的验收单元，当承包商完成单元工程内容并经业主(或其委托人)验收后，业主支付构成单元工程内容的工程价款。目标结款方式下，承包商要想获得工程价款，必须按照合同约定的质量标准完成界面内的工程内容；要想尽早获得工程价款，承包商必须充分发挥自己组织实施能力，在保证质量前提下，加快施工进度。这意味着承包商拖延工期时，则业主推迟付款，增加承包商的财务费用、运营成本，降低承包商的收益，客观上使承包商因延迟工期而遭受损失。同样，当承包商积极组织施工，提前完成控制界面内的工程内容，则承包商可提前获得工程价款，增加承包收益，客观上承包商因提前工期而增加了有效利润。同时，因承包商在界面内质量达不到合同约定的标准而业主不予验收，承包商也会因此而遭受损失。可见，目标结款方式实质上是运用合同手段、财务手段对工程的完成进行主动控制。目标结款方式中，对控制界面的设定应明确描述，便于量化和质量控制，同时要适应项目资金的供应周期和支付频率。

(5)结算双方约定的其他结算方式。

施工企业在采用按月结算工程价款方式时，要先取得各月实际完成的工程数量，并计算出已完工程造价。实际完成的工程数量，由施工单位根据有关资料计算，并编制"已完工程月报表"，然后按照发包单位编制"已完工程月报表"，将各个发包单位的本月已完工程造价汇总反映。再根据"已完工程月报表"编制"工程价款结算账单"，与"已完工程月报表"一起，分送发包单位和经办银行，据以办理结算。

施工企业在采用分段结算工程价款方式时，要在合同中规定工程部位完工的月份，根据已完工程部位的工程数量计算已完工程造价，按发包单位编制"已完工程月报表"和"工程价款结算账单"。

对于工期较短、能在年度内竣工的单项工程或小型建设项目，可在工程竣工后编制"工程价款结算账单"，按合同中工程造价一次结算。

"工程价款结算账单"是办理工程价款结算的依据。工程价款结算账单中所列应收工程款应与随同附送的"已完工程月报表"中的工程造价相符，"工程价款结算账单"除了列明应收工程款外，还应列明应扣预收工程款、预收备料款、发包单位供给材料价款等应扣款项，算出本月实收工程款。

为了保证工程按期收尾竣工，工程在施工期间，不论工程长短，其结算工程款，一般不得超过承包工程价值的95％，结算双方可以在5％的幅度内协商确定尾款比例，并在工程承包合同中订明。施工企业如已向发包单位出具履约保函或有其他保证的，可以不留工程尾款。

二、工程竣工结算编制

(一)工程竣工结算编制依据

(1)国家有关法律、法规、规章制度和相关的司法解释。

（2）国务院建设行政主管部门以及各省、自治区、直辖市和有关部门发布的工程造价计价标准、计价办法、有关规定及相关解释。

（3）施工发承包合同、专业分包合同及补充合同，有关材料、设备采购合同。

（4）招投标文件，包括招标答疑文件、投标承诺、中标报价书及其组成内容。

（5）工程竣工图或施工图、施工图会审记录，经批准的施工组织设计，以及设计变更、工程洽商和相关会议纪要。

（6）经批准的开、竣工报告或停、复工报告。

（7）建设工程工程量清单计价规范或工程预算定额、费用定额及价格信息、调价规定等。

（8）工程预算书。

（9）影响工程造价的相关资料。

（10）结算编制委托合同。

（二）工程竣工结算编制要求

（1）工程竣工结算一般经过发包人或有关单位验收合格且点交后方可进行。

（2）工程竣工结算应以施工发承包合同为基础，按合同约定的工程价款调整方式对原合同价款进行调整。

（3）工程竣工结算应核查设计变更、工程洽商等工程资料的合法性、有效性、真实性和完整性。对有疑义的工程实体项目，应视现场条件和实际需要核查隐蔽工程。

（4）建设项目由多个单项工程或单位工程构成的，应按建设项目划分标准的规定，将各单项工程或单位工程竣工结算汇总，编制相应的工程竣工结算书，并撰写编制说明。

（5）实行分阶段结算的工程，应将各阶段工程竣工结算汇总，编制工程竣工结算书，并撰写编制说明。

（6）实行专业分包结算的工程，应将各专业分包结算汇总在相应的单位工程或单项工程竣工结算内，并撰写编制说明。

（7）工程竣工结算编制应采用书面形式，有电子文本要求的应一并报送与书面形式内容一致的电子版本。

（8）工程竣工结算应严格按工程竣工结算编制程序进行编制，做到程序化、规范化，结算资料必须完整。

（三）工程竣工结算编制程序

（1）工程竣工结算应按准备、编制和定稿三个工作阶段进行，并实行编制人、校对人和审核人分别署名盖章确认的内部审核制度。

（2）结算编制准备阶段。

1）搜集与工程竣工结算编制相关的原始资料。

2）熟悉工程竣工结算资料内容，进行分类、归纳、整理。

3）召集相关单位或部门的有关人员参加工程竣工结算预备会议，对结算内容和结算资料进行核对与充实完善。

4）搜集建设期内影响合同价格的法律和政策性文件。

（3）结算编制阶段。

1）根据竣工图与施工图以及施工组织设计进行现场踏勘，对需要调整的工程项目进行观

察、对照、必要的现场实测和计算,做好书面或影像记录;

2)按既定的工程量计算规则计算需调整的分部分项、施工措施或其他项目工程量;

3)按招投标文件、施工发承包合同规定的计价原则和计价办法对分部分项、施工措施或其他项目进行计价;

4)对于工程量清单或定额缺项以及采用新材料、新设备、新工艺的,应根据施工过程中的合理消耗和市场价格,编制综合单价或单位估价分析表;

5)工程索赔应按合同约定的索赔处理原则、程序和计算方法,提出索赔费用,经发包人确认后作为结算依据;

6)汇总计算工程费用,包括编制分部分项工程费、施工措施项目费、其他项目费等表格,初步确定工程竣工结算价格;

7)编写编制说明;

8)计算主要技术经济指标;

9)提交结算编制的初步成果文件待校对、审核。

(4)结算编制定稿阶段。

1)由结算编制受托人单位的部门负责人对初步成果文件进行检查、校对;

2)由结算编制受托人单位的主管负责人审核批准;

3)在合同约定的期限内,向委托人提交经编制人、校对人、审核人和受托人单位盖章确认的正式的结算编制文件。

(四)工程竣工结算编制方法

(1)工程竣工结算的编制应区分施工发承包合同类型,采用相应的编制方法。

1)采用总价合同的,应在合同价基础上对设计变更、工程洽商以及工程索赔等合同约定可以调整的内容进行调整;

2)采用单价合同的,应计算或核定竣工图或施工图以内的各个分部分项工程量,依据合同约定的方式确定分部分项工程项目价格,并对设计变更、工程洽商、施工措施以及工程索赔等内容进行调整;

3)采用成本加酬金合同的,应依据合同约定的方法计算各个分部分项工程以及设计变更、工程洽商、施工措施等内容的工程成本,并计算酬金及有关税费。

(2)工程竣工结算中涉及工程单价调整时,应当遵循以下原则:

1)合同中已有适用于变更工程、新增工程单价的,按已有的单价结算;

2)合同中有类似变更工程、新增工程单价的,可以参照类似单价作为结算依据;

3)合同中没有适用或类似变更工程、新增工程单价的,结算编制受托人可商洽承包人或发包人提出适当的价格,经对方确认后作为结算依据。

(3)工程竣工结算编制中涉及的工程单价应按合同要求分别采用综合单价或工料单价。工程量清单计价的工程项目应采用综合单价;定额计价的工程项目可采用工料单价。

(五)工程竣工结算编制内容

(1)工程竣工结算采用工程量清单计价的应包括:

1)工程项目的所有分部分项工程量,以及实施工程项目采用的措施项目工程量;为完成所有工程量并按规定计算的人工费、材料费、设备费、施工机具使用费、企业管理费、利润、规

费和税金;

2)分部分项和措施项目以外的其他项目所需计算的各项费用。

(2)工程竣工结算采用定额计价的应包括:套用定额的分部分项工程量、措施项目工程量和其他项目,以及为完成所有工程量和其他项目并按规定计算的人工费、材料费和设备费、施工机具使用费、企业管理费、利润、规费和税金。

(3)采用工程量清单或定额计价的工程竣工结算还应包括:

1)设计变更和工程变更费用;

2)索赔费用;

3)合同约定的其他费用。

三、工程竣工结算的审查

1. 工程竣工结算审查要求

(1)严禁采取抽样审查、重点审查、分析对比审查和经验审查的方法,避免审查疏漏现象发生。

(2)应审查结算文件和与结算有关的资料的完整性和符合性。

(3)按施工发承包合同约定的计价标准或计价方法进行审查。

(4)对合同未作约定或约定不明的,可参照签订合同时当地建设行政主管部门发布的计价标准进行审查。

(5)对工程竣工结算内多计、重列的项目应予以扣减;对少计、漏项的项目应予以调增。

(6)对工程竣工结算与设计图纸或事实不符的内容,应在掌握工程事实和真实情况的基础上进行调整。工程造价咨询单位在工程竣工结算审查时发现的工程竣工结算与设计图纸或与事实不符的内容应约请各方履行完善的确认手续。

(7)对由总承包人分包的工程竣工结算,其内容与总承包合同主要条款不相符的,应按总承包合同约定的原则进行审查。

(8)工程竣工结算审查文件应采用书面形式,有电子文本要求的应采用与书面形式内容一致的电子版本。

(9)结算审查的编制人、校对人和审核人不得由同一人担任。

(10)结算审查受托人与被审查项目的发承包双方有利害关系,可能影响公正的,应予以回避。

2. 工程竣工结算审查方法

(1)工程竣工结算的审查应依据施工发承包合同约定的结算方法进行,根据施工发承包合同类型,采用不同的审查方法。

1)采用总价合同的,应在合同价的基础上对设计变更、工程洽商以及工程索赔等合同约定可以调整的内容进行审查;

2)采用单价合同的,应审查施工图以内的各个分部分项工程量,依据合同约定的方式审查分部分项工程价格,并对设计变更、工程洽商、工程索赔等调整内容进行审查;

3)采用成本加酬金合同的,应依据合同约定的方法审查各个分部分项工程以及设计变更、工程洽商等内容的工程成本,并审查酬金及有关税费的取定。

(2)结算审查中涉及工程单价调整时,参照前述结算编制单价调整的方法实行。

(3)除非已有约定,对已被列入审查范围的内容,结算应采用全面审查的方法。

(4)对法院、仲裁或承发包双方合意共同委托的未确定计价方法的工程竣工结算审查或鉴定,结算审查受托人可根据事实和国家法律、法规和建设行政主管部门的有关规定,独立选择鉴定或审查适用的计价方法。

3. 工程竣工结算审查内容

(1)审查结算的递交程序和资料的完备性。

1)审查结算资料递交手续、程序的合法性,以及结算资料具有的法律效力;

2)审查结算资料的完整性、真实性和相符性。

(2)审查与结算有关的各项内容。

1)建设工程发承包合同及其补充合同的合法性和有效性;

2)施工发承包合同范围以外调整的工程价款;

3)分部分项、措施项目、其他项目工程量及单价;

4)发包人单独分包工程项目的界面划分和总包人的配合费用;

5)工程变更、索赔、奖励及违约费用;

6)取费、税金、政策性调整以及材料价差计算;

7)实际施工工期与合同工期发生差异的原因和责任,以及对工程造价的影响程度;

8)其他涉及工程造价的内容。

第四章 园林绿化工程工程量清单与计价

第一节 工程量清单

工程量清单是依据建设行政主管部门发布的统一工程量计算规则、统一项目划分、统一计量单位、统一编码,参照其发布的工料机消耗量标准编制构成的工程实体的各分部、分项,并能够提供招标控制价和投标报价的工程量清单文本。

一、工程量清单编制依据

(1)《建设工程工程量清单计价规范》(GB 50500—2013)(以下简称"13 计价规范")和《园林绿化工程工程量计算规范》(GB 50857—2013)(以下简称"园林计量规范")。

(2)国家或省级、行业建设主管部门颁发的计价定额和办法。

(3)建设工程设计文件及相关资料。

(4)与建设工程有关的标准、规范、技术资料。

(5)拟定的招标文件。

(6)施工现场情况、地勘水文资料、工程特点及常规施工方案。

(7)其他相关资料。

二、工程量清单编制一般规定

(1)招标工程量清单应由招标人负责编制,若招标人不具有编制工程量清单的能力,则可根据《工程造价咨询企业管理办法》(建设部第 149 号令)的规定,委托具有工程造价咨询性质的工程总价咨询人编制。

(2)招标工程量清单必须作为招标文件的组成部分,其准确性(数量不算错)和完整性(不缺项漏项)应由招标人负责。招标人应将工程量清单连同招标文件一起发给投标人。投标人依据工程量清单进行投标报价时,对工程量清单不负有核实的义务,更不具有修改和调整的权利。如招标人委托工程造价咨询人编制工程量清单,其责任仍由招标人负责。

(3)招标工程量清单是工程量清单计价的基础,应作为编制招标控制价、投标报价、计算或调整工程量以及工程索赔等依据之一。

(4)招标工程量清单应以单位(项)工程为单位编制,应由分部分项工程项目清单、措施项目清单、其他项目清单、规费和税金项目清单组成。

三、工程量清单的编制内容

(一)分部分项工程项目清单

(1)分部分项工程项目清单必须载明项目编码、项目名称、项目特征、计量单位和工程量。

这是构成一个分部分项工程项目清单的五个要件,在分部分项工程项目清单的组成中缺一不可。

(2)园林绿化工程分部分项工程项目清单应根据"13计价规范"和"园林计量规范"附录中规定的项目编码、项目名称、项目特征、计量单位和工程量计算规则进行编制。

分部分项工程项目清单项目编码栏应根据国家相关工程量计算规范项目编码栏内规定的9位数字另加3位顺序码共12位阿拉伯数字填写。各位数字的含义为:一、二位为专业工程代码,园林绿化工程为05;三、四位为专业工程附录分类顺序码;五、六位为分部工程顺序码;七、八、九位为分项工程项目名称顺序码;十至十二位为清单项目名称顺序码。

在编制工程量清单时应注意对项目编码的设置不得有重码,特别是当同一标段(或合同段)的一份工程量清单中含有多个单项或单位工程且工程量清单是以单项或单位工程为编制对象时,应注意项目编码中的十至十二位的设置不得重码。例如,一个标段(或合同段)的工程量清单中含有三个单项或单位工程,每一单项或单位工程中都有项目特征相同的水磨石飞来椅,在工程量清单中又需反映三个不同单项或单位工程的水磨石飞来椅工程量时,此时工程量清单应以单项或单位工程为编制对象,第一个单项或单位工程的水磨石飞来椅的项目编码为050305002001,第二个单项或单位工程的水磨石飞来椅的项目编码为050305002002,第三个单项或单位工程的水磨石飞来椅的项目编码为050305002003,并分别列出各单项或单位工程水磨石飞来椅的工程量。

分部分项工程量清单项目名称栏应按"园林计量规范"的规定,根据拟建工程实际填写。在工程实际填写过程中,"项目名称"有两种填写方法:一是完全保持相关工程国家工程量计算规范的项目名称不变;二是根据工程实际在工程量计算规范项目名称下另行确定详细名称。

分部分项工程量清单项目特征栏应按"园林计量规范"的规定,根据拟建工程实际进行描述。

分部分项工程量清单的计量单位应按"园林计量规范"的计量单位填写。有些项目工程量计算规范中有两个或两个以上计量单位,应根据拟建工程项目的实际,选择最适宜表现该项目特征并方便计量的单位。如博古架项目,工程量计算规范以"m^3"、"m"和"个"三个计量单位表示,此时就应根据工程项目的特点,选择其中一个即可。

"工程量"应按"园林计量规范"规定的工程量计算规则计算填写。

工程量的有效位数应遵守下列规定:

(1)以"t"为单位,应保留小数点后三位小数,第四位小数四舍五入。

(2)以"m"、"m^2"、"m^3"、"kg"为单位,应保留小数点后两位小数,第三位小数四舍五入。

(3)以"个"、"件""根""组""系统"为单位,应取整数。

分部分项工程量清单编制应注意的问题:

(1)不能随意设置项目名称,清单项目名称一定要按"园林计量规范"附录的规定设置。

(2)正确对项目进行描述,一定要将完成该项目的全部内容完整地体现在清单上,不能有遗漏,以便投标人报价。

(二)措施项目清单

措施项目清单是指为完成工程项目施工,发生于该工程施工准备和施工过程中的技术、生活、安全、环境保护等方面的项目。

措施项目清单的设置，首先要参考拟建工程的施工组织设计，以确定安全文明施工、材料的二次搬运等项目；其次参阅施工技术方案，以确定夜间施工增加费、大型机械进出场及安拆费、脚手架工程费等项目。参阅相关的工程施工规范及工程验收规范，可以确定施工技术方案没有表达的，但是为了实现施工规范及工程验收规范要求而必须发生的技术措施。

（1）措施项目清单应根据拟建工程的实际情况列项。

（2）措施项目中可以计算工程量的项目清单宜采用分部分项工程量清单的方式编制，列出项目编码、项目名称、项目特征、计量单位和工程量计算规则；不能计算工程量的项目清单，则以"项"为计量单位。

（3）相关工程国家工程量计算规范中将实体性项目划分为分部分项工程量清单，非实体性项目划分为措施项目。所谓非实体性项目，一般来说，其费用的发生和金额的大小与使用时间、施工方法或者两个以上工序相关，与实际完成的实体工程量的多少关系不大，典型的是大中型施工机械、文明施工和安全防护、临时设施等。但有的非实体性项目，则是可以计算工程量的项目，典型的是建筑工程混凝土浇筑的模板工程，用分部分项工程量清单的方式采用综合单价，有利于措施费的确定和调整，更有利于合同管理。

（三）其他项目清单

其他项目清单是指分部分项工程量清单、措施项目清单所包含的内容以外，因招标人的特殊要求而发生的与拟建工程有关的其他费用项目和相应数量的清单。工程建设标准的高低、工程的复杂程度、工程的工期长短、工程的组成内容、发包人对工程管理要求等都直接影响其他项目清单的具体内容。其他项目清单包括暂列金额、暂估价（包括材料暂估单价、工程设备暂估单价、专业工程暂估价）、计日工和总承包服务费。

1. 暂列金额

暂列金额是招标人在工程量清单中暂定并包括在合同价款中的一笔款项。清单计价规范中明确规定暂列金额用于施工合同签订时尚未确定或者不可预见的所需材料、设备、服务的采购，施工中可能发生的工程变更、合同约定调整因素出现时的工程价款调整以及发生的索赔、现场签证确认等的费用。

不管采用何种合同形式，工程造价理想的标准是一份合同的价格就是其最终的竣工结算价格，或者至少两者应尽可能接近。我国规定对政府投资工程实行概算管理，经项目审批部门批复的设计概算是工程投资控制的刚性指标，即使商业性开发项目也有成本的预先控制问题，否则，无法相对准确预测投资的收益和科学合理地进行投资控制。但工程建设自身的特性决定了工程的设计需要根据工程进展不断地进行优化和调整，业主需求可能会随工程建设进展出现变化，工程建设过程还会存在一些不能预见、不能确定的因素。消化这些因素必然会影响合同价格的调整，暂列金额正是为这类不可避免的价格调整而设立，以便达到合理确定和有效控制工程造价的目标。

另外，暂列金额列入合同价格不等于就属于承包人所有了，即使是总价包干合同，也不等于列入合同价格的所有金额就属于承包人，是否属于承包人应得金额取决于具体的合同约定，只有按照合同约定程序实际发生后，才能成为承包人的应得金额，纳入合同结算价款中。扣除实际发生金额后的暂列金额余额仍属于发包人所有。设立暂列金额并不能保证合同结算价格就不会再出现超过合同价格的情况，是否超出合同价格完全取决于工程量清单编制人暂列金额预测的准确性，以及工程建设过程是否出现了其他事先未预测到的事件。

2. 暂估价

暂估价是指招标阶段直至签订合同协议时，招标人在招标文件中提供的用于支付必然发生但暂时不能确定价格的材料以及专业工程的金额。暂估价包括材料暂估单价、工程设备暂估单价和专业工程暂估价。暂估价类似于 FIDIC 合同条款中的 Prime Cost Items，在招标阶段预见肯定要发生，只是因为标准不明确或者需要由专业承包人完成，暂时无法确定价格。暂估价数量和拟用项目应当结合工程量清单中的"暂估价表"予以补充说明。

为方便合同管理，需要纳入分部分项工程项目清单综合单价中的暂估价应只是材料费、工程设备费，以方便投标人组价。

专业工程的暂估价一般应是综合暂估价，应当包括除规费和税金以外的管理费、利润等取费。总承包招标时，专业工程设计深度往往是不够的，一般需要交由专业设计师设计，国际上，出于提高可建造性考虑，一般由专业承包人负责设计，以发挥其专业技能和专业施工经验的优势。这类专业工程交由专业分包人完成是国际工程的良好实践，目前在我国工程建设领域也已经比较普遍。公开透明地合理确定这类暂估价的实际开支金额的最佳途径，就是通过施工总承包人与工程建设项目招标人共同组织的招标。

3. 计日工

计日工是为解决现场发生的零星工作的计价而设立的。其为额外工作和变更的计价提供了一个方便快捷的途径。计日工适用的所谓零星工作一般是指合同约定之外的或者因变更而产生的、工程量清单中没有相应项目的额外工作，尤其是时间不允许事先商定价格的额外工作。计日工以完成零星工作所消耗的人工工时、材料数量、机械台班进行计量，并按照计日工表中填报的适用项目的单价进行计价支付。

国际上常见的标准合同条款中，大多数都设立了计日工（Daywork）计价机制。但在我国一般的工程量清单计价实践中，由于计日工项目的单价水平一般要高于工程量清单项目的单价水平，因而经常被忽略。从理论上讲，由于计日工往往是用于一些突发性的额外工作，缺少计划性，承包人在调动施工生产资源方面难免会影响已经计划好的工作，生产资源的使用效率也有一定的降低，客观上造成超出常规的额外投入。另外，其他项目清单中计日工往往是一个暂定的数量，其无法纳入有效的竞争。所以，合理的计日工单价水平一定是要高于工程量清单的价格水平的。为获得合理的计日工单价，发包人在其他项目清单中对计日工一定要给出暂定数量，并需要根据经验尽可能估算一个较接近实际的数量。

4. 总承包服务费

总承包服务费是为了解决招标人在法律、法规允许的条件下进行专业工程发包，以及自行供应材料、设备，并需要总承包人对发包的专业工程提供协调和配合服务，对供应的材料、设备提供收、发和保管服务以及进行施工现场管理时发生，并向总承包人支付的费用。招标人应预计该项费用并按投标人的投标报价向投标人支付该项费用。

为保证工程施工建设的顺利实施，投标人在编制招标工程量清单时应对施工过程中可能出现的各种不确定因素对工程造价的影响进行估算，列出一笔暂列金额。暂列金额可根据工程的复杂程度、设计深度、工程环境条件（包括地质、水文、气候条件等）进行估算，一般可按分部分项工程费的 10%～15%作为参考。

暂估价中的材料、工程设备暂估单价应根据工程造价信息或参照市场价格估算,列出明细表;专业工程暂估价应分不同专业,按有关计价规定估算,列出明细表。

计日工应列出项目名称、计量单位和暂估数量。

总承包服务费应列出服务项目及其内容等。

出现未列的项目,应根据工程实际情况补充。如办理竣工结算时就需将索赔及现场签证列入其他项目中。

(四)规费项目清单

规费是根据省级政府或省级有关权力部门规定必须缴纳的,应计入建筑安装工程造价的费用。根据住房和城乡建设部、财政部"关于印发《建筑安装工程费用项目组成》的通知"(建标[2013]44号)的规定,规费主要包括社会保险费、住房公积金、工程排污费,其中社会保险费包括养老保险费、医疗保险费、失业保险费、工伤保险费和生育保险费;税金主要包括营业税、城市维护建设税、教育费附加和地方教育附加。规费作为政府和有关权力部门规定必须缴纳的费用,政府和有关权力部门可根据形势发展的需要,对规费项目进行调整,因此,清单编制人对《建筑安装工程费用项目组成》中未包括的规费项目,在编制规费项目清单时应根据省级政府或省级有关权力部门的规定列项。

规费项目清单应按照下列内容列项:

(1)社会保险费:包括养老保险费、失业保险费、医疗保险费、工伤保险费、生育保险费。

(2)住房公积金。

(3)工程排污费。

相对于《建设工程工程量清单计价规范》(GB 50500—2008)(以下简称"08计价规范"),"13计价规范"对规费项目清单进行了以下调整:

(1)根据《中华人民共和国社会保险法》的规定,将"08计价规范"使用的"社会保障费"更名为"社会保险费",将"工伤保险费、生育保险费"列入社会保险费。

(2)根据十一届全国人大常委会第20次会议将《中华人民共和国建筑法》第四十八条由"建筑施工企业必须为从事危险作业的职工办理意外伤害保险,支付保险费"修改为"建筑施工企业应当依法为职工参加工伤保险缴纳工伤保险费。鼓励企业为从事危险作业的职工办理意外伤害保险,支付保险费"。由于建筑法将意外伤害保险由强制改为鼓励,因此,"13计价规范"中规费项目增加了工伤保险费,删除了意外伤害保险,将其列入企业管理费中列支。

(3)根据《财政部、国家发展改革委关于公布取消和停止征收100项行政事业性收费项目的通知》(财综[2008]78号)的规定,工程定额测定费从2009年1月1日起取消,停止征收。因此,"13计价规范"中规费项目取消了工程定额测定费。

(五)税金

根据住房和城乡建设部、财政部"关于印发《建筑安装工程费用项目组成》的通知"(建标[2013]44号)的规定,目前,我国税法规定应计入建筑安装工程造价的税种包括营业税、城市建设维护税、教育费附加和地方教育附加。如国家税法发生变化,税务部门依据职权增加了税种,应对税金项目清单进行补充。

税金项目清单应按下列内容列项:

（1）营业税。

（2）城市维护建设税。

（3）教育费附加。

（4）地方教育附加。

根据《财政部关于统一地方教育政策有关内容的通知》（财综〔2011〕98号）的相关规定，"13计价规范"相对于"08计价规范"，在税金项目增列了地方教育附加项目。

第二节　工程量清单计价

一、实行工程量清单计价的目的和意义

（1）推行工程量清单计价是深化工程造价管理改革，推进建设市场化的重要途径。

长期以来，工程预算定额是我国承发包计价、定价的主要依据。现预算定额中规定的消耗量和有关施工措施性费用是按社会平均水平编制的，以此为依据形成的工程造价基本上也属于社会平均价格。这种平均价格可作为市场竞争的参考价格，但不能反映参与竞争企业的实际消耗和技术管理水平，在一定程度上限制了企业的公平竞争。

20世纪90年代我国提出了"控制量、指导价、竞争费"的改革措施，将工程预算定额中的人工、材料、机械消耗量和相应的量价分离，国家控制量以保证质量，价格逐步走向市场化，这一措施走出了向传统工程预算定额改革的第一步。但是，这种做法难以改变工程预算定额中国家指令性内容较多的状况，难以满足招标投标竞争定价和经评审的合理低价中标的要求。因此国家定额的控制量是社会平均消耗量，不能反映企业的实际消耗量，不能全面体现企业的技术装备水平、管理水平和劳动生产率，不能体现公平竞争的原则，社会平均水平不能代表社会先进水平，改变以往的工程预算定额的计价模式，适应招标投标的需要，推行工程量清单计价办法是十分必要的。

工程量清单计价是建设工程招标投标中，按照国家统一的工程量清单计价规范，由招标人提供工程数量，投标人自主报价，经评审低价中标的工程造价计价模式。采用工程量清单计价能反映工程个别成本，有利于企业自主报价和公平竞争。

（2）在建设工程招标投标中实行工程量清单计价是规范建筑市场秩序的治本措施之一，适应社会主义市场经济的需要。

工程造价是工程建设的核心，也是市场运行的核心内容，建筑市场存在着许多不规范的行为，大多数与工程造价有直接联系。建筑产品是商品，因此具有商品的共性，它受价值规律、货币流通规律和供求规律的支配。但是，建筑产品与一般的工业产品价格构成不一样，建筑产品具有某些特殊性：

1）建设工程竣工后建筑产品一般不在空间发生物理运动，可以直接移交用户，立即进入生产消费或生活消费，因而价格中不含商品使用价值运动发生的流通费用，即因生产过程中在流通领域内继续进行而支付的商品包装运输费、保管费。

2）建筑产品是固定在某地方的。

3）由于施工人员和施工机具围绕着建设工程流动，因而，有的建设工程构成还包括施工

企业远离基地的费用,甚至包括成建制转移到新的工地所增加的费用等。

建筑产品价格随建设时间和地点而变化,相同结构的建筑物在同一地段建造,施工的时间不同造价就不一样;同一时间、不同地段造价也不一样;即使时间和地段相同,施工方法、施工手段、管理水平不同工程造价也有所差别。所以说,建筑产品的价格,既有它的统一性,又有它的特殊性。

为了推动社会主义市场经济的发展,国家颁发了相应的有关法律,如《中华人民共和国价格法》第三条规定:我国实行并逐步完善宏观经济调控下主要由市场形成价格的机制。价格的制定应当符合价格规律,对多数商品和服务价格实行市场调节价,极少数商品和服务价格实行政府指导价或政府定价。市场调节价,是指由经营者自主定价,通过市场竞争形成价格。中华人民共和国建设部第107号令《建设工程施工发包与承包计价管理办法》第七条规定:"投标报价应依据企业定额和市场信息,并按国务院和省、自治区、直辖市人民政府建设行政主管部门发布的工程造价计价办法编制"。建筑产品市场形成价格是社会主义市场经济的需要。过去工程预算定额在调节承发包双方利益和反映市场价格、需求方面存在着不相适应的地方,特别是公平、公正、公开竞争方面,还缺乏合理的机制,甚至出现了一些漏洞,高估冒算,相互串通,从中回扣。发挥市场规律"竞争"和"价格"的作用是治本之策。尽快建立和完善市场形成工程造价的机制,是当前规范建筑市场的需要。通过推行工程量清单计价有利于发挥企业自主报价的能力,同时也有利于规范业主在工程招标中计价行为,有效改变招标单位在招标中盲目压价的行为,从而真正体现公开、公平、公正的原则,反映市场经济规律。

(3)实行工程量清单计价,是促进建设市场有序竞争和企业健康发展的需要。

工程量清单是招标文件的重要组成部分,由招标单位编制或委托有资质的工程造价咨询单位编制,工程量清单编制的准确、详尽、完整,有利于提高招标单位的管理水平,减少索赔事件的发生。由于工程量清单是公开的,有利于防止招标工程中弄虚作假、暗箱操作等不规范行为。投标单位通过对单位工程成本、利润进行分析,统筹考虑,精心选择施工方案,根据企业的定额合理确定人工、材料、机械等要素投入量的合理配置,优化组合,合理控制现场经费和施工技术措施费,在满足招标文件需要的前提下,合理确定自己的报价,让企业有自主报价权。改变了过去依赖建设行政主管部门发布的定额和规定的取费标准进行计价的模式,有利于提高劳动生产率,促进企业技术进步,节约投资和规范建设市场。采用工程量清单计价后,将使招标活动的透明度增加,在充分竞争的基础上降低了造价,提高了投资效益,且便于操作和推行,业主和承包商都将会接受这种计价模式。

(4)实行工程量清单计价,有利于我国工程造价政府职能的转变。

按照政府部门真正履行起"经济调节、市场监督、社会管理和公共服务"的职能要求,政府对工程造价管理的模式要进行相应的改变,将推行政府宏观调控、企业自主报价、市场形成价格、社会全面监督的工程造价管理思路。实行工程量清单计价,将会有利于我国工程造价政府职能的转变,由过去的政府控制的指令性定额转变为制定适应市场经济规律需要的工程量清单计价方法,由过去的行政干预转变为对工程造价进行依法监管,有效地强化政府对工程造价的宏观调控。

二、2013版清单计价规范简介

2012年12月25日,住房和城乡建设部发布了"13计价规范"和《房屋建筑与装饰工程工程量计算规范》(GB 50854—2013)、《仿古建筑工程工程量计算规范》(GB 50855—2013)、《通用安装工程工程量计算规范》(GB 50856—2013)、《市政工程工程量计算规范》(GB 50857—2013)、《园林绿化工程工程量计算规范》(GB 50858—2013)、《矿山工程工程量计算规范》(GB 50859—2013)、《构筑物工程工程量计算规范》(GB 50860—2013)、《城市轨道交通工程工程量计算规范》(GB 50861—2013)、《爆破工程工程量计算规范》(GB 50862—2013)等 9 本计量规范(以下简称"13 工程计量规范"),全部 10 本规范于 2013 年 7 月 1 日起实施。

"13 计价规范"及"13 工程计量规范"是在"08 计价规范"基础上,以原建设部发布的工程基础定额、消耗量定额、预算定额以及各省、自治区、直辖市或行业建设主管部门发布的工程计价定额为参考,以工程计价相关的国家或行业的技术标准、规范、规程为依据,收集近年来新的施工技术、工艺和新材料的项目资料,经过整理,在全国广泛征求意见后编制而成。

"13 计价规范"共设置 16 章、54 节、329 条,各章名称为:总则、术语、一般规定、工程量清单编制、招标控制价、投标报价、合同价款约定、工程计量、合同价款调整、合同价款期中支付、竣工结算与支付、合同解除的价款结算与支付、合同价款争议的解决、工程造价鉴定、工程计价资料与档案和工程计价表格。相比"08 计价规范"而言,分别增加了 11 章、37 节、192 条。

"13 计价规范"适用于建设工程发承包及实施阶段的招标工程量清单、招标控制价、投标报价的编制,工程合同价款的约定,竣工结算的办理以及施工过程中的工程计量、合同价款支付、施工索赔与现场签证、合同价款调整和合同价款争议的解决等计价活动。相对于"08 计价规范","13 计价规范"将"建设工程工程量清单计价活动"修改为"建设工程发承包及实施阶段的计价活动",从而对清单计价规范的适用范围进一步进行了明确,表明了不分何种计价方式,建设工程发承包及实施阶段的计价活动必须执行"13 计价规范"。之所以规定"建设工程发承包及实施阶段的计价活动",主要是因为工程建设具有周期长、金额大、不确定因素多的特点,从而决定了建设工程计价具有分阶段计价的特点,建设工程决策阶段、设计阶段的计价要求与发承包及实施阶段人计价要求是有区别的,这就避免了因理解上的歧义而发生纠纷。

"13 计价规范"规定:"建设工程发承包及实施阶段的工程造价应由分部分项工程费、措施项目费、其他项目费、规费和税金组成"。这说明了不论采用什么计价方式,建设工程发承包及实施阶段的工程造价均由这五部分组成,这五部分也称为建筑安装工程费。

根据原人事部、原建设部《关于印发(造价工程师执业制度暂行规定)的通知》(人发[1996]77 号)、《注册造价工程师管理办法》(建设部第 150 号令)以及《全国建设工程造价员管理办法》(中价协[2011]021 号)的有关规定,"13 计价规范"规定:"招标工程量清单、招标控制价、投标报价、工程计量、合同价款调整、合同价款结算与支付以及工程造价鉴定等工程造价文件的编制与核对,应由具有专业资格的工程造价人员承担。""承担工程造价文件的编制与核对的工程造价人员及其所在单位,应对工程造价文件的质量负责。"

另外,由于建设工程造价计价活动不仅要客观反映工程建设的投资,更应体现工程建设交易活动的公正、公平的原则,因此"13 计价规范"规定,工程建设双方,包括受其委托的工程造价咨询方,在建设工程发承包及实施阶段从事计价活动均应遵循客观、公正、公平的原则。

三、工程量清单计价规定

(一)计价方式

(1)使用国有资金投资的建设工程发承包,必须采用工程量清单计价。国有投资的资金包括国家融资资金、国有资金为主的投资资金。

1)国有资金投资的工程建设项目包括：

①使用各级财政预算资金的项目；

②使用纳入财政管理的各种政府性专项建设资金的项目；

③使用国有企事业单位自有资金，并且国有资产投资者实际拥有控制权的项目。

2)国家融资资金投资的工程建设项目包括：

①使用国家发行债券所筹资金的项目；

②使用国家对外借款或者担保所筹资金的项目；

③使用国家政策性贷款的项目；

④国家授权投资主体融资的项目；

⑤国家特许的融资项目。

3)国有资金为主的工程建设项目是指国有资金占投资总额 50％以上，或虽不足 50％但国有投资者实质上拥有控股权的工程建设项目。

(2)非国有资金投资的建设工程，"13 计价规范"鼓励采用工程量清单计价方式，但是否采用，由项目业主自主确定。

(3)不采用工程量清单计价的建设工程，应执行"13 计价规范"中除工程量清单等专门性规定外的其他规定。

(4)实行工程量清单计价应采用综合单价法，不论分部分项工程项目、措施项目、其他项目，还是以单价形式或以总价形式表现的项目，其综合单价的组成内容均包括完成该项目所需的、除规费和税金以外的所有费用。

(5)根据《中华人民共和国安全生产法》、《中华人民共和国建筑法》、《建设工程安全生产管理条例》、《安全生产许可证条例》等法律、法规的规定，建设部办公厅印发了《建筑工程安全防护、文明施工措施费及使用管理规定》(建办[2005]89 号)，将安全文明施工纳入国家强制性标准管理范围，其费用标准不予竞争，并规定"投标方安全防护、文明施工措施的报价，不得低于依据工程所在地工程造价管理机构测定费率计算所需费用总额的 90％"。2012 年 2 月 14 日，财政部、国家安全生产监督管理总局印发《企业安全生产费用提取和使用管理办去》(财企[2012]16 号)规定："建设工程施工企业提取的安全费用列入工程造价，在竞标时，不得删减，列入标外管理"。

"13 计价规范"规定措施项目清单中的安全文明施工费必须按国家或省级、行业建设主管部门的规定费用标准计算，招标人不得要求投标人对该项费用进行优惠，投标人也不得将该项费用参与市场竞争。此处的安全文明施工费包括《建筑安装工程费用项目组成》(建标[2013]44 号)中措施费的文明施工费、环境保护费、临时设施费、安全施工费。

(6)根据住房和城乡建设部、财政部印发的《建筑安装工程费用项目组成》(建标[2013]44 号)的规定，规费是政府和有关权力部门规定必须缴纳的费用。税金是国家按照税法预先规定的标准，强制地、无偿地要求纳税人缴纳的费用。它们都是工程造价的组成部分，但是其费用内容和计取标准都不是发、承包人能自主确定的，更不是由市场竞争决定的。因而"13 计价规范"规定："规费和税金必须按国家或省级、行业建设主管部门的规定计算，不得作为竞争性费用"。

(二)发包人提供材料和机械设备

《建设工程质量管理条例》第 14 条规定:"按照合同约定,由建设单位采购建筑材料、建筑构配件和设备的,建设单位应当保证建筑材料、建筑构配件和设备符合设计文件和合同要求";《中华人民共和国合同法》第 283 条规定:"发包人未按照约定的时间和要求提供原材料、设备、场地、资金、技术资料的,承包人可以顺延工程日期,并有权要求赔偿停工、窝工等损失"。"13 计价规范"根据上述法律条文对发包人提供材料和机械设备的情况进行了如下约定:

(1)发包人提供的材料和工程设备(以下简称甲供材料)应在招标文件中按照规定填写《发包人提供材料和工程设备一览表》,写明甲供材料的名称、规格、数量、单价、交货方式、交货地点等。承包人投标时,甲供材料价格应计入相应项目的综合单价中,签约后,发包人应按合同约定扣除甲供材料款,不予支付。

(2)承包人应根据合同工程进度计划的安排,向发包人提交甲供材料交货的日期计划。发包人应按计划提供。

(3)发包人提供的甲供材料如规格、数量或质量不符合合同要求,或由于发包人原因发生交货日期延误、交货地点及交货方式变更等情况的,发包人应承担由此增加的费用和(或)工期延误,并应向承包人支付合理利润。

(4)发承包双方对甲供材料的数量发生争议不能达成一致的,应按照相关工程的计价定额同类项目规定的材料消耗量计算。

(5)若发包人要求承包人采购已在招标文件中确定为甲供材料的,材料价格应由发承包双方根据市场调查确定,并应另行签订补充协议。

(三)承包人提供材料和工程设备

《建设工程质量管理条例》第 29 条规定:"施工单位必须按照工程设计要求、施工技术标准和合同约定,对建筑材料、建筑构配件、设备和商品混凝土进行检验,检验应当有书面记录和专人签字;未经检验或者检验不合格的,不得使用"。"13 计价规范"根据此法律条文对承包人提供材料和机械设备的情况进行了如下约定:

(1)除合同约定的发包人提供的甲供材料外,合同工程所需的材料和工程设备应由承包人提供,承包人提供的材料和工程设备均应由承包人负责采购、运输和保管。

(2)承包人应按合同约定将采购材料和工程设备的供货人及品种、规格、数量和供货时间等提交发包人确认,并负责提供材料和工程设备的质量证明文件,满足合同约定的质量标准。

(3)对承包人提供的材料和工程设备经检测不符合合同约定的质量标准,发包人应立即要求承包人更换,由此增加的费用和(或)工期延误应由承包人承担。对发包人要求检测承包人已具有合格证明的材料、工程设备,但经检测证明该项材料、工程设备符合合同约定的质量标准,发包人应承担由此增加的费用和(或)工期延误,并向承包人支付合理利润。

(四)计价风险

(1)建设工程发承包,必须在招标文件、合同中明确计价中的风险内容及其范围,不得采用无限风险、所有风险或类似语句规定计价中的风险内容及范围。

风险是一种客观存在的、会带来损失的、不确定的状态。它具有客观性、损失性、不确定性的特点,并且风险始终是与损失相联系的。工程施工发包是一种期货交易行为,工程建设本身又具有单件性和建设周期长的特点。在工程施工过程中影响工程施工及工程造价的风险因素很多,但并非所有的风险都是承包人能预测、能控制和应承担其造成损失的。

工程施工招标发包是工程建设交易方式之一,一个成熟的建设市场应是一个体现交易公平性的市场。在工程建设施工发包中实行风险共担和合理分摊原则是实现建设市场交易公平性的具体体现,是维护建设市场正常秩序的措施之一。其具体体现则是应在招标文件或合同中对发承包双方各自应承担的风险内容及其风险范围或幅度进行界定和明确,而不能要求承包人承担所有风险或无限度风险。

根据我国工程建设特点,投标人应完全承担的风险是技术风险和管理风险,如管理费和利润;应有限度承担的是市场风险,如材料价格、施工机械使用费等的风险;应完全不承担的是法律、法规、规章和政策变化的风险。

(2)由于下列因素出现,影响合同价款调整的,应由发包人承担:

1)由于国家法律、法规、规章或有关政策出台导致工程税金、规费等发生变化的;

2)对于根据我国目前工程建设的实际情况,各省、自治区、直辖市建设行政主管部门均根据当地人力资源和社会保障行政主管部门的有关规定发布人工成本信息或人工费调整,对此关系职工切身利益的人工费进行调整的,但承包人对人工费或人工单价的报价高于发布的除外;

3)按照《中华人民共和国合同法》第63条规定:"执行政府定价或者政府指导价的,在合同约定的交付期限内价格调整时,按照交付的价格计价。逾期交付标的物的,遇价格上涨时,按照原价格执行;价格下降时,按照新价格执行。逾期提取标的物或者逾期付款的,遇价格上涨时,按照新价格执行;价格下降时,按照原价格执行"。因此,对政府定价或政府指导价管理的原材料价格按照相关文件规定进行合同价款调整的。

因承包人原因导致工期延误的,应按本书第九章第三节"工程合同价款调整"中"法律法规变化"和"物价变化"中的有关规定进行处理。

(3)对于主要由市场价格波动导致的价格风险,如工程造价中的建筑材料、燃料等价格风险,应由发承包双方合理分摊,并按规定填写《承包人提供主要材料和工程设备一览表》作为合同附件;当合同中没有约定,发承包双方发生争议时,应按"13计价规范"的相关规定调整合同价款。

"13计价规范"中提出承包人所承担的材料价格的风险宜控制在5%以内,施工机械使用费的风险可控制在10%以内,超过者予以调整。

(4)由于承包人使用机械设备、施工技术以及组织管理水平等自身原因造成施工费用增加的,应由承包人全部承担。

(5)当不可抗力发生,影响合同价款时,应按本书第九章第三节"工程合同价款调整"中"不可抗力"的相关规定处理。

四、招标控制价的编制

招标控制价是招标人根据国家或省级、行业建设主管部门颁发的有关计价依据和办法,按设计施工图纸计算的,对招标工程限定的最高工程造价。国有资金投资的工程建设项目必须实行工程量清单招标,并必须编制招标控制价。

(一)招标控制价编制依据

(1)"13计价规范"。

(2)国家或省级、行业建设主管部门颁发的计价定额和计价办法。

(3)建设工程设计文件及相关资料。

(4)拟定的招标文件及招标工程量清单。

(5)与建设项目相关的标准、规范、技术资料。

(6)施工现场情况、工程特点及常规施工方案。

(7)工程造价管理机构发布的工程造价信息,当工程造价信息没有发布时,参照市场价。

(8)其他的相关资料。

(二)招标控制价的编制人员

招标控制价应由具有编制能力的招标人编制,当招标人不具有编制招标控制价的能力时,可委托具有相应资质的工程造价咨询人编制。工程造价咨询人接受招标人委托编制招标控制价,不得再就同一工程接受投标人委托编制投标报价。

所谓具有相应工程造价咨询资质的工程造价咨询人是指根据《工程造价咨询企业管理办法》(建设部令第149号)的规定,依法取得工程造价咨询企业资质,并在其资质许可的范围内接受招标人的委托,编制招标控制价的工程造价咨询企业。即取得甲级工程造价咨询资质的咨询人可承担各类建设项目的招标控制价编制,取得乙级(包括乙级暂定)工程造价咨询资质的咨询人,则只能承担5000万元以下的招标控制价的编制。

(三)招标控制价的编制方法

(1)综合单价中应包括招标文件中划分的应由投标人承担的风险范围及其费用。招标文件中没有明确的,如是工程造价咨询人编制,应提请招标人明确;如是招标人编制,应予明确。

(2)分部分项工程和措施项目中的单价项目,应根据拟定的招标文件和招标工程量清单项目中的特征描述及有关要求确定综合单价计算。招标文件中提供了暂估单价的材料,按暂估的单价计入综合单价。

(3)措施项目中的总价项目应根据拟定的招标文件和常规施工方案采用综合单价计价。措施项目中的安全文明施工费必须按国家或省级、行业建设主管部门的规定计算,不得作为竞争性费用。

(4)其他项目费应按下列规定计价:

1)暂列金额。暂列金额应按招标工程量清单中列出的金额填写。

2)暂估价。暂估价包括材料暂估单价、工程设备暂估单价和专业工程暂估价。暂估价中的材料、工程设备单价应根据招标工程量清单列出的单价计入综合单价。

3)计日工。计日工包括计日工人工、材料和施工机械。在编制招标控制价时,对计日工中的人工单价和施工机械台班单价应按省级、行业建设主管部门或其授权的工程造价管理机构公布的单价计算;材料应按工程造价管理机构发布的工程造价信息中的材料单价计算,工程造价信息未发布材料单价的材料,其价格应按市场调查确定的单价计算。

4)总承包服务费。招标人编制招标控制价时,总承包服务费应根据招标文件中列出的内容和向总承包人提出的要求,按照省级或行业建设主管部门的规定或参照下列标准计算:

①招标人仅要求对分包的专业工程进行总承包管理和协调时,按分包的专业工程估算造

价的 1.5%计算；

②招标人要求对分包的专业工程进行总承包管理和协调，并同时要求提供配合服务时，根据招标文件中列出的配合服务内容和提出的要求，按分包的专业工程估算造价的 3%～5%计算；

③招标人自行供应材料的，按招标人供应材料价值的 1%计算。

(5)招标控制价的规费和税金必须按国家或省级、行业建设主管部门的规定计算。

(四)招标控制价编制的注意事项

(1)使用的计价标准、计价政策应是国家或省、自治区、直辖市建设行政主管部门或行业建设主管部门颁布的计价定额和计价方法。

(2)采用的材料价格应是工程造价管理机构通过工程造价信息发布的材料单价，工程造价信息未发布材料单价的材料，其材料价格应通过市场调查确定。

(3)国家或省、自治区、直辖市建设行政主管部门或行业建设主管部门对工程造价计价中费用或费用标准有规定的，应按规定执行。

(五)投诉与处理

(1)投标人经复核认为招标人公布的招标控制价未按照"13 计价规范"的规定进行编制的，应在招标控制价公布后 5 天内向招投标监督机构和工程造价管理机构投诉。

(2)投诉人投诉时，应当提交由单位盖章和法定代表人或其委托人签名或盖章的书面投诉书。投诉书应包括下列内容：

1)投诉人与被投诉人的名称、地址及有效联系方式；

2)投诉的招标工程名称、具体事项及理由；

3)投诉依据及有关证明材料；

4)相关的请求及主张。

(3)投诉人不得进行虚假、恶意投诉，阻碍招投标活动的正常进行。

(4)工程造价管理机构在接到投诉书后应在 2 个工作日内进行审查，对有下列情况之一的，不予受理：

1)投诉人不是所投诉招标工程招标文件的收受人；

2)投诉书提交的时间不符合上述"第(1)条"规定的；

3)投诉书不符合上述"第(2)条"规定的；

4)投诉事项已进入行政复议或行政诉讼程序的。

(5)工程造价管理机构应在不迟于结束审查的次日将是否受理投诉的决定书面通知投诉人、被投诉人以及负责该工程招投标监督的招投标管理机构。

(6)工程造价管理机构受理投诉后，应立即对招标控制价进行复查，组织投诉人、被投诉人或其委托的招标控制价编制人等单位人员对投诉问题逐一核对。有关当事人应当予以配合，并应保证所提供资料的真实性。

(7)工程造价管理机构应当在受理投诉的 10 天内完成复查，特殊情况下可适当延长，并做出书面结论通知投诉人、被投诉人及负责该工程招投标监督的招投标管理机构。

(8)当招标控制价复查结论与原公布的招标控制价误差大于±3%时，应当责成招标人改正。

(9)招标人根据招标控制价复查结论需要重新公布招标控制价的,其最终公布的时间至招标文件要求提交投标文件截止时间不足 15 天的,应相应延长投标文件的截止时间。

五、投标报价的编制

(一)一般规定

(1)投标价应由投标人或受其委托具有相应资质的工程造价咨询人编制。

(2)投标价中除"13 计价规范"中规定的规费、税金及措施项目清单中的安全文明施工费应按国家或省级、行业建设主管部门的规定计价,不得作为竞争性费用外,其他项目的投标报价由投标人自主决定。

(3)投标人的投标报价不得低于工程成本。《中华人民共和国反不正当竞争法》第十一条规定:"经营者不得以排挤竞争对手为目的,以低于成本的价格销售商品"。《中华人民共和国招标投标法》第四十一条规定:"中标人的投标应当符合下列条件……(二)能够满足招标文件的实质性要求,并且经评审的投标价格最低;但是投标价格低于成本的除外"。《评标委员会和评标方法暂行规定》(国家计委等七部委第 12 号令)第二十一条规定:"在评标过程中,评标委员会发现投标人的报价明显低于其他投标报价或者在设有标底时明显低于标底的,使得其投标报价可能低于其个别成本的,应当要求该投标人做出书面说明并提供相关证明材料。投标人不能合理说明或者不能提供相关证明材料的,由评标委员会认定该投标人以低于成本报价竞标,其投标应作废标处理"。

(4)实行工程量清单招标,招标人在招标文件中提供工程量清单,其目的是使各投标人在投标报价中具有共同的竞争平台。因此,要求投标人必须按招标工程量清单填报价格,工程量清单的项目编码、项目名称、项目特征、计量单位、工程数量必须与招标人招标文件中提供的招标工程量清单一致。

(5)根据《中华人民共和国政府采购法》第三十六条规定:"在招标采购中,出现下列情形之一的,应予废标……(三)投标人的报价均超过了采购预算,采购人不能支付的"。《中华人民共和国招标投标法实施条例》第五十一条规定:"有下列情形之一者,评标委员会应当否决其投标:……(五)投标报价低于成本或者高于招标文件设定的最高投标限价"。对于国有资金投资的工程,其招标控制价相当于政府采购中的采购预算,且其定义就是最高投标限价,因此,投标人的投标报价不能高于招标控制价,否则,应予废标。

(二)投标报价编制依据

(1)"13 计价规范"。

(2)国家或省级、行业建设主管部门颁发的计价办法。

(3)企业定额,国家或省级、行业建设主管部门颁发的计价定额和计价办法。

(4)招标文件、招标工程量清单及其补充通知、答疑纪要。

(5)建设工程设计文件及相关资料。

(6)施工现场情况、工程特点及投标时拟定的施工组织设计或施工方案。

(7)与建设项目相关的标准、规范等技术资料。

(8)市场价格信息或工程造价管理机构发布的工程造价信息。

(9)其他的相关资料。

(三)投标报价编制与复核

(1)综合单价中应考虑招标文件中要求投标人承担的风险内容及其范围(幅度)产生的风险费用,招标文件中没有明确的,应提请招标人明确。在施工过程中,当出现的风险内容及其范围(幅度)在合同约定的范围内时,合同价款不作调整。

(2)分部分项工程和措施项目中的单价项目,应根据招标文件和招标工程量清单项目中的特征描述确定综合单价。招标工程量清单的项目特征描述是确定分部分项工程和措施项目中的单价的重要依据之一,投标人投标报价时应依据招标工程量清单项目的特征描述确定清单项目的综合单价。招投标过程中,当出现招标工程量清单项目特征描述与设计图纸不符时,投标人应以招标工程量清单的项目特征描述为准,确定投标报价的综合单价。当施工中施工图纸或设计变更与招标工程量清单的项目特征描述不一致时,发承包双方应按实际施工的项目特征,依据合同约定重新确定综合单价。

招标文件中提供了暂估单价的材料,应按暂估的单价计入综合单价;综合单价中应考虑招标文件中要求投标人承担的风险内容及其范围(幅度)产生的风险费用。在施工过程中,当出现的风险内容及其范围(幅度)在合同约定的范围内时,工程价款不做调整。

(3)投标人可根据工程实际情况并结合施工组织设计,对招标人所列的措施项目进行增补。由于各投标人拥有的施工装备、技术水平和采用的施工方法有所差异,招标人提出的措施项目清单是根据一般情况确定的,没有考虑不同投标人的"个性",投标人投标时应根据自身编制的投标施工组织设计或施工方案确定措施项目,对招标人提供的措施项目进行调整。投标人根据投标施工组织设计或施工方案调整和确定的措施项目应通过评标委员会的评审。

措施项目中的总价项目应采用综合单价计价。其中安全文明施工费应按国家或省级、行业建设主管部门的规定确定,且不得作为竞争性费用。

(4)其他项目应按下列规定报价:

1)暂列金额应按招标工程量清单中列出的金额填写,不得变动;

2)材料、工程设备暂估价应按招标工程量清单中列出的单价计入综合单价,不得变动和更改;

3)专业工程暂估价应按招标工程量清单中列出的金额填写,不得变动和更改;

4)计日工应按招标工程量清单中列出的项目和数量,自主确定综合单价并计算计日工金额;

5)总承包服务费应依据招标工程量清单中列出的专业工程暂估价内容和供应材料、设备情况,按照招标人提出协调、配合与服务要求和施工现场管理需要自主确定。

(5)规费和税金应按国家或省级、行业建设主管部门的规定计算,不得作为竞争性费用。规费和税金的计取标准是依据有关法律、法规和政策规定制定的,具有强制性。投标人是法律、法规和政策的执行者,不能改变,更不能制定,而必须按照法律、法规、政策的有关规定执行。

(6)招标工程量清单与计价表中列明的所有需要填写单价和合价的项目,投标人均应填写且只允许有一个报价。未填写单价和合价的项目,可视为此项费用已包含在已标价工程量清单中其他项目的单价和合价之中。当竣工结算时,此项目不得重新组价予以调整。

(7)实行工程量清单招标,投标人的投标总价应当与组成已标价工程量清单的分部分项工程费、措施项目费、其他项目费和规费、税金的合计金额相一致,即投标人在投标报价时,不能进行投标总价优惠(或降价、让利),投标人对招标人的任何优惠(或降价、让利)均应反映在相应清单项目的综合单价中。

六、竣工结算的编制

(一)一般规定

(1)工程完工后,发承包双方必须在合同约定时间内办理工程竣工结算。合同中没有约定或约定不清的,按"13 计价规范"中有关规定处理。

(2)工程竣工结算应由承包人或受其委托具有相应资质的工程造价咨询人编制,并应由发包人或受其委托具有相应资质的工程造价咨询人核对。实行总承包的工程,由总承包人对竣工结算的编制负总责。

(3)当发承包双方或一方对工程造价咨询人出具的竣工结算文件有异议时,可向工程造价管理机构投诉,申请对其进行执业质量鉴定。

(4)工程造价管理机构对投诉的竣工结算文件进行质量鉴定,宜按下述"七、工程造价鉴定"的相关规定进行。

(5)根据《中华人民共和国建筑法》中第六十一条规定:"交付竣工验收的建筑工程,必须符合规定的建筑工程质量标准,有完整的工程技术经济资料和经签署的工程保修书,并具备国家规定的其他竣工条件",由于竣工结算是反映工程造价计价规定执行情况的最终文件,竣工结算办理完毕,发包人应将竣工结算文件报送工程所在地或有该工程管辖权的行业管理部门的工程造价管理机构备案。竣工结算文件应作为工程竣工验收备案、交付使用的必备文件。

(二)竣工结算编制依据

(1)"13 计价规范"。

(2)工程合同。

(3)发承包双方实施过程中已确认的工程量及其结算的合同价款。

(4)发承包双方实施过程中已确认调整后追加(减)的合同价款。

(5)建设工程设计文件及相关资料。

(6)投标文件。

(7)其他依据。

(三)竣工结算编制与复核

(1)分部分项工程和措施项目中的单价项目应依据发承包双方确认的工程量与已标价工程量清单的综合单价计算;发生调整的,应以发承包双方确认调整的综合单价计算。

(2)措施项目中的总价项目应依据已标价工程量清单的项目和金额计算;发生调整的,应以发承包双方确认调整的金额计算,其中安全文明施工费应按照国家或省级、行业建设主管部门的规定计算。施工过程中,国家或省级、行业建设主管部门对安全文明施工费进行了调整的,措施项目费中和安全文明施工费应作相应调整。

(3)办理竣工结算时,其他项目费的计算应按以下要求进行计价:

1)计日工的费用应按发包人实际签证确认的数量和合同约定的相应项目综合单价计算。

2)当暂估价中的材料、工程设备是招标采购的,其单价按中标价在综合单价中调整。当暂估价中的材料、设备为非招标采购的,其单价按发承包双方最终确认的单价在综合单价中调整。当暂估价中的专业工程是招标发包的,其专业工程费按中标价计算。当暂估价中的专业工程为非招标发包的,其专业工程费按发承包双方与分包人最终确认的金额计算。

3)总承包服务费应依据已标价工程量清单金额计算,发承包双方依据合同约定对总承包服务进行了调整,应按调整后的金额计算。

4)索赔事件产生的费用在办理竣工结算时应在其他项目费中反映。索赔费用的金额应依据发承包双方确认的索赔事项和金额计算。

5)现场签证发生的费用在办理竣工结算时应在其他项目费中反映。现场签证费用金额依据发承包双方签证资料确认的金额计算。

6)合同价款中的暂列金额在用于各项价款调整、索赔与现场签证后,若有余额,则余额归发包人,若出现差额,则由发包人补足并反映在相应的工程价款中。

(4)规费和税金应按国家或省级、行业建设主管部门对规费和税金的计取标准计算。规费中的工程排污费应按工程所在地环境保护部门规定的标准缴纳后按实列入。

(5)由于竣工结算与合同工程实施过程中的工程计量及其价款结算、进度款支付、合同价款调整等具有内在联系,因此,发承包双方在合同工程实施过程中已经确认的工程计量结果和合同价款,在竣工结算办理中应直接进入结算,从而简化结算流程。

(四)竣工结算编制注意事项

竣工结算的编制与核对是工程造价计价中发、承包双方应共同完成的重要工作。按照交易的一般原则,任何交易结束,都应做到钱、货两清,工程建设也不例外。工程施工的发承包活动作为期货交易行为,当工程竣工验收合格后,承包人将工程移交给发包人时,发承包双方应将工程价款结算清楚,即竣工结算办理完毕。

(1)合同工程完工后,承包人应在经发承包双方确认的合同工程期中价款结算的基础上汇总编制完成竣工结算文件,应在提交竣工验收申请的同时向发包人提交竣工结算文件。

承包人未在合同约定的时间内提交竣工结算文件,经发包人催告后 14 天内仍未提交或没有明确答复的,发包人有权根据已有资料编制竣工结算文件,作为办理竣工结算和支付结算款的依据,承包人应予以认可。

因承包人无正当理由在约定时间内未递交竣工结算书,造成工程结算价款延期支付的,责任由承包人承担。

(2)发包人应在收到承包人提交的竣工结算文件后的 28 天内核对。发包人经核实,认为承包人还应进一步补充资料和修改结算文件,应在上述时限内向承包人提出核实意见,承包人在收到核实意见后的 28 天内应按照发包人提出的合理要求补充资料,修改竣工结算文件,并应再次提交给发包人复核后批准。

(3)发包人应在收到承包人再次提交的竣工结算文件后的 28 天内予以复核,将复核结果通知承包人,并应遵守下列规定:

1)发包人、承包人对复核结果无异议的,应在 7 天内在竣工结算文件上签字确认,竣工结

算办理完毕;

2)发包人或承包人对复核结果认为有误的,无异议部分按照本条第1)款规定办理不完全竣工结算;有异议部分由发承包双方协商解决;协商不成的,应按照合同约定的争议解决方式处理。

(4)《最高人民法院关于审理建设工程施工合同纠纷案件适用法律问题的解释》(法释〔2004〕14号)第二十条规定:"当事人约定,发包人收到竣工结算文件后,在约定期限内不予答复,视为认可竣工结算文件的,按照约定处理。承包人请求按照竣工结算文件结算工程价款的,应予支持"。根据这一规定,要求发承包双方不仅应在合同中约定竣工结算的核对时间,并应约定发包人在约定时间内对竣工结算不予答复,视为认可承包人递交的竣工结算。"13计价规范"对发包人未在竣工结算中履行核对责任的后果进行了规定,即:发包人在收到承包人竣工结算文件后的28天内,不核对竣工结算或未提出核对意见的,应视为承包人提交的竣工结算文件已被发包人认可,竣工结算办理完毕。

(5)承包人在收到发包人提出的核实意见后的28天内,不确认也未提出异议的,应视为发包人提出的核实意见已被承包人认可,竣工结算办理完毕。

(6)发包人委托工程造价咨询人核对竣工结算的,工程造价咨询人应在28天内核对完毕,核对结论与承包人竣工结算文件不一致的,应提交给承包人复核;承包人应在14天内将同意核对结论或不同意见的说明提交工程造价咨询人。工程造价咨询人收到承包人提出的异议后,应再次复核,复核无异议的,应在7天内在竣工结算文件上签字确认,竣工结算办理完毕;复核后仍有异议的,对于无异议部分按照规定办理不完全竣工结算;有异议部分由发承包双方协商解决;协商不成的,应按照合同约定的争议解决方式处理。

承包人逾期未提出书面异议的,应视为工程造价咨询人核对的竣工结算文件已经承包人认可。

(7)对发包人或发包人委托的工程造价咨询人指派的专业人员与承包人指派的专业人员经核对后无异议并签名确认的竣工结算文件,除非发承包人能提出具体、详细的不同意见,发承包人都应在竣工结算文件上签名确认,如其中一方拒不签认的,按下列规定办理:

1)若发包人拒不签认的,承包人可不提供竣工验收备案资料,并有权拒绝与发包人或其上级部门委托的工程造价咨询人重新核对竣工结算文件。

2)若承包人拒不签认的,发包人要求办理竣工验收备案的,承包人不得拒绝提供竣工验收资料,否则,由此造成的损失,承包人承担相应责任。

(8)合同工程竣工结算核对完成,发承包双方签字确认后,发包人不得要求承包人与另一个或多个工程造价咨询人重复核对竣工结算。这可以有效地解决工程竣工结算中存在的一审再审、以审代拖、久审不结的现象。

(9)发包人对工程质量有异议,拒绝办理工程竣工结算的,已竣工验收或已竣工未验收但实际投入使用的工程,其质量争议应按该工程保修合同执行,竣工结算应按合同约定办理;已竣工未验收且未实际投入使用的工程以及停工、停建工程的质量争议,双方应就有争议的部分委托有资质的检测鉴定机构进行检测,并应根据检测结果确定解决方案,或按工程质量监督机构的处理决定执行后办理竣工结算,无争议部分的竣工结算应按合同约定办理。

七、工程造价鉴定

(一)一般规定

(1)在工程合同价款纠纷案件处理中,需做工程造价司法鉴定的,应根据《工程造价咨询企业管理办法》(建设部令第 149 号)第二十条的规定,委托具有相应资质的工程造价咨询人进行。

(2)工程造价咨询人接受委托时提供工程造价司法鉴定服务,不仅应符合建设工程造价方面的规定,还应按仲裁、诉讼程序和要求进行,并应符合国家关于司法鉴定的规定。

(3)按照《注册造价工程师管理办法》(建设部令第 150 号)的规定,工程计价活动应由造价工程师担任。《建设部关于对工程造价司法鉴定有关问题的复函》(建办标函[2005]155 号)第二条:"从事工程造价司法鉴定的人员,必须具备注册造价工程师执业资格,并只得在其注册的机构从事工程造价司法鉴定工作,否则不具有在该机构的工程造价成果文件上签字的权力"。鉴于进入司法程序的工程造价鉴定的难度一般较大,因此,工程造价咨询人进行工程造价司法鉴定时,应指派专业对口、经验丰富的注册造价工程师承担鉴定工作。

(4)工程造价咨询人应在收到工程造价司法鉴定资料后 10 天内,根据自身专业能力和证据资料判断能否胜任该项委托,如不能,应辞去该项委托。工程造价咨询人不得在鉴定期满后以上述理由不做出鉴定结论,影响案件处理。

(5)为保证工程造价司法鉴定的公正进行,接受工程造价司法鉴定委托的工程造价咨询人或造价工程师如是鉴定项目一方当事人的近亲属或代理人、咨询人以及其他关系可能影响鉴定公正的,应当自行回避;未自行回避,鉴定项目委托人以该理由要求其回避的,必须回避。

(6)《最高人民法院关于民事诉讼证据的若干规定》(法释[2001]33 号)第五十九条规定:"鉴定人应当出庭接受当事人质询",因此,工程造价咨询人应当依法出庭接受鉴定项目当事人对工程造价司法鉴定意见书的质询。如确因特殊原因无法出庭的,经审理该鉴定项目的仲裁机关或人民法院准许,可以书面形式答复当事人的质询。

(二)取证

(1)工程造价的确定与当时的法律法规、标准定额以及各种要素价格具有密切关系,为做好一些基础资料不完备的工程鉴定,工程造价咨询人进行工程造价鉴定工作,应自行收集以下(但不限于)鉴定资料:

1)适用于鉴定项目的法律、法规、规章、规范性文件以及规范、标准、定额;

2)鉴定项目同时期同类型工程的技术经济指标及其各类要素价格等。

(2)真实、完整、合法的鉴定依据是做好鉴定项目工程造价司法工作鉴定的前提。工程造价咨询人收集鉴定项目的鉴定依据时,应向鉴定项目委托人提出具体书面要求,其内容包括:

1)与鉴定项目相关的合同、协议及其附件;

2)相应的施工图纸等技术经济文件;

3)施工过程中的施工组织、质量、工期和造价等工程资料;

4)存在争议的事实及各方当事人的理由;

5)其他有关资料。

(3)根据最高人民法院规定"证据应当在法庭上出示,由当事人质证。未经质证的证据,不能作为认定案件事实的依据(法释[2001]33 号)",工程造价咨询人在鉴定过程中要求鉴定项目当事人对缺陷资料进行补充的,应征得鉴定项目委托人同意,或者协调鉴定项目各方当事人共同签认。

(4)根据鉴定工作需要现场勘验的,工程造价咨询人应提请鉴定项目委托人组织各方当事人对被鉴定项目所涉及的实物标的进行现场勘验。

(5)勘验现场应制作勘验记录、笔录或勘验图表,记录勘验的时间、地点、勘验人、在场人、勘验经过、结果,由勘验人、在场人签名或者盖章确认。绘制的现场图应注明绘制的时间、测绘人姓名、身份等内容。必要时应采取拍照或摄像取证,留下影像资料。

(6)鉴定项目当事人未对现场勘验图表或勘验笔录等签字确认的,工程造价咨询人应提请鉴定项目委托人决定处理意见,并在鉴定意见书中做出表述。

(三)鉴定

(1)《最高人民法院关于审理建设工程施工合同纠纷案件适用法律问题的解释》(法释[2004]14号)第十六条一款规定:"当事人对建设工程的计价标准或者计价方法有约定的,按照约定结算工程价款",因此,如鉴定项目委托人明确告之合同有效,工程造价咨询人就必须依据合同约定进行鉴定,不得随意改变发承包双方合法的合意,不能以专业技术方面的惯例来否定合同的约定。

(2)工程造价咨询人在鉴定项目合同无效或合同条款约定不明确的情况下应根据法律法规、相关国家标准和"13计价规范"的规定,选择相应专业工程的计价依据和方法进行鉴定。

(3)为保证工程造价鉴定的质量,尽可能将当事人之间的分歧缩小直至化解,为司法调解、裁决或判决提供科学合理的依据,工程造价咨询人出具正式鉴定意见书之前,可报请鉴定项目委托人向鉴定项目各方当事人发出鉴定意见书征求意见稿,并指明应书面答复的期限及其不答复的相应法律责任。

(4)工程造价咨询人收到鉴定项目各方当事人对鉴定意见书征求意见稿的书面复函后,应对不同意见认真复核,修改完善后再出具正式鉴定意见书。

(5)工程造价咨询人出具的工程造价鉴定书应包括下列内容:

1)鉴定项目委托人名称、委托鉴定的内容;

2)委托鉴定的证据材料;

3)鉴定的依据及使用的专业技术手段;

4)对鉴定过程的说明;

5)明确的鉴定结论;

6)其他需说明的事宜;

7)工程造价咨询人盖章及注册造价工程师签名盖执业专用章。

(6)进入仲裁或诉讼的施工合同纠纷案件,一般都有明确的结案时限,为避免影响案件的处理,工程造价咨询人应在委托鉴定项目的鉴定期限内完成鉴定工作,如确因特殊原因不能在原定期限内完成鉴定工作时,应按照相应法规提前向鉴定项目委托人申请延长鉴定期限,并应在此期限内完成鉴定工作。

经鉴定项目委托人同意等待鉴定项目当事人提交、补充证据的,质证所用的时间不应计入鉴定期限。

(7)对于已经出具的正式鉴定意见书中有部分缺陷的鉴定结论,工程造价咨询人应通过补充鉴定做出补充结论。

第三节　工程量清单计价的格式

一、工程计价表格的形式及填写要求

(一)工程计价文件封面

1. 招标工程量清单封面(封-1)

招标工程量清单应填写招标工程项目的具体名称,招标人应盖单位公章,如委托工程造价咨询人编制,还应加盖工程造价咨询人所在单位公章。

招标工程量清单封面的样式见表 4-1。

表 4-1　　　　　　　　　　　　**招标工程量清单封面**

_____工程

招标工程量清单

招　标　人:_____
　　　　　　　(单位盖章)

造价咨询人:_____
　　　　　　　(单位盖章)

年　月　日

封-1

2. 招标控制价封面(封-2)

招标控制价封面应填写招标工程项目的具体名称,招标人应盖单位公章,如委托工程造价咨询人编制,还应加盖工程造价咨询人所在单位公章。

招标控制价封面的样式见表 4-2。

表 4-2　　　　　　　　　　　　招标控制价封面

_____工程

招标控制价

招　标　人:_____

(单位盖章)

造价咨询人:_____

(单位盖章)

年　月　日

3. 投标总价封面(封-3)

投标总价封面应填写投标工程项目的具体名称,投标人应盖单位公章。

投标总价封面的样式见表 4-3。

表 4-3　　　　　　　　　　　　　　　　　投标总价封面

```
┌─────────────────────────────────────────────────────┐
│                                                       │
│                                                       │
│                                                       │
│                 _____ 工程               │
│                                                       │
│                                                       │
│                                                       │
│                                                       │
│                                                       │
│                     投标总价                           │
│                                                       │
│                                                       │
│                                                       │
│                                                       │
│              投 标 人:_____                  │
│                          (单位盖章)                    │
│                                                       │
│                                                       │
│                                                       │
│                    年   月   日                        │
│                                                       │
└─────────────────────────────────────────────────────┘
```

4. 竣工结算书封面(封-4)

竣工结算书封面应填写竣工工程的具体内容名称,发承包双方应盖单位公章,如委托工程造价咨询人办理的,还应加盖工程造价咨询人所在单位公章。

竣工结算书封面的样式见表 4-4。

表 4-4　　　　　　　　　　　　　　竣工结算书封面

_____ 工程

竣工结算书

发　包　人:_____

(单位盖章)

承　包　人:_____

(单位盖章)

造价咨询人:_____

(单位盖章)

年　　月　　日

封-4

5. 工程造价鉴定意见书封面(封-5)

工程造价鉴定意见书封面应填写鉴定工程项目的具体名称,填写意见书文号,工程造价咨询人盖所在单位公章。

工程造价鉴定意见书封面的样式见表 4-5。

表 4-5 工程造价鉴定意见书封面

_____工程

编号：×××[2×××]××号

工程造价鉴定意见书

造价咨询人：_____

（单位盖章）

年 月 日

封-5

（二）工程计价文件扉页

1. 招标工程量清单扉页（扉-1）

招标工程量清单扉页由招标人或招标人委托的工程造价咨询人编制招标工程量清单时填写。

招标人自行编制工程量清单的，编制人员必须是在招标人单位注册的造价人员，由招标人盖单位公章，法定代表人或其授权人签字或盖章；当编制人是注册造价工程师时，由其签字盖执业专用章；当编制人是造价员时，由其在编制人栏签字盖专用章，并应由注册造价工程师复核，在复核人栏签字盖执业专用章。

　　招标人委托工程造价咨询人编制工程量清单的,编制人必须是在工程造价咨询人单位注册的造价人员,由工程造价咨询人盖单位资质专用章,法定代表人或其授权人签字或盖章;当编制人是注册造价工程师时,由其签字盖执业专用章;当编制人是造价员时,由其在编制人栏签字盖专用章,并应由注册造价师复核,在复核人栏签字盖执业专用章。

　　招标工程量清单扉页的样式见表4-6。

表4-6　　　　　　　　　　　　　招标工程量清单扉页

　　　　　　　　　　　　　　　　　　　　　　　　　　　_____工程

招标工程量清单

招 标 人:_____
　　　　　（单位盖章）

造价咨询人:_____
　　　　　　　（单位资质专用章）

法定代表人
或其授权人:_____
　　　　　（签字或盖章）

法定代表人
或其授权人:_____
　　　　　　　（签字或盖章）

编制人:_____
　　　（造价人员签字盖专用章）

复核人:_____
　　　（造价工程师签字盖专用章）

编制时间:　　年　月　日　　　　　复核时间:　　年　月　日

　　　　　　　　　　　　　　　　　　　　　　　　　　　　　　　　　　　扉-1

2. 招标控制价扉页(扉-2)

　　招标控制价扉页的封面由招标人或招标人委托的工程造价咨询人编制招标控制价时填写。

　　招标人自行编制招标控制价的,编制人员必须是在招标人单位注册的造价人员,由招标人盖单位公章,法定代表人或其授权人签字或盖章;当编制人是注册造价工程师时,由其签字盖执业专用章;当编制人是造价员时,由其在编制人栏签字盖专用章,并应由注册造价工程师复核,在复核人栏签字盖执业专用章。

　　招标人委托工程造价咨询人编制招标控制价时,编制人员必须是在工程造价咨询人单位注册的造价人员。由工程造价咨询人盖单位资质专用章,法定代表人或其授权人签字或盖章;当编制人是注册造价工程师时,由其签字盖执业专用章;当编制人是造价员时,由其在编制人栏签字盖专用章,并应由注册造价工程师复核,在复核人栏签字盖执业专用章。

　　招标控制价扉页的样式见表 4-7。

表 4-7　　　　　　　　　　　　　　招标控制价扉页

_____工程

招标控制价

　　　招标控制价(小写):_____

　　　　　　　(大写):_____

　　招 标 人:_____　　　　　造价咨询人:_____
　　　　　(单位盖章)　　　　　　　　　　　　　　(单位资质专用章)

　　法定代表人　　　　　　　　　　　　　法定代表人
　　或其授权人:_____　　　　或其授权人:_____
　　　　　(签字或盖章)　　　　　　　　　　　　(签字或盖章)

　　编 制 人:_____　　　　　复 核 人:_____
　　　(造价人员签字盖专用章)　　　　　　　　(造价工程师签字盖专用章)

　　编制时间:　年　月　日　　　　　　　复核时间:　年　月　日

扉-2

3. 投标总价扉页(扉-3)

投标总价扉页由投标人编制投标报价填写。

投标人编制投标报价时,编制人员必须是在投标人单位注册的造价人员。由投标人盖单位公章,法定代表人或其授权签字或盖章;编制的造价人员(造价工程师或造价员)签字盖执业专用章。

投标总价扉页的样式见表4-8。

表 4-8　　　　　　　　　　　　　投标总价扉页

投 标 总 价

　　　　招 标 人:＿＿＿＿＿＿＿＿＿＿＿＿＿＿＿＿＿＿＿＿＿

　　　　工程名称:＿＿＿＿＿＿＿＿＿＿＿＿＿＿＿＿＿＿＿＿＿

　　　　投标总价(小写):＿＿＿＿＿＿＿＿＿＿＿＿＿＿＿＿＿

　　　　　　　　(大写):＿＿＿＿＿＿＿＿＿＿＿＿＿＿＿＿＿

　　　　投 标 人:＿＿＿＿＿＿＿＿＿＿＿＿＿＿＿＿＿＿＿＿

　　　　　　　　　　　　(单位盖章)

　　　　法定代表人

　　　　或其授权人:＿＿＿＿＿＿＿＿＿＿＿＿＿＿＿＿＿＿＿

　　　　　　　　　　　　(签字或盖章)

　　　　编 制 人:＿＿＿＿＿＿＿＿＿＿＿＿＿＿＿＿＿＿＿＿

　　　　　　　　　　(造价人员签字盖专用章)

　　　　时　　间:　　　年　　月　　日

扉-3

4. 竣工结算总价扉页(扉-4)

承包人自行编制竣工结算总价,编制人员必须是承包人单位注册的造价人员。由承包人盖单位公章,法定代表人或其授权人签字或盖章;编制的造价人员(造价工程师或造价员)签字盖执业专用章。

发包人自行核对竣工结算时,核对人员必须是在发包人单位注册的造价工程师。由发包人盖单位公章,法定代表人或其授权人签字或盖章,核对的造价工程师签字盖执业专用章。

发包人委托工程造价咨询人核对竣工结算时,核对人员必须是在工程造价咨询人单位注册的造价工程师。由发包人盖单位公章,法定代表人或其授权人签字盖章的;工程造价咨询人盖单位资质专用章,法定代表人或其授权人签字或盖章;核对的造价工程师签字盖执业专用章。

除非出现发包人拒绝或不答复承包人竣工结算书的特殊情况,竣工结算办理完毕后,竣工结算总价封面发承包双方的签字、盖章应当齐全。

竣工结算总价扉页的样式见表4-9。

表4-9　　　　　　　　　　　　竣工结算总价扉页

_____工程

竣工结算总价

签约合同价(小写):_____　(大写):_____

竣工结算价(小写):_____　(大写):_____

发　包　人:_____　承　包　人:_____　造价咨询人:_____
　　(单位盖章)　　　　　(单位盖章)　　　　　(单位资质专用章)

法定代表人　　　　　法定代表人　　　　　法定代表人
或其授权人:_____　或其授权人:_____　或其授权人:_____
　　(签字或盖章)　　　　(签字或盖章)　　　　　(签字或盖章)

编　制　人:_____　　核　对　人:_____
　　(造价人员签字盖专用章)　　　　(造价工程师签字盖专用章)

编制时间:　年　月　日　　　核对时间:　年　月　日

扉-4

5. 工程造价鉴定意见书扉页(扉-5)

工程造价鉴定意见书扉页应填写工程造价鉴定项目的具体名称,工程造价咨询人应盖单位资质专用章,法定代表人或其授权人签字或盖章,造价工程师签字盖执业专用章。

工程造价鉴定意见书的样式见表4-10。

表 4-10　　　　　　　　　　　　工程造价鉴定意见书扉页

　　　　　　　　　　　　　　　　　　　　　　　　　工程
_____

工程造价鉴定意见书

鉴定结论:

造价咨询人:_____
　　　　　　　　　　　　(盖单位章及资质专用章)

法定代表人:_____
　　　　　　　　　　　　(签字或盖章)

造价工程师:_____
　　　　　　　　　　　　(签字盖专用章)

年　　　月　　　日

扉-5

(三)工程计价总说明(表-01)

工程计价总说明表适用于工程计价的各个阶段。对工程计价的不同阶段,总说明表中说明的内容是有差别的,要求也有所不同。

(1)工程量清单编制阶段。工程量清单中总说明应包括的内容有:①工程概况:如建设地址、建设规模、工程特征、交通状况、环保要求等；②工程招标和专业工程发包范围；③工程量清单编制依据；④工程质量、材料、施工等的特殊要求；⑤其他需要说明的问题。

（2）招标控制价编制阶段。招标控制价中总说明应包括的内容有：①采用的计价依据；②采用的施工组织设计；③采用的材料价格来源；④综合单价中风险因素、风险范围（幅度）；⑤其他等。

（3）投标报价编制阶段。投标报价总说明应包括的内容有：①采用的计价依据；②采用的施工组织设计；③综合单价中包含的风险因素，风险范围（幅度）；④措施项目的依据；⑤其他有关内容的说明等。

（4）竣工结算编制阶段。竣工结算中总说明应包括的内容有：①工程概况；②编制依据；③工程变更；④工程价款调整；⑤索赔；⑥其他等。

（5）工程造价鉴定阶段。工程造价鉴定书总说明应包括的内容有：①鉴定项目委托人名称、委托鉴定的内容；②委托鉴定的证据材料；③鉴定的依据及使用的专业技术手段；④对鉴定过程的说明；⑤明确的鉴定结论；⑥其他需说明的事宜等。

工程计价总说明的样式见表 4-11。

表 4-11 　　　　　　　　　　　　　　　　　**总说明**

工程名称：　　　　　　　　　　　　　　　　　　　　　　　　　　　第 页共 页

表-01

（四）工程计价汇总表

1. 建设项目招标控制价/投标报价汇总表（表-02）

由于编制招标控制价和投标报价包含的内容相同，只是对价格的处理不同，因此，招标控制价和投标报价汇总表使用统一表格。实践中，对招标控制价或投标报价可分别印制建设项目招标控制价和投标报价汇总表。

建设项目招标控制价/投标报价汇总表的样式见表 4-12。

表 4-12　　　　　　　　　建设项目招标控制价/投标报价汇总表

工程名称：　　　　　　　　　　　　　　　　　　　　　　　　　　　第　页　共　页

序号	单项工程名称	金额/元	其中：/元		
			暂估价	安全文明施工费	规费
	合计				

注：本表适用于建设项目招标控制价或投标报价的汇总。

表-02

2. 单项工程招标控制价/投标报价汇总表(表-03)

单项工程招标控制价/投标报价汇总表的样式见表 4-13。

表 4-13　　　　　　　　　单项工程招标控制价/投标报价汇总表

工程名称：　　　　　　　　　　　　　　　　　　　　　　　　　　　第　页　共　页

序号	单位工程名称	金额/元	其中：/元		
			暂估价	安全文明施工费	规费
	合计				

注：本表适用于单项工程招标控制价或投标报价的汇总。暂估价包括分部分项工程中的暂估价和专业工程暂估价。

表-03

3. 单位工程招标控制价/投标报价汇总表(表-04)

单位工程招标控制价/投标报价汇总表的样式见表 4-14。

表 4-14　　　　　　　　　　　　　　**单位工程招标控制价/投标报价汇总表**

工程名称：　　　　　　　　　　　　　　　标段：　　　　　　　　　　　　　　第 页 共 页

序号	汇总内容	金额/元	其　中:暂估价/元
1	分部分项工程		
1.1			
1.2			
1.3			
1.4			
1.5			
2	措施项目		
2.1	其中:安全文明施工费		
3	其他项目		
3.1	其中:暂列金额		
3.2	其中:专业工程暂估价		
3.3	其中:计日工		
3.4	其中:总承包服务费		
4	规费		
5	税金		
招标控制价合计＝1＋2＋3＋4＋5			

注:本表适用于单位工程招标控制价或投标报价的汇总,如无单位工程划分,单项工程也使用本表汇总。

表-04

4. 建设项目竣工结算汇总表(表-05)

建设项目竣工结算汇总表的样式见表 4-15。

表 4-15 　　　　　　　　　　　　**建设项目竣工结算汇总表**

工程名称:

序号	单项工程名称	金额/元	其 中:/元	
			安全文明施工费	规费
合 计				

表-05

5. 单项工程竣工结算汇总表(表-06)

单项工程竣工结算汇总表的样式见表 4-16。

表 4-16 　　　　　　　　　　　　**单项工程竣工结算汇总表**

工程名称:

序号	单位工程名称	金额/元	其 中:/元	
			安全文明施工费	规费
合 计				

表-06

6. 单位工程竣工结算汇总表(表-07)

单位工程竣工结算汇总表的样式见表 4-17。

表 4-17 单位工程竣工结算汇总表

工程名称: 标段: 第 页共 页

序号	汇总内容	金 额/元
1	分部分项工程	
1.1		
1.2		
1.3		
1.4		
1.5		
2	措施项目	
2.1	其中:安全文明施工费	
3	其他项目	
3.1	其中:专业工程结算价	
3.2	其中:计日工	
3.3	其中:总承包服务费	
3.4	其中:索赔与现场签证	
4	规费	
5	税金	
竣工结算总价合计＝1+2+3+4+5		

注:如无单位工程划分,单项工程也使用本表汇总。

表-07

(五)分部分项工程和措施项目计价表

1. 分部分项工程和单价措施项目清单与计价表(表-08)

分部分项工程和单价措施项目清单与计价表是依据"08 计价规范"中《分部分项工程量清单与计价表》和《措施项目清单与计价表(二)》合并而来。单价措施项目和分部分项工程项目清单编制与计价均使用本表。

分部分项工程和单价措施项目清单与计价表不只是编制招标工程量清单的表式,也是编制招标控制价、投标报价和竣工结算的最基本用表。在编制工程量清单时,在"工程名称"栏应填写详细具体的工程称谓,对于房屋建筑而言,习惯上并无标段划分,可不填写"标段"栏,但相对于管道敷设、道路施工,则往往以标段划分,此时,应填写"标段"栏,其他各表涉及此类设置,道理相同。

由于各省、自治区、直辖市以及行业建设主管部门对规费计取基础的不同设置,为了计取规费等的使用,使用分部分项工程和单价措施项目清单与计价表可在表中增设"其中:定额人工费"。编制招标控制价时,使用"综合单价"、"合计"以及"其中:暂估价"按"13 计价规范"的规定填写。编写投标报价时,投标人对表中的"项目编码"、"项目名称"、"项目特征"、"计量单位"、"工程量"均不应做改动。"综合单价"、"合价"自主决定填写,对其中的"暂估价"栏,投标人应将招标文件中提供了暂估材料单价的暂估价基土综合单价,并应计算出暂估单价的材料在"综合单价"及其"合价"中的具体数额,因此,为更详细反映暂估价情况,也可在表中增设一栏"综合单价"其中的"暂估价。"

编制竣工结算时,使用分部分项工程和单价措施项目清单与计价表可取消"暂估价"。

分部分项工程和单价措施项目清单与计价表的样式见表 4-18。

表 4-18　　　　　**分部分项工程和单价措施项目清单与计价表**

工程名称:　　　　　　　　　　　　　标段:　　　　　　　　　　第　页共　页

序号	项目编码	项目名称	项目特征描述	计量单位	工程量	金　额/元		
						综合单价	合价	其中
								暂估价
本页小计								
合　计								

注:为计取规费等的使用,可在表中增设"其中:定额人工费"。

表-08

2. 综合单价分析表(表-09)

工程量清单单价分析表是评标文员会评审和判别综合单价组成和价格完整性、合理性的主要基础,对因工程变更、工程量偏差等原因调整综合单价也是必不可少的基础单价数据来源。采用经评审的最低投标法评标时,综合单价分析表的重要性更为突出。

综合单价分析表反映了构成每一个清单项目综合单价的各个价格要素的价格及主要的工、料、机消耗量。投标人在投标报价时,需每一个清单项目进行组价,为了使组价工作具有可追溯性(回复评标置疑时尤其需要),需要表明每一个数据的来源。

综合单价分析表一般随投标文件一同提交,作为竞标价的工程量清单的组成部分,以便中标后,作为合同文件的附属文件。投标人须知中需要就分析表提交的方式做出规定,该规定需要考虑是否有必要对分析表的合同地位给予定义。

编制综合单价分析表时,对辅助性材料不必细列,可合并到其他材料费中以金额表示。

编制招标控制价时,使用综合单价分析表应填写使用的省级或行业建设主管部门发布的计价定额名称。编制投标报价,使用综合单价分析表可填写使用的企业定额名称,也可填写省级或行业建设主管部门发布的计价定额,如不使用则不填写。

编制工程结算时,应在已标价工程量清单中的综合单价分析表中将确定的调整过后人工单价、材料单价等进行置换,形成调整后的综合单价。

综合单价分析表的样式见表 4-19。

表 4-19　　　　　　　　　　　　　综合单价分析表

工程名称:　　　　　　　　　　　标段:　　　　　　　　　　第 页共 页

项目编码			项目名称		计量单位		工程量		
清单综合单价组成明细									
定额编号	定额项目名称	定额单位	数量	单价				合价			
				人工费	材料费	机械费	管理费和利润	人工费	材料费	机械费	管理费和利润
人工单价			小　　计								
元/工日			未计价材料费								
清单项目综合单价											
材料费明细	主要材料名称、规格、型号				单位	数量	单价/元	合价/元	暂估单价/元	暂估合价/元
	其他材料费						—		—	
	材料费小计						—		—	

注:1. 如不使用省级或行业建设主管部门发布的计价依据,可不填定额编号、名称等。

2. 招标文件提供了暂估单价的材料,按暂估的单价填入表内"暂估单价"栏及"暂估合价"栏。

表-09

3. 综合单价调整表(表-10)

综合单价调整表适用于各种合同约定调整因素出现时调整综合单价,各种调整依据应依附于表后。填写时应注意,项目编码和项目名称必须与已标价工程量清单操持一致,不得发生错漏,以免发生争议。

综合单价调整表的样式见表 4-20。

表 4-20　　　　　　　　　　　　　综合单价调整表

工程名称：　　　　　　　　　　　　标段：　　　　　　　　　　　　　第　页共　页

序号	项目编码	项目名称	已标价清单综合单价/元					调整后综合单价/元				
			综合单价	其中				综合单价	其中			
				人工费	材料费	机械费	管理费和利润		人工费	材料费	机械费	管理费和利润

造价工程师(签章)：　　　发包人代表(签章)：　　　　造价人员(签章)：　　　承包人代表(签章)：

日期：　　　　　　　　　　　　　　　　　　日期：

注：综合单价调整应附调整依据。

表-10

编制招标工程量清单时,表中的项目可根据工程实际情况进行增减。编制招标控制时,计费基础、费率应按省级或行业建设主管部门的规定,按省级、行业建设主管部门的规定计取外,其他措施项目均可根据投标施工组织设计自主报价。

4. 总价措施项目清单与计价表(表-11)

在编制招标工程量清单时,总价措施项目清单与计价表中的项目可根据工程实际情况进行增减。在编制招标控制价时,计费基础、费率应按省级或行业建设主管部门的规定计取。编制投标报价时,除"安全文明施工费"必须按"13 计价规范"的强制性规定,按省级、行业建设主管部门的规定计取外,其他措施项目均可根据投标施工组织设计自主报价。

总价措施项目清单与计价表的样式见表 4-21。

表 4-21　　　　　　　　　　　总价措施项目清单与计价表

序号	项目编码	项目名称	计算基础	费率(%)	金额/元	调整费率(%)	调整后金额/元	备注
		安全文明施工费						
		夜间施工增加费						
		二次搬运费						
		冬雨季施工增加费						
		已完工程及设备保护费						
		合　　计						

编制人(造价人员)：　　　　　　　　复核人(造价工程师)：

注：1. "计算基础"中安全文明施工费可为"定额基价"、"定额人工费"或"定额人工费＋定额机械费",其他项目可为"定额人工费"或"定额人工费＋定额机械费"

　　2. 按施工方案计算的措施费,若无"计算基础"和"费率"的数值,也可只填"金额"数值,但应在备注栏说明施工方案出处或计算方法。

表-11

(六)其他项目计价表

1. 其他项目清单与计价汇总表(表-12)

编制招标工程量清单,应汇总"暂列金额"和"专业工程暂估价",以提供给投标人报价。

编制招标控制价,应按有关计价规定估算"计日工"和"总承包服务费"。如招标工程量清单中未编制"暂列金额",应按有关规定编制。编制投标报价,应按招标文件工程量提供的"暂列金额"和"专业工程暂估价"填写金额,不得变动。"计日工"、"总承包服务费"自主确定报价。编制或核对竣工结算,"专业工程暂估价"按实际分包结算价填写,"计日工"、"总承包服务费"按双方认可的费用填写,如发生"索赔"或"现场签证"费用,按双方认可的金额计入本表。

其他项目清单与计价汇总表的样式见表4-22。

表 4-22　　　　　　　　　　　其他项目清单与计价汇总表

工程名称:　　　　　　　　　　标段:　　　　　　　　　　第　页共　页

序号	项目名称	金额/元	结算金额/元	备注
1	暂列金额			明细详见表-12-1
2	暂估价			
2.1	材料(工程设备)暂估价/结算价	—		明细详见表-12-2
2.2	专业工程暂估价/结算价			明细详见表-12-3
3	计日工			明细详见表-12-4
4	总承包服务费			明细详见表-12-5
5	索赔与现场签证	—		明细详见表-12-6
	合　　计			—

注:材料(工程设备)暂估单价计入清单项目综合单价,此处不汇总。

表-12

2. 暂列金额明细表(表-12-1)

暂列金额在实际履约过程中可能发生,也可能不发生。表中要求招标人能将暂列金额与拟用项目列出明细,但如确实不能详列也可只列暂定金额总额,投标人应将上述暂列金额计入投标总价中。

暂列金额明细表的样式见表4-23。

表 4-23   暂列金额明细表

工程名称：   标段：   第 页共 页

序号	项 目 名 称	计量单位	暂定金额/元	备 注
1				
2				
3				
4				
5				
6				
7				
8				
9				
合 计				—

注：此表由招标人填写，如不能详列，也可只列暂定金额总额，投标人应将上述暂列金额计入投标总价中。

表-12-1

3. 材料(工程设备)暂估单价及调整表(表-12-2)

材料(工程设备)暂估价是在招标阶段预见肯定要发生，只是因为标准不明确或者需要由专业承包人完成，暂时无法确定材料、工程设备的具体价格而采用的一种临时性计价方式。暂估价的材料、工程设备数量应在表内填写，拟用项目应在备注栏给予补充说明。

"13 计价规范"要求招标人针对每一类暂估价给出相应的拟用项目，即按照材料、工程设备的名称分别给出，这样的材料、工程设备暂估价能够纳入到清单项目的综合单价中。

材料(工程设备)暂估单价及调整表的样式见表 4-24。

表 4-24   材料(工程设备)暂估单价及调整表

工程名称：   标段：   第 页共 页

序号	材料(工程设备)名称、规格、型号	计量单位	数量		暂估/元		确认/元		差额±/元		备注
			暂估	确认	单价	合价	单价	合价	单价	合价	
合 计											

注：此表由招标人填写"暂估单价"，并在备注栏说明暂估单价的材料、工程设备拟用在哪些清单项目上，投标人应将上述材料、工程设备暂估单价计入工程量清单综合单价报价中。

表-12-2

4. 专业工程暂估价及结算价表(表-12-3)

专业工程暂估价应在表内填写工程名称、工作内容、暂估金额,投标人应将上述金额计入投标总价中。专业工程暂估价项目及其表中列明的专业工程暂估价,是指分包人实施专业工程的含税金后的完整价,除了合同约定的发包人应承担的总包管理、协调、配合和服务责任所对应的总承包服务费以外,承包人为履行其总包管理、配合、协调和服务所需产生的费用应包括在投标报价中。

专业工程暂估价及结算价表的样式见表 4-25。

表 4-25　　　　　　　　　　　　　　**专业工程暂估价及结算价表**

工程名称:　　　　　　　　　　　标段:　　　　　　　　　　第　页 共　页

序号	工程名称	工程内容	暂估金额/元	结算金额/元	差额±/元	备注
	合　计					

注:此表"暂估金额"由招标人填写,投标人应将"暂估金额"计入投标总价中。结算时按合同约定结算金额填写。

表-12-3

5. 计日工表(表-12-4)

编制工程量清单时,"项目名称"、"单位"、"暂定数量"由招标人填写。编制招标控制价时,人工、材料、机械台班单价由招标人按有关计价规定填写并计算合价。编制投标报价时,人工、材料、机械台班单价由投标人自主确定,按已给暂估数量计算合计计入投标总价中。

计日工表的样式见表 4-26。

表 4-26　　　　　　　　　　　　**计日工表**

工程名称:　　　　　　　　　　标段:　　　　　　　　　　第　页 共　页

编号	项目名称	单位	暂定数量	实际数量	综合单价/元	合价/元	
						暂定	实际
一	人工						
1							
2							
3							
4							
	人工小计						
二	材料						
1							
2							
3							
4							
5							
	材料小计						
三	施工机械						
1							
2							
3							
4							
	施工机械小计						
四、企业管理费和利润							
	总　计						

注:此表项目名称、暂定数量由招标人填写,编制招标控制价时,单价由招标人按有关计价规定确定;投标时,单价由投标人自主报价,按暂定数量计算合价计入投标总价中;结算时,按发承包双方确定的实际数量计算合价。

表-12-4

6. 总承包服务费计价表(表-12-5)

编制招标工程量清单时,招标人应将拟定进行专业分包的专业工程、自行采购的材料设备等决定清楚,填写项目名称、服务内容,以使投标人决定报价。编制招标控制价时,招标人按有关计价规定计价。编制投标报价时,应由投标人根据工程量清单中的总承包服务内容,自主决定报价。办理竣工结算时,发承包双方应按承包人已标价工程量清单中的报价计算,如有发承包双方确定调整的,则按调整后的金额计算。

　　总承包服务费计价表的样式见表4-27。

表 4-27　　　　　　　　　　　　　　**总承包服务费计价表**

工程名称:　　　　　　　　　　标段:　　　　　　　　　　第 页共 页

序号	项目名称	项目价值/元	服务内容	计算基础	费率(%)	金额/元
1	发包人发包专业工程					
2	发包人提供材料					
	合　计	—	—		—	

　　注:此表项目名称、服务内容由招标人填写,编制招标控制价时,费率及金额由招标人按有关计价规定确定;投标时,费率及金额由投标人自主报价,计入投标总价中。

7. 索赔与现场签证计价汇总表(表-12-6)

　　索赔与现场签证计价汇总表是对发承包双方签证双方认可的"费用索赔申请(核准)"表和"现场签证表"的汇总。

索赔与现场签证计价汇总表的样式见表 4-28。

表 4-28　　　　　　　　**索赔与现场签证计价汇总表**

工程名称：　　　　　　　　　　标段：　　　　　　　　　　第　页共　页

序号	签证及索赔项目名称	计量单位	数量	单价/元	合价/元	索赔及签证依据
—	本页小计	—	—	—	—	—
—	合计	—	—	—	—	—

注：签证及索赔依据是指经双方认可的签证单和索赔依据的编号。

表-12-6

8. 费用索赔申请(核准)表(表-12-7)

填写费用索赔申请(核准)表时，承包人代表应按合同条款的约定，阐述原因，附上索赔证据、费用计算报发包人，经监理工程师复核(按发包人的授权不论是监理工程师或发包人现场代表均可)，经造价工程师(此处造价工程师可以是发包人现场管理人员，也可以是发包人委托的工程造价咨询企业的人员)，经发包人审核后生效，该表在选择栏中的"□"内做标识"√"。

费用索赔申请(核准)表的样式见表 4-29。

表 4-29　　　　　　　　　　　　费用索赔申请(核准)表

工程名称：　　　　　　　　　　　　　标段：　　　　　　　　　　　编号：

致：＿＿＿＿＿＿＿＿＿＿＿＿＿＿＿＿＿＿＿＿＿＿＿＿＿＿＿＿＿＿＿＿＿(发包人全称)

　　根据施工合同条款＿＿＿条的约定,由于＿＿＿＿＿＿＿＿＿原因,我方要求索赔金额(大写)＿＿＿＿＿＿(小写
＿＿＿＿),请予核准。

附：1. 费用索赔的详细理由和依据：

　　2. 索赔金额的计算：

　　3. 证明材料：

　　　　　　　　　　　　　　　　　　　　　　　　　　承包人(章)

造价人员＿＿＿＿＿＿＿　　　　承包人代表＿＿＿＿＿＿＿　　　日　　期＿＿＿＿＿＿

复核意见： 　　根据施工合同条款＿＿＿条的约定,你方提出的费用索赔申请经复核： 　　□不同意此项索赔,具体意见见附件。 　　□同意此项索赔,索赔金额的计算,由造价工程师复核。 　　　　　　　　　监理工程师＿＿＿＿＿ 　　　　　　　　　日　　期＿＿＿＿＿	复核意见： 　　根据施工合同条款＿＿＿条的约定,你方提出的费用索赔申请经复核,索赔金额为(大写)＿＿＿(小写＿＿＿)。 　　　　　　　　　造价工程师＿＿＿＿＿ 　　　　　　　　　日　　期＿＿＿＿＿

审核意见：

　　□不同意此项索赔。

　　□同意此项索赔,与本期进度款同期支付。

　　　　　　　　　　　　　　　　　　　　　　　　　　发包人(章)

　　　　　　　　　　　　　　　　　　　　　　　　　　发包人代表＿＿＿＿＿＿

　　　　　　　　　　　　　　　　　　　　　　　　　　日　　期＿＿＿＿＿＿

注：1. 在选择栏中的"□"内做标识"√"。

　　2. 本表一式四份,由承包人填报,发包人、监理人、造价咨询人、承包人各存一份。

表-12-7

9. 现场签证表(表-12-8)

　　现场签证表是对"计日工"的具体化,考虑到招标时,招标人对计日工项目的预估难免会有遗漏,在实际施工发生后,无相应的计日工单价时,现场签证只能包括单价一并处理。因此,在汇总时,有计日工单价的,可归并于计日工,如无计日工单价,归并于现场签证,以示区别。

　　现场签证表的样式见表 4-30。

表 4-30　　　　　　　　　　　　现场签证表

工程名称：　　　　　　　　　　　　　标段：　　　　　　　　　　　　　　编号：

施工部位		日期	

致：＿＿＿＿＿＿＿＿＿＿＿＿＿＿＿＿＿＿＿＿＿＿＿＿＿＿＿（发包人全称）

　　根据＿＿＿＿＿＿＿（指令人姓名）　年　月　日的口头指令或你方＿＿＿＿＿＿（或监理人）　年　月　日的书面通知，我方要求完成此项工作应支付价款金额为(大写)＿＿＿＿＿＿(小写＿＿＿＿)，请予核准。

附：1. 签证事由及原因：

　　2. 附图及计算式：

　　　　　　　　　　　　　　　　　　　　　　　　　　　承包人(章)

　　造价人员＿＿＿＿＿＿　　　承包人代表＿＿＿＿＿＿　　日　　期＿＿＿＿＿＿

复核意见： 　你方提出的此项签证申请经复核： 　□不同意此项签证，具体意见见附件。 　□同意此项签证，签证金额的计算，由造价工程师复核。 　　　　　　监理工程师＿＿＿＿＿ 　　　　　　日　　期＿＿＿＿＿	复核意见： 　□此项签证按承包人中标的计日工单价计算，金额为(大写)＿＿＿元,(小写＿＿＿元)。 　□此项签证因无计日工单价,金额为(大写)＿＿＿元,(小写＿＿＿)。 　　　　　　造价工程师＿＿＿＿＿ 　　　　　　日　　期＿＿＿＿＿

审核意见：

　□不同意此项签证。

　□同意此项签证，价款与本期进度款同期支付。

　　　　　　　　　　　　　　　　　　　　　　　　发包人(章)

　　　　　　　　　　　　　　　　　　　　　　　　发包人代表＿＿＿＿＿＿

　　　　　　　　　　　　　　　　　　　　　　　　日　　期＿＿＿＿＿＿

注：1. 在选择栏中的"□"内做标识"√"。

　　2. 本表一式四份，由承包人在收到发包人(监理人)的口头或书面通知后填写，发包人、监理人、造价咨询人、承包人各存一份。

表-12-8

(七)规费、税金项目计价表(表-13)

　　规费、税金项目计价表按住房和城乡建设部、财政部印发的《建筑安装工程费用项目组成》(建标[2013]44号)列举的规费项目列项，在工程实践中，有的规费项目，如工程排污费，并非每个工程所在地都要征收，时间中可作为按实计算的费用处理。

　　规费、税金项目计价表的样式见表 4-31。

表 4-31　　　　　　　　　　　**规费、税金项目计价表**

工程名称：　　　　　　　　　　　　　标段：　　　　　　　　　　第　页 共　页

序号	项目名称	计算基础	计算基数	计算费率(%)	金额/元
1	规费	定额人工费			
1.1	社会保险费	定额人工费			
(1)	养老保险费	定额人工费			
(2)	失业保险费	定额人工费			
(3)	医疗保险费	定额人工费			
(4)	工伤保险费	定额人工费			
(5)	生育保险费	定额人工费			
1.2	住房公积金	定额人工费			
1.3	工程排污费	按工程所在地环境保护部门收取标准,按实计入			
2	税金	分部分项工程费＋措施项目费＋其他项目费＋规费－按规定不计税的工程设备金额			
合　计					

编制人(造价人员)：　　　　　　　　　　　复核人(造价工程师)：

表-13

(八)工程计量申请(核准)表(表-14)

工程计量申请(核准)表填写的"项目编码"、"项目名称"、"计量单位"应与已标价工程量清单中一致,承包人应在合同约定的计量周期结束时,将申报数量填写在"承包人申报数量"栏,发包人核对后如与承包人填写的数量不一致,则在"发包人核实数量"栏填上核实数量,经发承包双方共同核对确认的计量结果填在"发承包人确认数量"栏。

工程计量申请(核准)表的样式见表 4-32。

表 4-32　　　　　　　　　　　　**工程计量申请(核准)表**

工程名称：　　　　　　　　　　　　　标段：　　　　　　　　　　第　页 共　页

序号	项目编码	项目名称	计量单位	承包人申请数量	发包人核实数量	发承包人确认数量	备注

承包人代表：	监理工程师：	造价工程师：	发包人代表：
日期：	日期：	日期：	日期：

表-14

(九)合同价款支付申请(核准)表

合同价款支付申请(复核)表是合同履行、价款支付的重要凭证。"13 计价规范"对此类表格共设计了 5 种,包括专用于预付款支付的《预付款支付申请(核准)表》(表-15)、用于施工过程中无法计量的总价项目及总价合同进度款支付的《总价项目进度款支付分解表》(表-16)、专用于进度款支付的《进度款支付申请(核准)表》(表-17)、专用于竣工结算价款支付的《竣工结算款支付申请(核准)表》(表-18)和用于缺陷责任期到期,承包人履行了工程缺陷修复责任后,对其预留的质量保证金最终结算的《最终结清支付申请(核准)表》(表-19)。

合同价款支付申请(复核)表包括的 5 种表格,均由承包人代表在每个计量周期结束后向发包人提出,由发包人授权的现场代表复核工程量,由发包人授权的造价工程师复核应付款项,经发包人批准实施。

1. 预付款支付申请(核准)表(表-15)

预付款支付申请(核准)表的样式见表 4-33。

表 4-33　　　　　　　　　　　预付款支付申请(核准)表

工程名称:　　　　　　　　　　标段:　　　　　　　　　　编号:

致:　　　　　　　　　　　　　　　　　　　　　　　　　　　(发包人全称)
我方根据施工合同的约定,现申请支付工程预付款额为(大写)_____(小写_____),请予核准。

序号	名　称	申请金额/元	复核金额/元	备　注
1	已签约合同价款金额			
2	其中:安全文明施工费			
3	应支付的预付款			
4	应支付的安全文明施工费			
5	合计应支付的预付款			

造价人员_____　　　承包人代表_____　　　承包人(章)　　日　期_____

复核意见:	复核意见:
□与合同约定不相符,修改意见见附件。 □与合同约定相符,具体金额由造价工程师复核。 　　　监理工程师_____ 　　　日　期_____	你方提出的支付申请经复核,应支付预付款金额为(大写)_____(小写_____)。 　　　造价工程师_____ 　　　日　期_____

审核意见: □不同意。 □同意,支付时间为本表签发后的 15 天内。 　　　　　　　　　　　　　　　　　发包人(章) 　　　　　　　　　　　　　　　　　发包人代表_____ 　　　　　　　　　　　　　　　　　日　期_____

注:1. 在选择栏上的"□"内做标识"√"。

　　2. 本表一式四份,由承包人填报,发包人、监理人、造价咨询人、承包人各存一份。

　　　　　　　　　　　　　　　　　　　　　　　　　　　　　　　　表-15

2. 总价项目进度款支付分解表(表-16)

总价项目进度款支付分解表的样式见表 4-34。

表 4-34　　　　　　　　　　总价项目进度款支付分解表

工程名称：　　　　　　　　标段：　　　　　　　　　单位:元

序号	项目名称	总价金额	首次支付	二次支付	三次支付	四次支付	五次支付	
	安全文明施工费							
	夜间施工增加费							
	二次搬运费							
	社会保险费							
	住房公积金							
	合　计							

编制人(造价人员)：　　　　　　　　　　复核人(造价工程师)：

注:1. 本表应由承包人在投标报价时根据发包人在招标文件明确的进度款支付周期与报价填写,签订合同时,发承包双方可就支付分解协商调整后作为合同附件。

2. 单价合同使用本表,"支付"栏时间应与单价项目进度款支付周期相同。

3. 总价合同使用本表,"支付"栏时间应与约定的工程计量周期相同。

表-16

3. 进度款支付申请(核准)表(表-17)

进度款支付申请(核准)表的样式见表4-35。

表 4-35　　　　　　　　　　**进度款支付申请(核准)表**

工程名称：　　　　　　　　　标段：　　　　　　　　　　　　　编号：

致：_____（发包人全称）

　　我方于_____至_____期间已完成了_____工作，根据施工合同的约定，现申请支付本周期的合同款额为（大写）_____（小写_____），请予核准。

序号	名　称	实际金额/元	申请金额/元	复核金额/元	备　注
1	累计已完成的合同价款		—		
2	累计已实际支付的合同价款		—		
3	本周期合计完成的合同价款				
3.1	本周期已完成单价项目的金额				
3.2	本周期应支付的总价项目的金额				
3.3	本周期已完成的计日工价款				
3.4	本周期应支付的安全文明施工费				
3.5	本周期应增加的合同价款				
4	本周期合计应扣减的金额				
4.1	本周期应抵扣的预付款				
4.2	本周期应扣减的金额				
5	本周期应支付的合同价款				

附：上述3、4详见附件清单。

　　　　　　　　　　　　　　　　　　　　　　　　　　　承包人（章）

造价人员_____　　　　承包人代表_____　　　　日　期_____

复核意见： 　□与实际施工情况不相符，修改意见见附件。 　□与实际施工情况相符，具体金额由造价工程师复核。 　　　　监理工程师_____ 　　　　日　期_____	复核意见： 　你方提出的支付申请经复核，本周期已完成合同款额为（大写）_____（小写_____），本周期应支付金额为（大写）_____（小写）_____。 　　　　造价工程师_____ 　　　　日　期_____

审核意见：

　□不同意。

　□同意，支付时间为本表签发后的15天内。

　　　　　　　　　　　　　　　　　　　　　　　　　　　发包人（章）

　　　　　　　　　　　　　　　　　　　　　　　发包人代表_____

　　　　　　　　　　　　　　　　　　　　　　　日　期_____

注：1. 在选择栏中的"□"内做标识"√"。

　　2. 本表一式四份，由承包人填报，发包人、监理人、造价咨询人、承包人各存一份。

表-17

4. 竣工结算款支付申请(核准)表(表-18)

竣工结算款支付申请(核准)表的样式见表 4-36。

表 4-36　　　　　　　　竣工结算款支付申请(核准)表

工程名称：　　　　　　　　　　标段：　　　　　　　　　　编号：

致：_____(发包人全称)

　　我方于_____至_____期间已完成合同约定的工作,工程已经完工,根据施工合同的约定,现申请支付竣工结算合同款额为(大写)_____(小写_____),请予核准。

序号	名　称	申请金额 /元	复核金额 /元	备　注
1	竣工结算合同价款总额			
2	累计已实际支付的合同价款			
3	应预留的质量保证金			
4	应支付的竣工结算款金额			

　　　　　　　　　　　　　　　　　　　　　　　　　承包人(章)

造价人员_____　　　承包人代表_____　　　日　期_____

复核意见: 　□与实际施工情况不相符,修改意见见附件。 　□与实际施工情况相符,具体金额由造价工程师复核。 　　　　监理工程师_____ 　　　　日　期_____	复核意见: 　你方提出的竣工结算款支付申请经复核,竣工结算款总额为(大写)_____(小写_____),扣除前期支付以及质量保证金后应支付金额为(大写)_____(小写_____)。 　　　　造价工程师_____ 　　　　日　期_____

审核意见:
　□不同意。
　□同意,支付时间为本表签发后的 15 天内。

　　　　　　　　　　　　　　　　　　　　　　　　　发包人(章)
　　　　　　　　　　　　　　　　　　　　　　　　　发包人代表_____
　　　　　　　　　　　　　　　　　　　　　　　　　日　期_____

注:1. 在选择栏中的"□"内做标识"√"。
　　2. 本表一式四份,由承包人填报,发包人、监理人、造价咨询人、承包人各存一份。

表-18

5. 最终结清支付申请(核准)表(表-19)

最终结清支付申请(核准)表的样式见表 4-37。

表 4-37   **最终结清支付申请(核准)表**

工程名称：   标段：   编号：

致：_____(发包人全称)

    我方于_____至_____期间已完成了缺陷修复工作,根据施工合同的约定,现申请支付最终结清合同款额为(大写)_____(小写_____),请予核准。

序号	名　称	申请金额/元	复核金额/元	备　注
1	已预留的质量保证金			
2	应增加因发包人原因造成缺陷的修复金额			
3	应扣减承包人不修复缺陷、发包人组织修复的金额			
4	最终应支付的合同价款			

上述 3、4 详见附件清单。

                                              承包人(章)

造价人员_____   承包人代表_____   日　期_____

复核意见：

□与实际施工情况不相符,修改意见见附件。

□与实际施工情况相符,具体金额由造价工程师复核。

              监理工程师_____
              日　期_____

复核意见：

    你方提出的支付申请经复核,最终应支付金额为(大写)_____(小写_____)。

              造价工程师_____
              日　期_____

审核意见：

□不同意。

□同意,支付时间为本表签发后的 15 天内。

                              发包人(章)

                              发包人代表_____

                              日　期_____

注：1. 在选择栏中的"□"内做标识"√"。如监理人已退场,监理工程师栏可空缺。

    2. 本表一式四份,由承包人填报,发包人、监理人、造价咨询人、承包人各存一份。

表-19

（十）主要材料、工程设备一览表

1. 发包人提供主要材料和工程设备一览表（表-20）

发包人提供主要材料和工程设备一览表的样式见表 4-38。

表 4-38   **发包人提供材料和工程设备一览表**

工程名称：   标段：   第 页共 页

序号	材料（工程设备）名称、规格、型号	单位	数量	单价/元	交货方式	送达地点	备注

注：此表由招标人填写，供投标人在投标报价、确定总承包服务费时参考。

表-20

2. 承包人提供主要材料和工程设备一览表（适用于造价信息差额调整法）（表-21）

承包人提供主要材料和工程设备一览表（适用于造价信息差额调整法）的样式见表 4-39。

表 4-39   **承包人提供主要材料和工程设备一览表**

（适用于造价信息差额调整法）

工程名称：   标段：   第 页共 页

序号	名称、规格、型号	单位	数量	风险系数（%）	基准单价/元	投标单价/元	发承包人确认单价/元	备注

注：1. 此表由招标人填写除"投标单价"栏的内容，投标人在投标时自主确定投标单价。

2. 招标人应优先采用工程造价管理机构发布的单价作为基准单价，未发布的，通过市场调查确定其基准单价。

表-21

3. 承包人提供主要材料和工程设备一览表(适用于价格指数差额调整法)(表-22)

承包人提供主要材料和工程设备一览表(适用于价格指数差额调整法)的样式见表 4-40。

表 4-40　　　　　　　　　　**承包人提供主要材料和工程设备一览表**

(适用于价格指数差额调整法)

工程名称:　　　　　　　　　　　标段:　　　　　　　　　　第　页共　页

序号	名称、规格、型号	变值权重 B	基本价格指数 F_0	现行价格指数 F_t	备注
	定值权重 A				
	合　计	1	—	—	

注:1. "名称、规格、型号"、"基本价格指数"栏由招标人填写,基本价格指数应首先采用工程造价管理机构发布的价格指数,没有时,可采用发布的价格代替。如人工、机械费也采用本法调整,由招标人在"名称"栏填写。

　　2. "变值权重"栏由投标人根据该项人工、机械费和材料、工程设备价值在投标总报价中所占比例填写,1 减去其比例为定值权重。

　　3. "现行价格指数"按约定付款证书相关周期最后一天的前 42 天的各项价格指数填写,该指数应首先采用工程造价管理机构发布的价格指数,没有时,可采用发布的价格代替。

表-22

二、工程计价表格的使用范围

1. 工程量清单编制

(1)工程量清单编制使用表格包括:封-1、扉-1、表-01、表-08、表-11、表-12(不含表-12-6～表-12-8)、表-13、表-20、表-21 或表-22。

(2)扉页应按规定的内容填写、签字、盖章,由造价员编制的工程量清单应有负责审核的造价工程师签字、盖章,受委托编制的工程量清单,应有造价工程师签字、盖章以及工程造价咨询人盖章。

2. 招标控制价、投标报价、竣工结算编制

(1)招标控制价使用表格包括:封-2、扉-2、表-01、表-02、表-03、表-04、表-08、表-09、表-11、表-12(不含表-12-6～表-12-8)、表-13、表-20、表-21 或表-22。

(2)投标报价使用的表格包括:封-3、扉-3、表-01、表-02、表-03、表-04、表-08、表-09、表-11、表-12(不含表-12-6～表-12-8)、表-13、表-16、招标文件提供的表-20、表-21 或表-22。

　　(3)竣工结算使用的表格包括：封-4、扉-4、表-01、表-05、表-06、表-07、表-08、表-09、表-10、表-11、表-12、表-13、表-14、表-15、表-16、表-17、表-18、表-19、表-20、表-21 或表-22。

　　(4)扉页应按规定的内容填写、签字、盖章，除承包人自行编制的投标报价和竣工结算外，受委托编制的招标控制价、投标报价、竣工结算，由造价员编制的应有负责审核的造价工程师签字、盖章以及工程造价咨询人盖章。

3. 工程造价鉴定

　　(1)工程造价鉴定使用表格包括：封-5、扉-5、表-01、表-05～表-20、表-21 或表-22。

　　(2)扉页应按规定内容填写、签字、盖章，应由承担鉴定和负责审核注册造价工程师签字、盖执业专用章。

第五章 绿化工程清单工程量计算

第一节 绿地整理

一、绿地分类

绿地是为了改善城市生态、保护环境、供居民户外游憩、美化市容,以栽植树木花草为主要内容的土地,是城镇和居民点用地的重要部分。园林绿地一般可分为公共绿地、专用绿地、防护绿地、道路绿地及其他绿地类型。

(1)公共绿地。公共绿地也称公共游憩绿地、公园绿地,是向公众开放,有一定游憩设施的绿化用地,包括其范围内的水域。在城市建设用地分类中,公共绿地分为公园和街头绿地两类。前者包括各级游憩公园和特种公园;后者包括城市干道旁所建的小型公园或沿滨河、滨海道路所建的带状游憩绿地,或起装饰作用的绿化用地。公共绿地是城市绿地系统的主要组成部分,除供群众户外游憩外,还有改善城市气候卫生环境、防灾避难和美化市容等作用。

(2)专用绿地。专用绿地是私人住宅和工厂、企业、机关、学校、医院等单位范围内庭院绿地的统称,由各单位负责建造、使用和管理。在城市规划中其面积包括在各单位用地之内。大多数城市还规定了专用绿地在各类用地中应占的面积比例。在许多城市的绿地总面积和绿地覆盖率中,专用绿地所占比例很大而且分布均匀,对改善整个城市的气候卫生条件作用显著,因此,在城市绿化中的地位十分重要。

不同性质的单位对环境功能的要求在改善气候卫生条件、美化景观、户外活动等方面重点不同,因而专用绿地的内容、布局、形式、植物结构等方面也应各有特点。

(3)防护绿地。防护绿地一般指专为防御、减轻自然灾害或工业交通等污染而营建的绿地,如防风林、固沙林、水土保持绿化、海岸防护林、卫生防护绿地等。

(4)道路绿地。道路绿化一般泛指道路两侧的植物种植,但在城市规划专业范围中则专指公共道路红线范围内除铺装界面以外全部绿化及园林布置内容,包括行道树、路边绿地、交通安全岛和分车带的绿化。这些绿地带与给水、排水、供电、供热、供气、通信等城市基础设施的用地混合配置,树冠又常覆盖在路面上方,因此,不单独划拨绿化用地,但其绿化覆盖面积在许多城市的绿地覆盖总面积中占举足轻重的比例。

道路绿化的主要目的在于改善路上行人、车辆的气候和环境卫生,减少对两侧环境的污染,提高效率和安全率,美化道路景观等。

另外,园林绿地的其他类型一般包括国家公园、风景名胜区及保护区等。

二、绿地整理工程项目划分

"园林计量规范"中绿地整理包括砍伐乔木、挖树根(蔸)、砍挖灌木丛及根、砍挖竹及根、砍挖芦苇(或其他水生植物)及根、清除草皮、清除地被植物、屋面清理、种植土回(换)填、整理绿化用地、绿地起坡造型、屋顶花园基底处理等项目。

三、绿地整理工程量计算

(一)相关项目内容介绍

1. 砍伐乔木、挖树根(苑)

乔木是指树身高大的树木,其由根部发出独立的主干,在主干距离地面有相当高度后,才可分枝,且具有一定形态的树冠。乔木可依其高度而分为伟乔(31m 以上)、大乔(21~30m)、中乔(11~20m)、小乔(6~10m)四级。通常见到的高大树木都是乔木,如松树、玉兰、白桦等。乔木按冬季或旱季落叶与否又分为落叶乔木和常绿乔木。

砍伐乔木一般均应按当地有关部门的规定办理审批手续。如是名木古树必须注意保护,并做好移植工作。绿地整理时砍伐乔木必须连根拔除,清理树根(苑)除用人工挖掘外,直径在 50cm 以上的大树苑可用推土机或用爆破方法清除。

2. 砍挖灌木丛及根

灌木也属于木本植物,是指没有明显主干、呈丛生状态的树木,一般可分为观花、观果、观枝干等几类。灌木呈树丛状,主茎不发达,丛生、矮小。常见灌木有玫瑰、杜鹃、牡丹、小檗、黄杨、沙地柏、铺地柏、连翘、迎春、月季、荆、茉莉、沙柳等。

在砍挖灌木丛及根前应先进行场地清理。

3. 砍挖竹根及根

(1)丛生竹:丛生竹是指密聚的生长在一起,结构紧凑,株间间隙小的竹子。

(2)挖掘丛生竹母竹:丛生茎竹类无地下鞭茎,其笋芽生长在竹竿两侧。竿基与较其老1~2年的植株相连,新竹互生枝伸展方向与其相连老竹枝条伸展方向正好垂直,而新竹梢部则倾向于老竹外侧。故宜在竹丛周围选取丛生茎竹类母竹,以便挖掘。先在选定的母竹外围距离 17~20cm 处挖,并按前述新老竹相连的规律,找出其竿基与竹丛相连处,用利刀或利锄靠竹丛方向砍断,以保护母竹竿基两侧的笋牙,要挖至自倒为止。母竹倒下后,仍应切竿,包扎或湿润根部,防止根系干燥,否则不易成活。

(3)挖掘散生竹母竹:常用的工具是锋利山锄,挖掘时应先在要挖掘的母竹周围轻挖、浅挖,找出鞭茎。应先按竹株最下一盘枝丫生长方向找,找到后分清来鞭和去鞭,留来鞭长33cm,去鞭 45~60cm,面对母竹方向用山锄将鞭茎截断。这样可使截面光滑,鞭茎不致劈裂。鞭上必须带有 3~5 个健壮鞭芽。截断后再逐渐将鞭两侧土挖松,连同母竹一起掘出。挖出母竹应留枝丫 5~7 盘,斩去顶梢。

4. 砍挖芦苇(或)其他水生植物及根

芦苇根细长、坚韧,挖掘工具要锋利,芦苇根必须清除干净。

5. 清除草皮、清除地被植物

清除草皮和清除地被植物是指园林绿化前对草皮及地被植物的清除。清除目的是便于土地的耕翻与平整,更主要的目的是消灭多年生杂草,以避免草坪建成后杂草与草坪争水分和养料。清除草皮和清除地被植物可用"草甘膦"等灭生性的内吸传导型除草剂[0.2~0.4mL/m²(成分量)],使用过两周后即可开始种草。另外,还应把瓦块、石砾等杂物全部清出场地外。瓦砾等杂物多的土层应用 10mm×10mm 的网筛过一遍,以确保杂物除净。

6. 屋面清理

屋面绿化施工前应对屋面进行清理,将表面浮浆杂物进行彻底清理,保证干燥无积水。

7. 种植土回(换)填

种植土宜选用土质疏松的地表土,土壤透水性好,土中不能有建筑垃圾、草根,土中的石块含量小于 10%,石块直径泥岩小于 15cm,砂岩小于 10cm。种植土的厚度控制在 60cm,种植土回填完成后的标高与设计图标高的误差控制在 ±10cm 以内。

8. 整理绿化用地

园林绿化所用的土地,都要通过征用、征购或内部调剂来解决,特别是大型综合性公园,征地工作就是园林绿化工程开始之前最重要的事情。不论采取什么方式获得土地,都要做好征地后的拆迁安置、退耕还林和工程建设宣传工作。土地一经征用,就应尽快设置围墙、篱栅或临时性的围护设施,把施工现场保护起来。

根据园林规划和园林种植设计的安排,在进行绿化施工之前,绿化用地上所有建筑垃圾和杂物,都要清除干净。已经确定的绿化用地范围,施工中最好不要临时挪作他用,特别是不要作为建筑施工的备料、配料供场地使用,以免破坏土质。若作为临时性的堆放场地,也要求堆放物对土质无不利影响。若土质已遭碱化或其他污染,要清除恶土,置换肥沃客土,别无选择。

9. 屋顶花园基底处理

屋顶花园基底处理的构造剖面示意图,如图 5-1 所示。其施工前,对屋顶要进行清理,平整顶面,有龟裂或凹凸不平之处应修补平整,有条件者可抹一层水泥砂浆。若原屋顶为预制空心板,先在其上铺三层沥青,两层油毡作隔水层,以防渗漏。屋顶花园绿化种植区构造层由上至下分别由植被层、基质层、隔离过滤层、排(蓄)水层、隔根层、分离滑动层等组成。

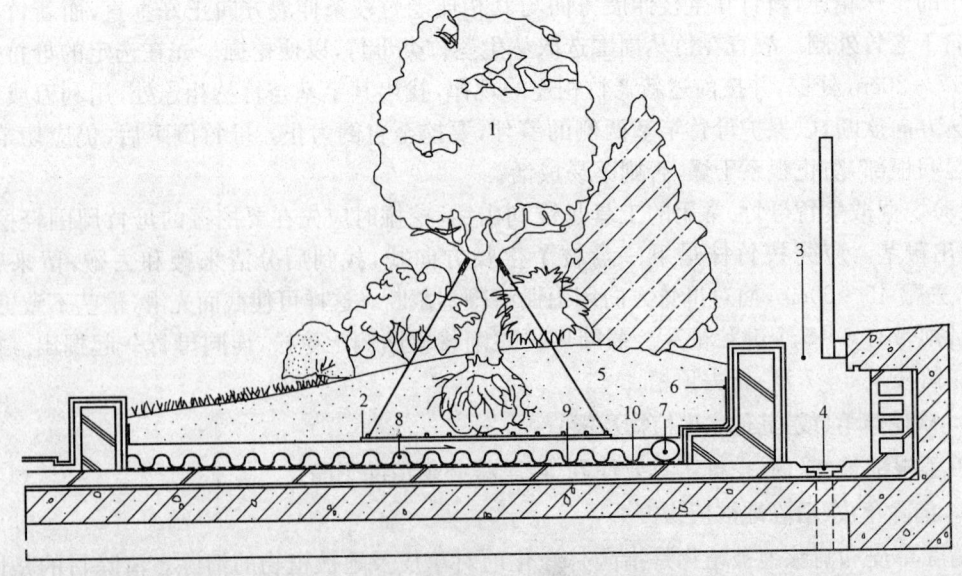

图 5-1 屋顶花园基底处理的构造剖面示意图

1—乔木;2—地下树木支架;3—与围护墙之间留出适当间隔或围护墙防水层高度与基质上表面间距不小于 15cm;
4—排水口;5—基质层;6—隔离过滤层;7—渗水管;8—排(蓄)水层;9—隔根层;10—分离滑动层

(二)工程量计算规则

绿地整理工程工程量计算规则见表 5-1。

表 5-1 绿地整理

项目编码	项目名称	项目特征	计量单位	工程量计算规则	工作内容
050101001	砍伐乔木	树干胸径	株	按数量计算	1. 砍伐 2. 废弃物运输 3. 场地清理
050101002	挖树根(蔸)	地径			1. 挖树根 2. 废弃物运输 3. 场地清理
050101003	砍挖灌木丛及根	丛高或蓬径	1. 株 2. m²	1. 以株计量,按数量计算 2. 以平方米计量,按面积计算	1. 砍挖 2. 废弃物运输 3. 场地清理
050101004	砍挖竹及根	根盘直径	株(丛)	按数量计算	
050101005	砍挖芦苇(或其他水生植物)及根	根盘丛径			
050101006	清除草皮	草皮种类	m²	按面积计算	1. 除草 2. 废弃物运输 3. 场地清理
050101007	清除地被植物	植物种类			1. 清除植物 2. 废弃物运输 3. 场地清理
050101008	屋面清理	1. 屋面做法 2. 屋面高度		按设计图示尺寸以面积计算	1. 原屋面清扫 2. 废弃物运输 3. 场地清理
050101009	种植土回(换)填	1. 回填土质要求 2. 取土运距 3. 回填厚度 4. 弃土运距	1. m³ 2. 株	1. 以立方米计量,按设计图示回填面积乘以回填厚度以体积计算 2. 以株计量,按设计图示数量计算	1. 土方挖、运 2. 回填 3. 找平、找坡 4. 废弃物运输
050101010	整理绿化用地	1. 回填土质要求 2. 取土运距 3. 回填厚度 4. 找平找坡要求 5. 弃渣运距	m²	按设计图示尺寸以面积计算	1. 排地表水 2. 土方挖、运 3. 耙细、过筛 4. 回填 5. 找平、找坡 6. 拍实 7. 废弃物运输

项目编码	项目名称	项目特征	计量单位	工程量计算规则	工作内容
050101011	绿地起坡造型	1. 回填土质要求 2. 取土运距 3. 起坡平均高度	m³	按设计图示尺寸以体积计算	1. 排地表水 2. 土方挖、运 3. 耙细、过筛 4. 回填 5. 找平、找坡 6. 废弃物运输
050101012	屋顶花园基底处理	1. 找平层厚度、砂浆种类、强度等级 2. 防水层种类、做法 3. 排水层厚度、材质 4. 过滤层厚度、材质 5. 回填轻质土厚度、种类 6. 屋面高度 7. 阻根层厚度、材质、做法	m²	按设计图示尺寸以面积计算	1. 抹找平层 2. 防水层铺设 3. 排水层铺设 4. 过滤层铺设 5. 填轻质土壤 6. 阻根层铺设 7. 运输

注:整理绿化用地项目包含厚度≤300mm回填土,厚度>300mm回填土,应按现行国家标准《房屋建筑与装饰工程工程量计算规范》(GB 50854—2013)相应项目编码列项。

(三)工程量计算示例

【例 5-1】 某住宅小区东北角需进行绿化,若该角落现有情况如图 5-2 所示,试计算进行绿地整理的工程量。

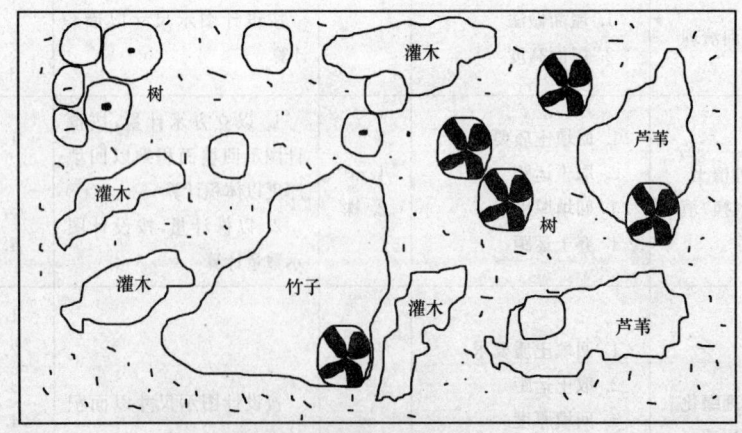

图 5-2　绿地整理局部示意图

注:1. 芦苇面积约 17m²。

2. 草皮面积约 85m²。

【解】　(1)砍伐乔木15株(按估算数量计算,树干胸径10cm)。

(2)挖树根(蔸)15株(按估算数量计算,地径15cm)

(3)砍挖灌木丛及根4株(按估算数量计算,丛高1.5m)。

(4)砍挖竹及根1丛(按估算数量计算,根盘直径3.0m)。

(5)砍挖芦苇及根17m²。

(6)清除草皮85m²。

工程量计算结果见表5-2。

表5-2 工程量计算结果

项目编码	项目名称	项目特征描述	计量单位	工程量
050101001001	砍伐乔木	树干胸径10cm	株	15
050101002001	挖树根(蔸)	地径15cm	株	15
050101003001	砍挖灌木丛及根	丛高1.5m	株	4
050101004001	砍挖竹及根	根盘直径3.0m	丛	1
050101005001	砍挖芦苇(或其他水生植物及根)	—	m²	17
050101006001	清除草皮		m²	85

【例5-2】　某园林工程需整理图5-3所示形状不规则的绿化用地,试计算其工程量(二类土)。

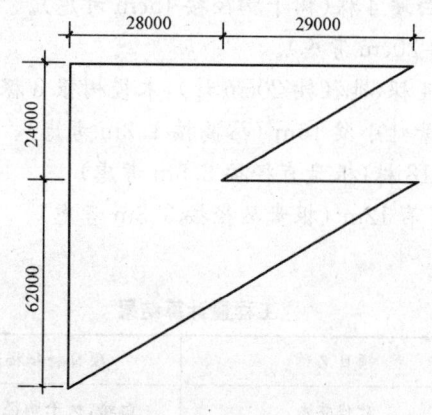

图5-3　绿化用地示意图

注:整理厚度 $t=20cm$。

【解】　整理绿化用地工程量＝(62+24)×(28+29)-1/2×24×29-1/2×62×(28+29)
　　　　　＝2787m²

工程量计算结果见表5-3。

表5-3 工程量计算结果

项目编码	项目名称	项目特征描述	计量单位	工程量
050101010001	整理绿化用地	二类土	m²	2787

【例 5-3】　某公园由于改扩建的需要,需将图 5-4 所示绿地上的植物进行挖掘、清除,试计算其工程量。

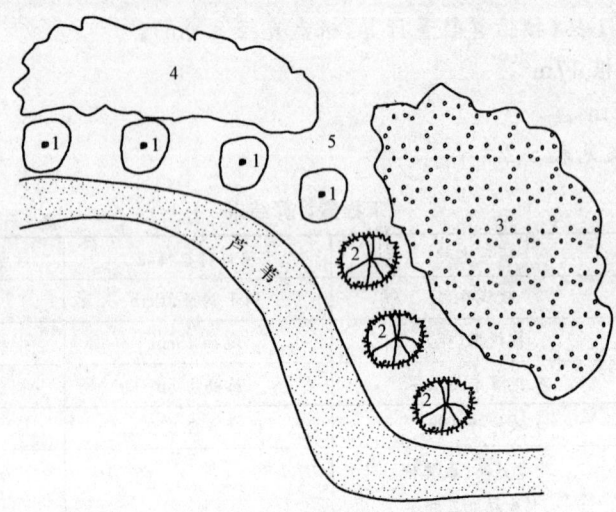

图 5-4　某公园局部绿地示意图

1—白蜡;2—木槿;3—紫叶小檗;4—芦苇;5—竹林

紫叶小檗种植面积 16m²,芦苇种植面积 12m²

【解】　(1)砍伐乔木:白蜡 4 棵(树干胸径按 15cm 考虑)。

木槿 3 棵(树干胸径按 20cm 考虑)。

(2)挖树根:白蜡树根 4 棵(地径按 20cm 计),木槿树根 3 棵(地径按 23cm 考虑)。

(3)砍挖灌木丛及根:紫叶小檗 16m²(丛高按 1.2m 考虑)。

(4)砍挖竹及根:竹林 18 株(根盘直径按 2.5m 考虑)

(5)砍挖芦苇及根。芦苇 12m²(根盘丛径按 3.3m 考虑)。

工程量计算结果见表 5-4。

表 5-4　　　　　　　　　　　　　**工程量计算结果**

项目编码	项目名称	项目特征描述	计量单位	工程量
050101001001	砍伐乔木	白蜡,树干胸径 15cm	株	4
050101001002	砍伐乔木	木槿,树干胸径 20cm	株	3
050101002001	挖树根(兜)	白蜡树根,地径 20cm	株	4
050101002002	挖树根(兜)	木槿树根,地径 23cm	株	3
050101003001	砍挖灌木丛及根	紫叶小檗,丛高 1.2m	m²	16
050101004001	砍挖竹及根	根盘直径 2.5m	株	18
050101005001	砍挖芦苇	根盘丛径 3.3m	m²	12

第二节 栽植花木

一、栽植花木概述

花木即"花卉苗木"的简称,又称观花树木或花树,是以花朵或花序供观赏的乔木和灌木。通常,对于从事园林绿化工程或苗木花卉行业者而言,花木是指花卉苗木的统称,泛指能够开花的乔灌木,包括藤本植物等。

(1)栽植花木工程一般包括绿化种植前的准备工作;苗木栽植工作;苗木栽植后一个月以内的养护管理工作;绿化施工后包括外围 2m 以内的垃圾清理等工作内容。

(2)园林工程中的土壤大致分为四类:一类土为松软土、二类土为普通土、三类土为坚土、四类土为砂砾坚土。具体见表 5-5。

表 5-5 土壤类别

土壤分类	土壤名称
一类土(松软土)	略有黏性的砂土、腐殖土及疏松的种植土、砂和泥炭
二类土(普通土)	潮湿黏性土和黄土,软的盐土碱土含有碎石、卵石或建筑材料碎屑的潮湿黏土和黄土
三类土(坚土)	中等密实度的黏土和黄土,含有碎屑、卵石或建筑材料屑的潮湿黏土和黄土
四类土(砂砾坚土)	坚硬密实的黏土或者黄土,含碎石、卵石或体积在 10%～30%、质量在 25kg 以下的块石、中等密度的黏土或黄土、硬化的重盐土

二、栽植花木工程项目划分及注意事项

1. 栽植花木工程项目划分

"园林计量规范"中栽植花木包括栽植乔木、栽植灌木、栽植竹类、栽植棕榈类、栽植绿篱、栽植攀缘植物、栽植色带、栽植花卉、栽植水生植物、垂直墙体绿化种植、花卉立体布置、铺种草皮、喷播植草(灌木)籽、植草砖内植草、挂网、箱/钵栽植等项目。

2. 栽植花木清单计价注意事项

(1)挖土外运、借土回填、挖(凿)土(石)方应包括在相关项目内。

(2)苗木计算应符合下列规定:

1)胸径应为地表面向上 1.2m 高处树干直径。

2)冠径又称冠幅,应为苗木冠丛垂直投影面的最大直径和最小直径之间的平均值。

3)蓬径应为灌木、灌丛垂直投影面的直径。

4)地径应为地表面向上 0.1m 高处树干直径。

5)干径应为地表面向上 0.3m 高处树干直径。

6)株高应为地表面至树顶端的高度。

7)冠丛高应为地表面至乔(灌)木顶端的高度。

8)篱高应为地表面至绿篱顶端的高度。

9)养护期应为招标文件中要求苗木种植结束后承包人负责养护的时间。

(3)苗木移(假)植应按花木栽植相关项目单独编码列项。

(4)土球包裹材料、树体输液保湿及喷洒生根剂等费用包含在相应项目内。

(5)墙体绿化浇灌系统按"园林计量规范"绿地喷灌相关项目单独编码列项。

(6)发包人如有成活率要求时,应在特征描述中加以描述。

三、栽植乔木、栽植灌木、栽植竹类、栽植棕榈类工程量计算

(一)相关项目内容介绍

1. 栽植乔木

栽植的乔木,其树干高度要合适。杨柳及快长树胸径应在4～6cm;国槐、银杏、元宝枫及慢长树胸径应在5～8cm(大规格苗木除外)。分枝点高度一致,具有3～5个分布均匀、角度适宜的主枝,枝叶茂密,树冠完整。

树木养护是指城市园林乔木及灌木的整形修剪及越冬防护。城市园林乔木修剪的目的是调节养分,扩大树冠,尽快发挥绿化功能;整理树形,整顺枝条,使树冠枝繁叶茂,疏密适宜,充分发挥观赏效果;同时,又能通风透光,减少病虫害的发生。有些行道树还需要解决好与交通、电线等的矛盾。

2. 栽植灌木

栽植灌木规格为苗木高在1m左右,有主干或主枝3～6个,分布均匀,根际有分枝,冠形丰满。风景树丛一般是用几株或十几株乔木、灌木配置在一起,树丛可以由1个树种构成,也可以由2个以上直至7、8个树种构成。选择构成树丛的材料时,要注意选树形有对比的树木,如柱状的、伞形的、球形的、垂树形的树木,各自都要有一些,在配成完整树丛时才好使用。一般来说,树丛中央要栽最高的和直立的树木,树丛外沿可配较矮的和伞形、球形的植株。树丛中个别树木采取倾斜姿势栽种时,一定要向树丛以外倾斜,不得反向树丛中央斜去。树丛内最高最大的主树,不可斜栽。树丛为植株间的株距不应一致,要有远有近,有聚有散。栽得最密时,可以土球挨着土球栽,不留间距;栽得稀疏的植株,可以和其他植株相距5cm以上。

3. 栽植竹类

竹类属于木本科植物,是常绿植物,茎圆柱形或微呈四方形,中空、有节,叶子有平行脉,嫩芽叫笋。竹类种类很多,有毛竹、桂竹、刚竹、罗汉竹等。

4. 栽植棕榈类

棕榈类为常绿乔木。树干圆柱形,高达10m,干径达24cm。叶簇竖干顶,近圆形,直径50～70cm,掌状裂深达中下部;叶柄长40～100cm,两侧细齿明显。雌雄异株,圆锥状肉穗花序腋生,花小而黄色。核果肾状球形,直径约1cm,蓝黑色,被白粉。花期4～5月,10～11月果熟。

棕榈喜温暖环境,南方地区一般不受冻害。入冬后,在比较寒冷地区的棕榈,应加缚草绳或薄膜防寒,特别要保护好顶芽。棕榈要求有充足的光照,喜湿润环境,夏秋两季,天气干热时,要经常给植株喷水。入秋后,追施一次磷钾肥,以增加植株的抗寒性。

(二)工程量计算规则

栽植乔木、栽植灌木、栽植竹类、栽植棕榈类工程量计算规则见表5-6。

表 5-6 　　　　　　　　　栽植乔木、栽植灌木、栽植竹类、栽植棕榈类

项目编码	项目名称	项目特征	计量单位	工程量计算规则	工作内容
050102001	栽植乔木	1. 种类 2. 胸径或干径 3. 株高、冠径 4. 起挖方式 5. 养护期	株	按设计图示数量计算	1. 起挖 2. 运输 3. 栽植 4. 养护
050102002	栽植灌木	1. 种类 2. 根盘直径 3. 冠丛高 4. 蓬径 5. 起挖方式 6. 养护期	1. 株 2. m²	1. 以株计量,按设计图示数量计算 2. 以平方米计量,按设计图示尺寸以绿化水平投影面积计算	
050102003	栽植竹类	1. 竹种类 2. 竹胸径或根盘丛径 3. 养护期	株(丛)	按设计图示数量计算	
050102004	栽植棕榈类	1. 种类 2. 株高、地径 3. 养护期	株		

(三)工程量计算示例

【例 5-4】 某园林绿化工程栽植花木如图 5-5 所示,试计算其栽植花木工程量。

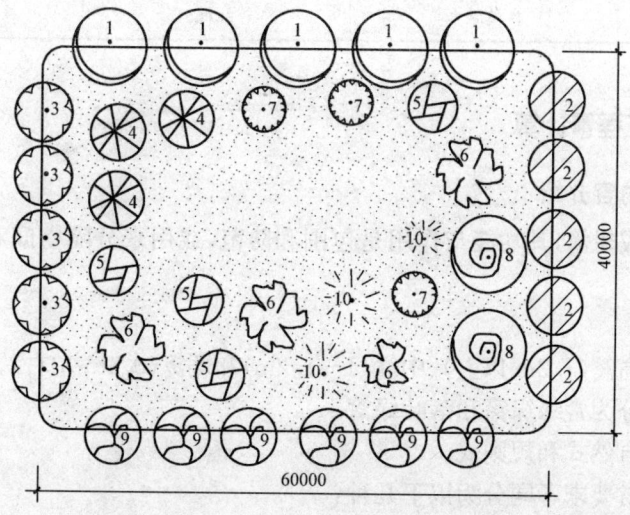

图 5-5　某园林种植绿地示意图

1—法国梧桐;2—香樟;3—广玉兰;4—水杉;5—碧桃;6—棕榈;

7—樱花;8—合欢;9—龙爪槐;10—红枫

【解】 根据清单工程量计算规则：

(1)栽植乔木。

法国梧桐——5株　　　香樟——5株　　　广玉兰——5株

　　合欢——2株　　　水杉——3株　　　龙爪槐——6株

(2)栽植棕榈类。

棕榈——4株

(3)栽植灌木。

碧桃——4株　　　樱花——3株　　　红枫——3株

工程量计算结果见表5-7。

表 5-7　　　　　　　　　　　　　　**工程量计算结果**

项目编码	项目名称	项目特征描述	计量单位	工程量
050102001001	栽植乔木	法国梧桐	株	5
050102001002	栽植乔木	香樟	株	5
050102001003	栽植乔木	广玉兰	株	5
050102001004	栽植乔木	合欢	株	2
050102001005	栽植乔木	水杉	株	3
050102001006	栽植乔木	龙爪槐	株	6
050102004001	栽植棕榈类	棕榈	株	4
050102002001	栽植灌木	碧桃	株	4
050102002002	栽植灌木	樱花	株	3
050102002003	栽植灌木	红枫	株	3

四、栽植绿篱工程量计算

(一)相关项目内容介绍

绿篱又称植篱或树篱，其功能与作用是包围和防范，或用来分隔空间和作为屏障以及美化环境等。

(1)种类。

1)按高度分为高篱(1.2m以上)、中篱(1~1.2m)和矮篱(0.4m左右)。

2)按树种习性分为常绿绿篱和落叶绿篱。

3)按形式分为自然式和规则式。

4)按功能和观赏要求不同分为以下几种：

①常绿篱。由常绿树木组成，为园林中最常用的绿篱。主要树种有圆柏、杜松、侧柏、红豆杉、罗汉松、大叶黄杨、女贞、海桐、冬青、锦熟黄杨、雀舌黄杨、珊瑚树、蚊母树、柊树等。

②花篱。由观花树木组成，为园林中比较精美的绿篱。主要树种有桂花、栀子花、米兰、六月雪、宝巾、凌霄、迎春、溲疏、锦带花、木槿、郁李、欧李、黄刺玫、珍珠花、日本绣线菊等。

③彩叶篱。由红叶或斑叶的观赏树木组成。主要树种有红桑、紫叶小檗、黄斑叶珊瑚、金叶侧柏、金边女贞、白斑叶刺檗、银边刺檗、金边刺檗、白斑叶溲疏、黄斑叶溲疏、彩叶锦带花、银边胡颓子、各种斑叶黄杨及各种斑叶大叶黄杨等。

④观果篱。由观果树种组成的绿篱。主要树种有山里红、金银思冬、小檗、枸骨、火棘等。

⑤刺篱。由带刺的植物组成的具有防护性的绿篱。主要树种有枸骨、小檗、黄刺玫、蔷薇等。

⑥蔓篱。在园林中若要迅速起到防护或区别空间的作用,可用竹笆、木栅、铝网作围墙,再栽植攀缘植物攀附于围墙之上而形成绿篱。蔓篱主要树种有紫藤、凌霄、木香、地锦、蔷薇、牵牛花、葫芦、何首乌、猕猴桃、金银花、南蛇藤、北五味子、蔓生月季、爬蔓卫矛等。

(2)篱高。为地表面至绿篱顶端的高度。

(3)行数。绿篱的种植密度是根据使用目的、不同树种、苗木规格、绿篱形式、种植地宽度而定。高篱行距100～150cm,中篱行距70cm,矮篱行距20～40cm。

(4)蓬径。指绿篱枝叶所围成的圆的直径。

(5)养护期。为招标文件要求苗木种植结束后承包人负责养护的时间。

(二)工程量计算规则

栽植绿篱工程量计算规则见表5-8。

表 5-8　　　　　　　　　　　　　　　栽植绿篱

项目编码	项目名称	项目特征	计量单位	工程量计算规则	工作内容
050102005	栽植绿篱	1. 种类 2. 篱高 3. 行数、蓬径 4. 单位面积株数 5. 养护期	1. m 2. m²	1. 以米计量,按设计图示长度以延长米计算 2. 以平方米计量,按设计图示尺寸以绿化水平投影面积计算	1. 起挖 2. 运输 3. 栽植 4. 养护

(三)工程量计算示例

【例 5-5】 某园林绿化中的局部绿篱示意图如图5-6所示(绿篱为双行,高50cm),试计算其工程量。

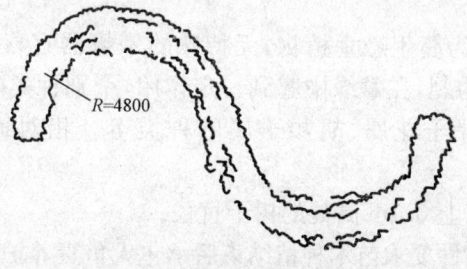

图 5-6　某地绿篱示意图

【解】　　　　　　栽植绿篱工程量＝$2\pi R \times 2 = 2 \times \pi \times 4.8 \times 2 = 60.32$m

工程量计算结果见表5-9。

表 5-9　　　　　　　　　　　　**工程量计算结果**

项目编码	项目名称	项目特征描述	计量单位	工程量
050102005001	栽植绿篱	篱高 50cm,双行	m	60.32

五、栽植攀缘植物工程量计算

(一)相关项目内容介绍

能缠绕或依靠附属器官攀附他物向上生长的植物为攀缘植物。如牵牛、菜豆、菟丝子的茎有缠绕性,葡萄茎有卷须、蔷薇茎上有钩状刺等。攀缘植物自身不能直立生长,需要依附他物。由于适应环境而长期演化,形成了不同的攀缘习性,攀缘能力各不相同,因而有着不同的园林用途。通过对攀缘习性的研究,可以更好地为不同的垂直绿化方式选择适宜的植物材料。攀缘植物主要依靠自身缠绕或具有特殊的器官而攀缘。有些植物具有两种以上的攀缘方式,称为复式攀缘,如倒地铃既具有卷须又能自身缠绕他物。

(1)植物种类。攀缘植物按茎的质地可分为木本(藤木)和草木(蔓草)两大类;按攀缘习性又可分为缠绕类、吸附类、卷须类及蔓生类四大类。

1)缠绕类。不具有特殊的攀缘器官,而是依靠植株本身的主茎缠绕在其他植物或物体上,这种茎称为缠绕茎。其缠绕方向,有向右旋的,如薯蓣、啤酒花、葎草等;也有向左旋的,如紫藤、扁豆、牵牛花等;还有左右旋的,缠绕方向不断变化,没有规律,如何首乌。

2)吸附类。由节上生出的许多能分泌胶状物质的气生不定根吸附在其他物体上来支撑自由向上生长。这类植物具有气生根或吸盘,均可分泌黏胶将植物体黏附于他物之上。爬山虎属和崖爬藤属的卷须先端特化成吸盘;常春藤属、络石属、凌霄属、榕属、球兰属及天南星科的许多种类则具有气生根。此类植物大多攀缘能力强,尤其适于墙面和岩石的绿化。

3)卷须类。借助卷须、叶柄等卷攀他物而使植株向上生长。其中大多数种类具有茎卷须,如葡萄属、蛇葡萄属、葫芦科、羊蹄甲属的种类。有的为叶卷须,如炮仗藤和香豌豆的部分小叶变为卷须,菝葜属的叶鞘先端变成卷须,而百合科的嘉兰和鞭藤科的鞭藤则由叶片先端延长成一细长卷须,用以攀缘他物。牛眼马钱的部分小枝变态为螺旋状曲钩,应是卷须的原始形式,珊瑚藤则由花序轴延伸成卷须。尽管卷须的类别、形式多样,但这类植物的攀缘能力都较强。

4)蔓生类。此类植物为蔓生悬垂植物,无特殊的攀缘器官,仅靠细柔而蔓生的枝条攀缘,有的种类枝条具有倒钩刺,在攀缘中起到一定作用,个别种类的枝条先端偶尔缠绕。主要有蔷薇属、悬钩子属、叶子花属、胡颓子属的种类等。相对而言,此类植物的攀缘能力最弱。

(2)地径。为地表面向上 0.1m 高处的树干直径。

(3)养护期。为招标文件要求苗木种植结束后承包人负责养护的时间。

(二)工程量计算规则

栽植攀缘植物工程量计算规则见表 5-10。

表 5-10　　　　　　　　　　　　　栽植攀缘植物

项目编码	项目名称	项目特征	计量单位	工程量计算规则	工作内容
050102006	栽植攀缘植物	1. 植物种类 2. 地径 3. 单位长度株数 4. 养护期	1. 株 2. m	1. 以株计量,按设计图示数量计算 2. 以计量,按设计图示种植长度以延长米计算	1. 起挖 2. 运输 3. 栽植 4. 养护

(三)工程量计算示例

【例 5-6】 某园林亭廊里栽植紫藤共 4 株,试计算其工程量。

【解】　　　　　　　　　栽植攀缘植物工程量＝4 株

工程量计算结果见表 5-11。

表 5-11　　　　　　　　　　　　　工程量计算结果

项目编码	项目名称	项目特征描述	计量单位	工程量
050102006001	栽植攀缘植物	紫藤	株	4

六、栽植色带、栽植花卉、栽植水生植物工程量计算

(一)相关项目内容介绍

1. 栽植色带

色带是指由苗木栽成带状,并配置有序,具有一定的观赏价值。色带苗木包括花卉及常绿植物。

栽植色带时,一般选用 3～5 年生的大苗造林,只有在人迹较少,且又容许造林周期拖长的地方,造林才可选用 1～2 年生小苗或营养杯幼苗。栽植时,按白灰点标记的种植点挖穴、栽苗、填土、插实、做围堰、灌水。栽植完毕后,最好在色带的一侧设立临时性的护栏,组织行人横穿色带,保护新栽的树苗。

2. 栽植花卉

从花圃挖起花苗之前,应先灌水浸湿圃地,起苗时根土才不易松散。同种花苗的大小、高矮应尽量保持一致,过于弱小或过于高大的都不宜选用。花卉栽植时间在春、秋、冬三季基本没有限制,但夏季的栽种时间最好在上午 11 时之前和下午 4 时以后,要避开太阳暴晒。

花苗运到后,应及时栽种,不要放置很久才栽。栽植花苗时,一般的花坛都从中央开始栽,栽完中部图案纹样后,再向边缘部分扩展栽下去。在单面观赏花坛中栽植时,则要从后边栽起,逐步栽到前边。宿根花卉与一、二年生花卉混植时,应先种植宿根花卉,后种植一、二年生花卉,大型花坛宜分区、分块种植。若是模纹花坛和标题式花坛,则应先栽模纹、图线、字形,后栽底面的植物。在栽植同一模纹的花卉时,若植株稍有高矮不齐,应以矮植株为准,对较高的植株则栽得深一些,以保持顶面整齐。

花苗的株行距应随植株大小高低而确定,以成苗后不露出地面为宜。植株小的,行距可

为 15cm×15cm；植株中等大小的，行距可为 20cm×20cm 至 40cm×40cm；对较大的植株，行距可采用 50cm×50cm。五色苋及草皮类植物是覆盖型的草类，可不考虑株行距，密集铺种即可。

栽植的深度，对花苗的生长发育有很大的影响，栽植过深，花苗根系生长不良，甚至会腐烂死亡；栽植过浅，则不耐干旱，而且容易倒伏，栽植深度以所埋的土刚好与根茎处相齐为最好。球根类花卉的栽植深度，应更加严格掌握，一般覆土厚度应为球根高度的 1～2 倍。栽植完成后，要立即浇一次透水，使花苗根系与土壤密切接合，并应保持植株清洁。

栽植花卉根据其生态、习性分为草本花卉、水生花卉和岩生花卉三大类。

（1）草本花卉。花卉的茎、木质部不发达，支持力较弱，称草质茎。具有草质茎的花卉，叫作草本花卉。草本花卉中，按其生长发育周期长短不同，又可分为一年生、二年生和多年生三类。

1）一年生草本花卉。生活期在一年以内，来年播种，当年开花、结实，当年死亡，如一串红、刺茄、半支莲（细叶马齿苋）等。

2）二年生草本花卉。生活期跨越两个年份，一般是在秋季播种，到第二年春夏开花、结实直至死亡，如金鱼草、金盏花、三色堇等。

3）多年生草本花卉。生长期在二年以上，它们的共同特征是都有永久性的地下部分（地下根、地下茎），常年不死。但它们的地上部分（茎、叶）却存在着两种类型：有的地上部分能保持终年常绿，如文竹、四季海棠、虎皮掌等；有的地上部分，是每年春季从地下根际萌生新芽，长成植株，到冬季枯死，如美人蕉、大丽花、鸢尾、玉簪、晚香玉等。

多年生草本花卉，由于它们的地下部分始终保持着生长能力，所以又概称为宿根类花卉。

（2）水生花卉。在水中或沼泽地生长的花卉，如睡莲、荷花等。

（3）岩生花卉。指耐旱性强，适合在岩石园栽培的花卉。

3. 栽植水生植物

水生植物是指能够长期在水中正常生活的植物。它们常年生活在水中，形成了一套适应水生环境的习性。它们的叶子柔软而透明，有的形成丝状（如金鱼藻）。丝状叶可以大大增加与水的接触面积，使叶子能最大限度地得到水里很少能得到的光照和吸收水里溶解得很少的二氧化碳，保证光合作用的进行。因与水的相对位置不同，水生植物可以分为以下种类：

（1）浅水植物。生长于水深不超过 0.5m 的浅沼地上，如菖蒲、石菖蒲、泽泻、慈姑、水葱、香蒲、旱伞草等。

（2）挺水植物。一般在水深 0.5～1.5m 条件下生长。荷花、王莲及莼菜是其代表。

（3）沉水植物。沉水型水生植物根茎生于泥中，整个植株沉入水中，具有发达的通气组织，有利于进行沉水植物气体交换。叶多为狭长或丝状，能吸收水中部分养分，在水下弱光的条件下也能正常生长发育。对水质有一定的要求，因为水质浑浊会影响其光合作用。沉水植物花小，花期短，以观叶为主。沉水植物有轮叶黑藻、金鱼藻、马来眼子菜、苦草、菹草等。

（4）漂浮植物。漂浮型水生植物种类较少，这类植株的根不生于泥中，株体漂浮于水面之上，漂浮植物随水流、风浪四处漂泊，多数以观叶为主，为池水提供装饰和绿荫。

（5）浮水植物。其根部悬浮于水中，或者生于水底，只有叶与花漂浮于水面上。如田子草、青萍、水萍、布袋莲等。

(二)工程量计算规则

栽植色带、栽植花卉、栽植水生植物工程量计算规则见表5-12。

表 5-12 栽植色带、栽植花卉、栽植水生植物

项目编码	项目名称	项目特征	计量单位	工程量计算规则	工作内容
050102007	栽植色带	1. 苗木、花卉种类 2. 株高或蓬径 3. 单位面积株数 4. 养护期	m²	按设计图尺寸以绿化水平投影面积计算	1. 起挖 2. 运输 3. 栽植 4. 养护
050102008	栽植花卉	1. 花卉种类 2. 株高或蓬径 3. 单位面积株数 4. 养护期	1. 株 (丛、缸) 2. m²	1. 以株(丛、缸)计量,按设计图示数量计算 2. 以平方米计量,按设计图示尺寸以水平投影面积计算	
050102009	栽植水生植物	1. 植物种类 2. 株高或蓬径或芽数/株 3. 单位面积株数 4. 养护期	1. 丛(缸) 2. m²		

七、垂直墙体绿化种植、花卉立体布置工程量计算

(一)相关项目内容介绍

1. 垂直墙体绿化种植

垂直墙体绿化种植是指以建筑物、土木构筑物等的垂直或接近垂直的立面(如室外墙面、柱面、架面等)为载体的一种建筑空间绿化形式。

垂直墙体绿化植物种类主要有以下几种:

(1)吸附攀爬型绿化。即将爬山虎、常春藤、薜荔、地锦类、凌霄类、钓种草等吸附型藤蔓植物栽植在墙面的附近,让藤蔓植物直接吸附满足攀爬的绿化。

(2)缠绕攀爬型绿化。在墙面的前面安装网状物、格栅或设置混凝土花器,栽植如木通、南蛇藤、络石、紫藤、金银花、凌霄类等缠绕型藤蔓植物的绿化。

(3)下垂型绿化。即在墙面的顶部安装种植容器(如花池),种植枝蔓伸长力较强的藤蔓植物,如常春藤、牵牛、地锦、凌霄、扶芳藤等,让枝蔓下垂的绿化。

(4)攀爬下垂并用型绿化。即在墙面的顶端和附近栽种藤蔓植物,从上方让须根下垂的同时,也从下方让根须攀爬的绿化。

(5)树墙型绿化。即将灌木,如法国冬青等,栽植在墙体前面,使树横向生长,呈篱笆装贴附墙面遮掩墙体。即使没有空间也能进行绿化,所以特别适合土地狭小地区。

(6)骨架＋花盆绿化。通常,先紧贴墙面或离开墙面5~10cm搭建平行于墙面的骨架,

铺以滴管或喷灌系统,再将事先绿化好的花盆嵌入骨架空格中。其优点是对地面或山崖植物均可以选用,自动浇灌,更换植物方便,适用于临时植物花卉布景;缺点是需在墙外加骨架,宽度大于20cm,增大体量可能影响表观。因为骨架须固定在墙体上,在固定点处容易产生漏水隐患、骨架锈蚀等,影响绿化系统整体使用寿命,滴管容易被堵失灵而导致植物缺水死亡。

(7)模块化墙体绿化。其建造工艺与骨架+花盆绿化相同,但改善之处是使花盆变成了方块形、菱形等几何模块。

(8)铺贴式墙体绿化。将平面浇灌系统、墙体种植袋附和在一层1.5mm厚的高强度防水膜上,形成一个墙面种植平面系统,在现场直接将该系统固定在墙面上。

2. 花卉立体布置

花卉立体布置中所指的"花卉"并不是专指观花植物,而是指花卉的广义概念中所包括的观花、观果、观形的植物,可以是草本,也可以是乔灌木。而"立体装饰"则指其是平面绿化向三维空间的延伸与拓展,带有空间艺术造型的美化功能,讲究色彩、质地、结构配合的艺术原则,是一种三维的环境绿化艺术形式。

(1)草本花卉种类:春兰、香堇、慈菇花、风信子、郁金香、紫罗兰、金鱼草、长春菊、瓜叶菊、香豌豆、夏兰、石竹、石蒜、荷花、翠菊、睡莲、芍药、福禄考、晚香玉、万寿菊、千日红、建兰、铃兰、报岁兰、香堇、大岩桐、水仙、小草兰、瓜叶菊、蒲包花、兔子花、入腊红、三色堇、百日草、鸡冠花、一串红、孔雀草、大波斯菊、金盏菊、非洲凤仙花、菊花、非洲菊、观赏凤梨类、射干、非洲紫罗兰、天堂鸟、炮竹红、菊花、康乃馨、花烛、满天星、星辰花、三角梅等。

(2)种植形式:常见的种植形式有吊篮、立体花坛、花钵、垂直绿化等。

(二)工程量计算规则

垂直墙体绿化种植、花卉立体布置工程量计算规则见表5-13。

表5-13　　　　　　　　垂直墙体绿化种植、花卉立体布置

项目编码	项目名称	项目特征	计量单位	工程量计算规则	工作内容
050102010	垂直墙体绿化种植	1. 植物种类 2. 生长年数或地(干)径 3. 栽植容器材质、规格 4. 栽植基质种类、厚度 5. 养护期	1. m² 2. m	1. 以平方米计量,按设计图示尺寸以绿化水平投影面积计算 2. 以米计量,按设计图示种植长度以延长米计算	1. 起挖 2. 运输 3. 栽植容器安装 4. 栽植 5. 养护
050102011	花卉立体布置	1. 草本花卉种类 2. 高度或蓬径 3. 单位面积株数 4. 种植形式 5. 养护期	1. 单体(处) 2. m²	1. 以单体(处)计量,按设计图示数量计算 2. 以平方米计量,按设计图示尺寸以面积计算	1. 起挖 2. 运输 3. 栽植 4. 养护

八、铺种草皮、喷播植草(灌木)籽工程量计算

(一)相关项目内容介绍

1. 铺种草皮

草皮是指把草坪平铲为板状或剥离成不同大小、各种形状并附带一定量的土壤,以营养繁殖方式快速建造草坪和草坪造型的原材料,它最大的特点是可移植性。草皮应用于某一场所并按一定的外观形态被固定下来后,就被称为草坪。

(1)按草皮来源区分,可分为天然草皮和人工草皮。

(2)按不同的区域区分,可分为冷季型草皮和暖季型草皮。

(3)按培植年限的不同区分,可分为一年生草皮和越年生草皮。

(4)按草皮的使用目的区分,可分为观赏草皮、休闲草皮、运动草皮和水土保持草皮。

(5)按栽培基质的不同分类,可分为普通草皮和轻质草皮。

(6)按草皮植物的组合不同区分,可分为单纯草皮和混合草皮。

(7)根据繁殖材料的不同,分为种子草皮和营养体草皮。而种子草皮又可以依据草种的不同,分为以各草种的名称命名的不同种类的草皮,如早熟禾草皮、黑麦草草皮、狗牙根草皮等。

2. 喷播植草(灌木)籽

喷播植草的喷播技术是结合喷播和免灌两种技术而成的新型绿化方法,其是将绿化用草籽与保水剂、胶粘剂、绿色纤维覆盖物及肥料等,在搅拌容器中与水混合成胶状的混合浆液,用压力泵将其喷播于待播土地上,适合于大面积的绿化作业,尤其是较为干旱缺少浇灌设施的地区,与传统机械作业相比,效率高,成本低,对播种环境要求低,由于使用材料均为环保材料,因此,可确保安全无污染。

(二)工程量计算规则

铺种草皮、喷播植草(灌木)籽工程量计算规则见表 5-14。

表 5-14　　　　　　　　　　　　　　　铺种草皮、喷播植草(灌木)籽

项目编码	项目名称	项目特征	计量单位	工程量计算规则	工作内容
050102012	铺种草皮	1. 草皮种类 2. 铺种方式 3. 养护期	m²	按设计图尺寸以绿化投影面积计算	1. 起挖 2. 运输 3. 铺底(砂)土 4. 栽植 5. 养护
050102013	喷播植草(灌木)籽	1. 基层材料种类规格 2. 草(灌木)籽种类 3. 养护期			1. 基层处理 2. 坡地细整 3. 喷播 4. 覆盖 5. 养护

(三)工程量计算示例

【例 5-7】　如图 5-7 所示为园林局部绿化示意图,共有 4 个入口,有 4 个同样大小的花坛,花坛内喷播植草,试根据图示计算铺种草皮及喷播植草籽工程量(养护期为 3 年)。

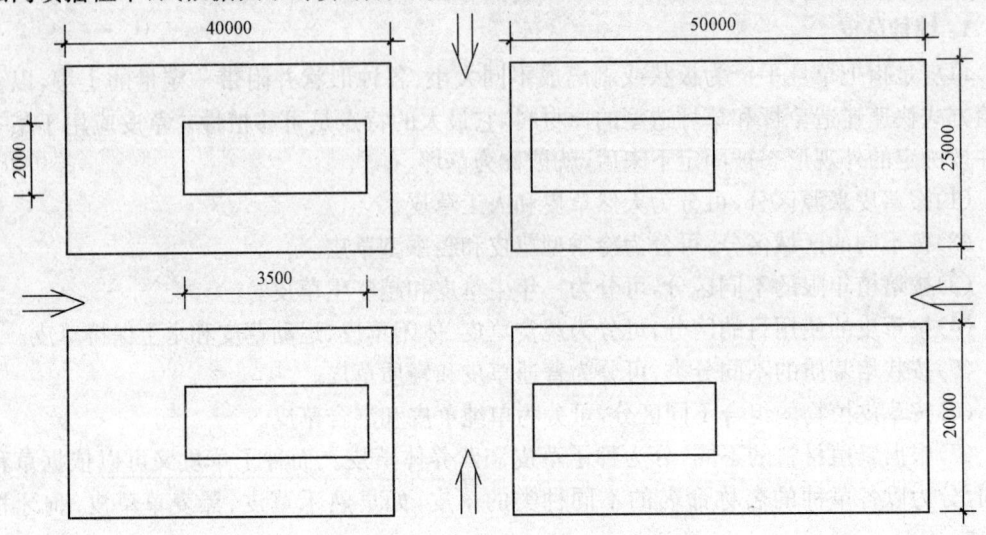

图 5-7　园林局部绿化示意图

【解】　(1)铺种草皮工程量＝$40 \times 25 + 50 \times 25 + 50 \times 20 + 40 \times 20 - 3.5 \times 2 \times 4$
　　　　　　　　　　　　　　＝$4022 m^2$

(2)喷播植草工程量＝$2 \times 3.5 \times 4 = 28 m^2$

工程量计算结果见表 5-15。

表 5-15　　　　　　　　　　　　　工程量计算结果

项目编码	项目名称	项目特征描述	计量单位	工程量
050102012001	铺种草皮	养护期为 3 年	m^2	4022
050102013001	喷播植草籽	养护期为 3 年	m^2	28

九、植草砖内植草、挂网、箱/钵栽植工程量计算

(一)相关项目内容介绍

1. 植草砖内植草

植草砖是指用于专门铺设在城市人行道路及停车场,具有植草孔能够绿化路面及地面工程的砖和空心砌块等,其表面可以是有面层(料)或无面层(料)的本色或彩色。

植草砖作为一种新型的路面材料,在部分住宅区内的次要宅前小道点缀与应用,既增加了宅地泛绿和人们居家小型车辆的停泊空间,又满足了城市宅基地集约化的基本要求,是合理降低商品房成本的基础因素之一,因此,是房地产界广泛使用的路面块材,且有向城市公园等休闲场地、临时"绿色"停车场的路面材料推广的趋向。

2. 挂网

在公路、桥梁的建设过程中,容易形成很多裸露的岩石坡面,这既破坏了植被,有损生态景观,又容易造成水土流失。坡面挂网喷混植草是在风化岩质坡面上营造一层既能让植物生长发育的种植基质,又耐冲刷的多孔稳定结构,可增加边坡的整体稳定、美观。

3. 箱/钵栽植

针对庭院中可直接种植的土地面积不大的情况,为增加绿量,可用箱/钵栽培的植物来补充。特别是有些冬季易冻或夏季怕热的植物,采用箱/钵栽培后移动灵活,可躲避不良的环境。

庭院箱/钵栽植花木品种繁多,一般有乔木、灌木、草本、藤本和水生植物等几大类。配置植物前应了解花园朝向、风向、光线等,然后根据植物本身喜阳喜阴、喜干喜湿、喜酸喜碱等做出正确选择。

(二)工程量计算规则

植草砖内植草、挂网、箱/钵栽植工程量计算规则见表 5-16。

表 5-16 植草砖内植草、挂网、箱/钵栽植

项目编码	项目名称	项目特征	计量单位	工程量计算规则	工作内容
050102014	植草砖内植草	1. 草坪种类 2. 养护期	m²	按设计图示尺寸以绿化投影面积计算	1. 起挖 2. 运输 3. 覆土(砂) 4. 铺设 5. 养护
050102015	挂网	1. 种类 2. 规格		按设计图示尺寸以挂网投影面积计算	1. 制作 2. 运输 3. 安放
050102016	箱/钵栽植	1. 箱/钵材料品种 2. 箱/钵外形尺寸 3. 栽植植物种类、规格 4. 土质要求 5. 防护材料种类 6. 养护期	个	按设计图示箱/钵数量计算	1. 起挖 2. 运输 3. 安放 4. 栽植 5. 养护

第三节 绿地喷灌工程

喷灌是适用范围广又较节约用水的园林和苗圃温室灌溉手段,由于喷灌可以使水均匀地渗入地下避免径流,因而特别适用于灌溉草坪和坡地,对于希望增加空气湿度和淋湿植物叶片的场所尤为适宜,对于一些不经常淋湿叶面的植物则不应使用。适量的喷灌还可避免土壤中的养分流失。

　　绿地喷灌是一种模拟天然降水对植物提供的控制性灌水,具有节水、保土、省工和适应性强等诸多优点,正逐渐成为园林绿地和运动场草坪灌溉的主要方式。

　　喷灌机主要是由压水、输水和喷头三个主要结构部分构成的。压水部分通常有发动机和离心式水泵,主要是为喷灌系统提供动力和为水加压,使管道系统中的水压保持在一个较高的水平上。输水部分是由输水主管和分管构成的管道系统。

　　喷头部分按照喷头的工作压力与射程来分,可把喷灌用的喷头分为高压远射程、中压中射程和低压近射程三种类型;根据喷头的结构形式与水流形状,则可把喷头分为旋转类、漫射类和孔管类三种类型。

一、喷灌系统设计计算简介

　　喷灌系统设计计算见表 5-17。

表 5-17　　　　　　　　　　　喷灌系统计算基础

项　　目	内　　容	注意事项
灌水量计算	喷灌一次的灌水量可采用以下公式来计算: $$h=\frac{h_{净}}{\varphi}$$ 式中　h——一次灌水量(mm); 　　　$h_{净}$——根据树种确定的每日每次需要的纯灌水量(mm); 　　　φ——利用系数,一般在 65%~85%之间	计算时,利用系数 φ 的确定可根据水分蒸发量大小而定。气候干燥,蒸发量大的喷灌不容易做到均匀一致,而且水分损失多,因此,利用系数应选较小值,具体设计时常取 $\varphi=70\%$;如果是在湿润环境中,水分蒸发较少则应取较大的系数值
灌溉时间计算	灌水量多少和灌溉时间的长短有关。每次灌溉的时间长短可以按照以下公式计算确定: $$T=\frac{h}{\rho}$$ 式中　T——支管或喷头每次喷灌纯工作时间(h); 　　　h——一次灌水量(mm); 　　　ρ——喷灌强度(mm/h)	—
喷灌系统的用水量计算	整个喷灌系统需要的用水量数据,是确定给水管管径及水泵选择所必需的设计依据。这个数据可用如下公式求出: $$Q=nq$$ 式中　Q——用水量(m³/h); 　　　n——同时喷灌的喷头数; 　　　q——喷头流量(m³/h)。 $$q=\frac{LbP}{1000}$$ 式中　L——相邻喷头的间距(m); 　　　b——支管的间距(m); 　　　P——设计喷灌强度(mm/h)。 在采用水泵供水时,用水量 Q 实际上就是水泵的流量	—

续表

项　目	内　容	注意事项
水头计算	水头要求是设计喷灌系统不可缺少的依据之一。喷灌系统中管径的确定、引水时对水压的要求及对水泵的选择等，都离不开水头数据。以城市给水系统为水源的喷灌系统，其设计水头可用下式来计算： $$H = H_{管} + H_{弯} + H_{喷} + H_{立管高度} + H_{地形高差}$$ 式中　H——设计水头(m)； 　　　$H_{管}$——管道沿程水头损失(m)； 　　　$H_{弯}$——管道中各弯道、阀门的水头损失(m)； 　　　$H_{喷}$——最后一个喷头的工作水头(m)。 如果公园内是自设水泵的独立给水系统，则水头(水泵扬程)可按下式算出： $$H = H_{实} + H_{管} + H_{弯} + H_{喷}$$ 式中　H——水泵的扬程(m)； 　　　$H_{实}$——实际扬程等于水泵的扬程与水泵轴到最末一个喷头的垂直高度之和。 　　　其他符号意义同前。 喷灌系统设计流量应大于全部同时工作的喷头流量之和。$Q = n\rho$ [Q 为喷灌系统设计流量，ρ 为一个喷头的流量(mm^3/h)，n 为喷头数量]。水泵选择中功率大小计算可采用下列公式： $$N = \frac{1000\gamma K}{75\eta_{泵}\ \eta_{传动}} Q_{泵}\ H_{泵}$$ 式中　N——动力功率(hp)； 　　　K——动力备用系数，1.1～1.3； 　　　$\eta_{泵}$——水泵的效率； 　　　$\eta_{传动}$——传动效率，0.8～0.95； 　　　$Q_{泵}$——水泵的流量(m^3/h)； 　　　$H_{泵}$——水泵扬程(m)； 　　　γ——水的容重(t/m^3)。 因为 1hp＝0.736kW，所以以上式可改为： $$N = \frac{9.81K}{\eta_{泵}\ \eta_{传动}} Q_{泵}\ H_{泵}$$ 于是两点之间的水头损失 H_t，如图1所示。 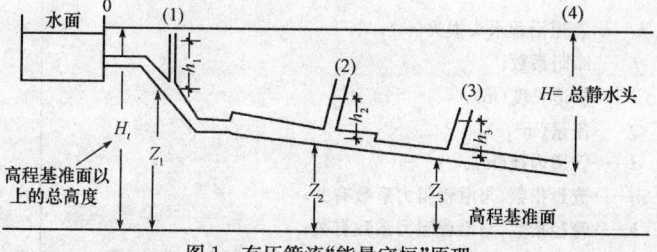 图1　有压管流"能量守恒"原理 伯努利定理的数学表达式为： $$H_t = h_1 + \frac{v_1^2}{2g} + Z_1 + H_{t(0-1)}$$ $$= h_2 + \frac{v_2^2}{2g} + Z_2 + H_{t(0-2)}$$ $$= h_3 + \frac{v_3^2}{2g} + Z_3 + H_{t(0-3)}$$	—

项　目	内　　容	注意事项
水头计算	式中　　　　　H_t——断面(0)处的总水头，或高程基准面以上的总高度(m)； h_1、h_2、h_3——断面(1)、(2)、(3)处的静水头，即测压管水柱高度(m)； v_1、v_2、v_3——断面(1)、(2)、(3)处管道中的平均流速(m/s)； Z_1、Z_2、Z_3——断面(1)、(2)、(3)处管道轴线高； $H_{t(0-1)}$、$H_{t(0-2)}$、$H_{t(0-3)}$——断面(0)—(1)、(0)—(2)、(0)—(3)之间的水头损失，它包括沿程水头损失和局部水头损失(m)。 沿程水头损失的计算公式如下： (1)有压管流程水头损失的计算通常采用达西-魏斯巴赫公式：$$h_f=\lambda\frac{lv^2}{d\times2g}$$式中　h_f——管道沿程水头损失(m)； 　λ——管道沿程阻力系数； 　l——管道长度(m)； 　d——管道内径(m)； 　v——管道断面平均流速(m/s)； 　g——重力加速度，为9.81m/s²。 (2)管道沿程阻力系数λ随管道中水的流态不同而异。 对于层流($Re<2300$)，沿程阻力系数可由下式求得：$$\lambda=\frac{64}{Re}$$式中　λ——管道沿程阻力系数； 　　Re——雷诺数。 对于紊流($Re>2300$)，沿程阻力系数由试验研究确定。 (3)为了便于实际应用，通常将沿程水头损失表示为流量(或流速)的指数函数和管径的指数函数的单项式，即：$$h_f=f\frac{Q^m}{d^b}l=S_0Q^ml$$式中　h_f——管道沿程水头损失(m)； 　f——摩阻系数； 　l——管道长度(m)； 　Q——流量(m³/s)； 　d——管道内径(m)； 　m——流量指数，与沿程阻力系数有关； 　b——管径指数，与沿程阻力系数有关； 　S_0——比阻，即单位管长、单位流量时的沿程水头损失。 比阻S_0可用下式表示：$$S_0=\frac{f}{d^b}=\frac{8\lambda}{\pi^2gd^5}$$式中符号意义同前，其中摩阻系数、流量指数和管径指数与管道材质和内壁糙度有关	—

二、绿地喷灌工程项目划分及注意事项

1. 绿地喷灌工程项目划分

《园林绿化工程工程量计算规范》(GB 50858—2013)中绿地喷灌工程包括喷灌管线安装和喷灌配件安装两个项目。

2. 绿地喷灌工程清单计价注意事项

(1)挖填土石方应按现行国家标准《房屋建筑与装饰工程工程量计算规范》(GB 50854—2013)附录 A 相关项目编码列项。

(2)阀门井应按现行国家标准《市政工程工程量计算规范》(GB 50857—2013)相关项目编码列项。

三、绿地喷灌工程量计算

(一)相关项目内容介绍

喷灌系统的供水可以取自城市给水系统,也可以单独设置水泵解决。喷灌系统的形式主要有以下几种:

(1)固定式。这种系统有固定的泵站,城区的园林可使用自来水。干管和支管均埋于地下,喷头可固定在管道上也可临时安装。有一种较先进的固定喷头,不用时藏在窨井中,使用时只需将阀门打开,喷头就会借助于水的压力而上升到一定高度。工作完毕,关上阀门喷头便自动缩回窨井中,这样喷头操作方便,不妨碍地上活动,但投资较大。

固定式系统需要大量的管材和喷头,但操作方便、节约劳动力、便于实现自动化和遥控,适用于需要经常灌溉和灌溉期长的草坪、大型花坛、苗圃、花圃、庭院绿化等。

(2)移动式。要求有天然水源,其动力(发电机)水泵和干管支管是可移动的。其使用特点是浇水方便灵活,能节约用水;但喷水作业时劳动强度稍大。

(3)半固定式。其泵站和干管固定,但支管与喷头可以移动,也就是一部分固定一部分移动。其使用上的优缺点介于上述两种喷灌系统之间,主要适用于较大的花圃和苗圃使用。

(二)工程量计算规则

绿地喷灌工程量计算规则见表 5-18。

表 5-18　　　　　　　　　　　　　　　　绿地喷灌

项目编码	项目名称	项目特征	计量单位	工程量计算规则	工作内容
050103001	喷灌管线安装	1. 管道品种、规格 2. 管件品种、规格 3. 管道固定方式 4. 防护材料种类 5. 油漆品种、刷漆遍数	m	按设计图示管道中心线长度以延长米计算,不扣除检查(阀门)井、阀门、管件及附件所占的长度	1. 管道铺设 2. 管道固筑 3. 水压试验 4. 刷防护材料、油漆
050103002	喷灌配件安装	1. 管道附件、阀门、喷头品种、规格 2. 管道附件、阀门、喷头固定方式 3. 防护材料种类 4. 油漆品种、刷漆遍数	个	按设计图示数量计算	1. 管道附件、阀门、喷头安装 2. 水压试验 3. 刷防护材料、油漆

(三)工程量计算示例

【例 5-8】 某公园绿化工程需要安装喷灌设施,按照设计要求,需要从供水管接出 DN40 分管,其长度为 52m,从分管至喷头有 4 根 DN25 的支管,长度共计为 72m,喷头采用旋转喷头 DN50 共 10 个,分管、支管全部采用 UPVC 塑料管,试计算其工程量。

【解】 (1)DN40 管道工程量=52m

(2)DN25 管道工程量=72m

(3)DN50 旋转喷头工程量=10 个

工程量计算结果见表 5-19。

表 5-19 **工程量计算结果**

项目编码	项目名称	项目特征描述	计量单位	工程量
050103001001	喷灌管线安装	DN40,UPVC 塑料管	m	52
050103001002	喷灌管线安装	DN25,UPVC 塑料管	m	72
050103002001	喷灌配件安装	DN50,旋转喷头	个	10

第六章 园路、园桥、驳岸、护岸工程清单工程量计算

第一节 园路、园桥工程

一、园路、园桥工程概述

(一)园路工程

园路是贯穿园林的交通脉络,是联系若干个景区和景点的纽带,是构成园景的重要因素。园路是园林的组成部分,起着组织空间、引导游览、交通联系并提供散步休憩场所的作用,既是交通线,又是风景线,园林路网系统把园林的各个景区联成整体,园路本身又是园林风景不可分割的组成部分,因此,在考虑道路时,要充分利用地形地貌、植物群落及园路的线形、铺装等要素造景。

(1)常见园路材料。常见园路材料主要有沥青、混凝土、块砖、花砖、土、木、天然石、砂砾、草皮、合成树脂等。

(2)园路宽度。园路宽度应符合表6-1的规定。

表6-1 园路宽度 m

园路级别	绿 地 面 积/hm²			
	<2	2~10	10~50	≥50
主路	2.0~3.5	2.5~4.5	3.5~5.0	5.0~7.0
支路	1.2~2.0	2.0~3.5	2.0~3.5	3.5~5.0
小路	0.9~1.2	0.9~2.0	1.2~2.0	1.2~3.0

(3)园路类型。一般园林绿地的园路分为以下几种:

1)主要道路。联系园内各个景区、主要风景点和活动设施的路。通过它对园内外景色进行剪辑,以引导游人欣赏景色。主要道路联系全园,必须考虑通行、生产、救护、消防、旅游车辆,道宽一般为7~8m。

2)次要道路(支路)。设在各个景区内的路,它联系各个景点、建筑,对主路起辅助作用。考虑到游人的不同需要,在园路布局中,还应为游人由一个景区到另一个景区开辟捷径。要求能通轻型车辆及人力车,道宽一般为3~4m。

3)小路。小路又称游步道,是深入到山间、水际、林中、花丛供人们漫步游赏的路。含林荫道、滨江道和各种休闲小径、健康步道。双人行走路宽为1.2~1.5m,单人路宽为0.6~1m。健康步道是近年来最为流行的足底按摩健身步道,通过行走卵石路按摩足底穴位达到健身目的,且又不失为园林一景。

4)园务路。为便于园务运输、养护管理等的需要而建造的路称为园务路。这种路往往有专门的入口,直通公园的仓库、餐馆、管理处、杂物院等处,并与主环路相通,以便把物资直接运往各景点。在有古建筑、风景名胜处,园路的设置还应考虑消防的要求。

5)停车场。园林及风景旅游区中的停车场应设在重要景点进出口边缘地带及通向尽端式景点的道路附近,同时,也应按照不同类型及性质的车辆分别安排场地停车,其交通路线必须明确。在设计时,要综合考虑场内路面结构、绿化、照明、排水及停车场的性质,配置相应的附属设施。

(4)园路布局形式。风景园林的道路系统不同于一般城市道路系统,其有独特的布置形式和特点。常见的园路系统布局形式有套环式、条带式和树枝式三种形式。

1)套环式园路系统。这种园路系统的特征是由主园路构成一个闭合的大型环路或一个"8"字形的双环路,再从主园路上分出很多的次园路和游览小道,并且相互穿插连接与闭合,构成另一些较小的环路。主园路、次园路和小路构成的环路之间的关系,是环环相套、互通互连的关系,其中少有尽端式道路。因此,这样的道路系统可以满足游人在游览中不走回头路的意愿。套环式园路是最能适应公共园林环境,也是最为广泛应用的一种园路系统。但是,在地形狭长的园林绿地中,由于地形的限制,一般不宜采用这种园路布局形式。

2)条带式园路系统。这种园路系统的特点是主园路呈条带状,始端和尽端各在一方,并不闭合成环。在主路的一侧或两侧,可以穿插一些次园路和浏览小道。次路和小路相互之间也可以局部闭合成环路,但主路不会闭合成环。条带式园路布局不能保证游人在游园中不走回头路。条带式园路适用于林荫道、河滨公园等地形狭长的带状公共绿地中。

3)树枝式园路系统。这种园路系统的特点是以山谷、河谷地形为主的风景区和市郊公园,主园路一般只能布置在谷底,沿着河沟从下往上延伸。两侧山坡上的多处景点都是从主路上分出一些支路,甚至再分出一些小路加以连接。支路和小路多数只能是尽端式道路,游人到了景点游览之后,要原路返回到主路再向上行。这种道路系统的平面形状,就像是有许多分枝的树枝,游人走回头路的时候很多。树枝式园路是游览性最差的一种园路布局形式,只适用于在受到地形限制时采用。

(二)园桥工程

园桥是指建筑在庭园内的、主桥孔洞5m以内,供游人通行兼有观赏价值的桥梁。园桥最基本的功能就是联系园林水体两岸上的道路,使园路不至于被水体阻断。由于它直接伸入水面,能够集中视线,就自然而然地成为某些局部环境的一种标识点,因而园桥能够起到导游作用,可作为导游点进行布置。低而平的长桥、栈桥还可以作为水面的过道和水面游览线,把游人引到水上,拉近游人与水体的距离,使水景更加迷人。

园林中桥的设计都很讲究造型和美观。为了造景的需要,在不同环境中就要采取不同的造型。园桥的造型形式很多,结构形式也有多种。在规划设计中,完全可以根据具体环境的特点来灵活地选配具有各种造型的园桥。常见的园桥造型形式,归纳起来主要可分为九类:平桥、平曲桥、拱桥、亭桥、廊桥、吊桥、栈桥与栈道、浮桥、汀步。

二、园路、园桥工程项目划分及注意事项

(一)园路、园桥工程项目划分

"园林计量规范"中园路、园桥工程包括园路,踏(蹬)道,路牙铺设,树池围牙、盖板(算

子),嵌草砖(格)铺装,桥基础,石桥墩,石桥台,拱券石,石券脸,金刚墙砌筑,石桥面铺筑,石桥面檐板,石汀步(步石、飞石),木制步桥,栈道等项目。

(二)园路、园桥工程清单计价注意事项

(1)园路、园桥工程的挖土方、开凿石方、回填等应按现行国家标准《市政工程工程量计算规范》(GB 50857—2013)相关项目编码列项。

(2)如遇某些构配件使用钢筋混凝土或金属构件时,应按现行国家标准《房屋建筑与装饰工程工程量计算规范》(GB 50854—2013)或《市政工程工程量计算规范》(GB 50857—2013)相关项目编码列项。

(3)地伏石、石望柱、石栏杆、石栏板、扶手、撑鼓等应按现行国家标准《仿古建筑工程工程量计算规范》(GB 50855—2013)相关项目编码列项。

(4)亲水(小)码头各分部分项项目按照园桥相应项目编码列项。

(5)台阶项目应按现行国家标准《房屋建筑与装饰工程工程量计算规范》(GB 50854—2013)相关项目编码列项。

(6)混合类构件园桥应按现行国家标准《房屋建筑与装饰工程工程量计算规范》(GB 50854—2013)或《通用安装工程工程量计算规范》(GB 50856—2013)相关项目编码列项。

三、园路工程工程量计算

(一)相关项目内容介绍

1. 踏(蹬)道

踏(蹬)道,又称台阶,一般是指用砖、石、混凝土等筑成的一级一级供人上下的构筑物,多在大门前或坡道上。

2. 路牙铺设

路牙是指用凿打成长条形的石材、混凝土预制的长条形砌块或砖,铺装在道路边缘,起保护路面作用的构件。机制标准砖铺设路牙,有立栽和侧栽两种形式。路牙的材料一般用砖或混凝土制成,在园林中也可用瓦、大卵石等制成。

3. 树池围牙、盖板(算子)

当在有铺装的地面上栽种树木时,应在树木的周围保留一块没有铺装的土地,通常把它叫作树池或树穴。

(1)树池围牙。树池围牙是树池四周做成的围牙,类似于路缘石,即树池的处理方法,主要有绿地预制混凝土围牙和树池预制混凝土围牙两种。围牙勾缝是指砌好围牙后,先用砖凿刻修砖缝,然后用勾缝器将水泥砂浆填塞于灰缝间。围牙勾缝主要有平缝、凹缝和凸缝三种形状。

(2)树池盖板。树池盖板又称护树板、树算子、树围子等。树池盖板主体是由两块或四块对称的板体对接构成的,盖板体的中心处设有树孔,树孔的周围设有多个漏水孔。主要用于街道两旁的绿化景观树木的树池内起到防护水土流失,美化环境的作用。目前有菱镁复合、铸铁、树脂复合等多种材料制作的树池盖板。

4. 嵌草砖(格)铺装

嵌草路面有两种类型:一种为在块料路面铺装时,在块料与块料之间,留有空隙,在其间

种草,如冰裂纹嵌草路、空心砖纹嵌草路等;另一种是制作成可以种草的各种纹样的混凝土路面砖。嵌草砖的品种如图 6-1 所示。

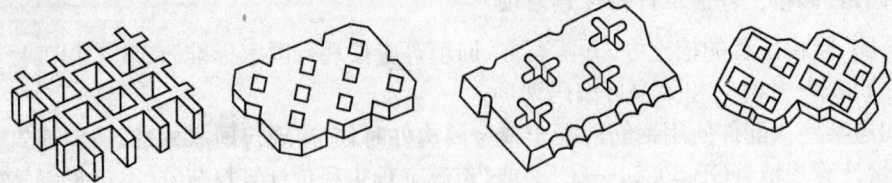

图 6-1　嵌草砖的品种

(二)工程量计算规则

园路工程工程量计算规则见表 6-2。

表 6-2　　　　　　　　　　　　　　园路工程

项目编码	项目名称	项目特征	计量单位	工程量计算规则	工作内容
050201001	园路	1. 路床土石类别 2. 垫层厚度、宽度、材料种类	m²	按设计图示尺寸以面积计算,不包括路牙	1. 路基、路床整理 2. 垫层铺筑 3. 路面铺筑 4. 路面养护
050201002	踏(蹬)道	3. 路面厚度、宽度、材料种类 4. 砂浆强度等级		按设计图示尺寸以水平投影面积计算,不包括路牙	
050201003	路牙铺设	1. 垫层厚度、材料种类 2. 路牙材料种类、规格 3. 砂浆强度等级	m	按设计图示尺寸以长度计算	1. 基层清理 2. 垫层铺设 3. 路牙铺设
050201004	树池围牙、盖板(箅子)	1. 围牙材料种类、规格 2. 铺设方式 3. 盖板材料种类、规格	1. m 2. 套	1. 以米计量,按设计图示尺寸以长度计算 2. 以套计量,按设计图示数量计算	1. 清理基层 2. 围牙、盖板运输 3. 围牙、盖板铺设
050201005	嵌草砖(格)铺装	1. 垫层厚度 2. 铺设方式 3. 嵌草砖(格)品种、规格、颜色 4. 漏空部分填土要求	m²	按设计图示尺寸以面积计算	1. 原土夯实 2. 垫层铺设 3. 铺砖 4. 填土

(三)工程量计算示例

【例 6-1】　某园林工程需要进行道路整修,局部断面图如图 6-2 所示,此段道路长 25m,宽 2m,道牙宽 68mm,试计算此园路工程量。

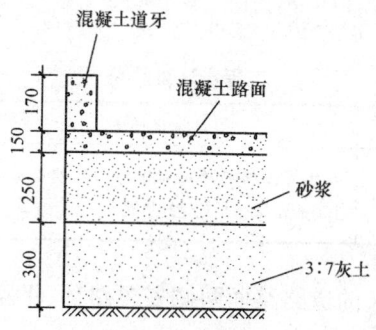

图 6-2　道路局部断面图

【解】　　　　　　　　园路工程量＝25×(2−0.068)＝48.3m²

工程量计算结果见表 6-3。

表 6-3　　　　　　　　　　　　　工程量计算结果

项目编码	项目名称	项目特征描述	计量单位	工程量
050201001001	园路	混凝土面层 150mm 厚,砂浆找平层 250mm 厚,3：7 灰土垫层厚 300mm	m²	48.3

【例 6-2】　如图 6-3 所示为某园路局部示意图,根据设计要求:

(1)中央为一个小广场。

(2)园路为 200mm 厚砂垫层,150mm 厚 3：7 灰土垫层。

(3)水泥方格砖路面。

试根据要求计算园路铺装工程量。

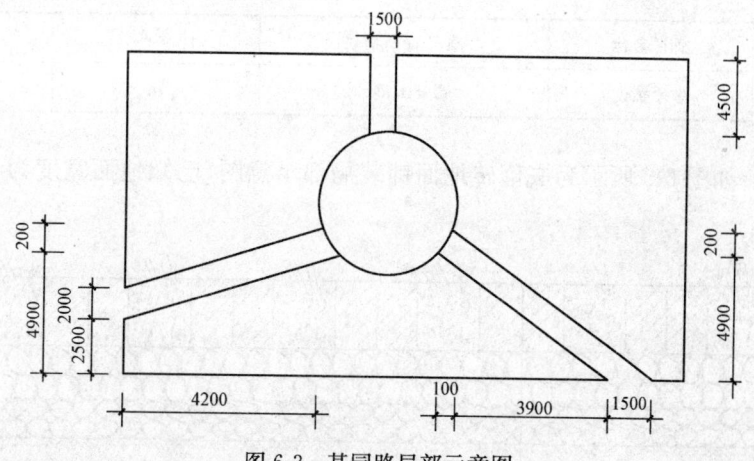

图 6-3　某园路局部示意图

【解】

$$园路铺装工程量＝\frac{(4.5+5.1)×4.2}{2}-\frac{(2.5+4.9)×4.2}{2}+1.5×4.5+\frac{(3.9+1.5)×5.1}{2}$$

$$-\frac{4×4.9}{2}$$

$$＝15.44m²$$

工程量计算结果见表 6-4。

表 6-4　　　　　　　　　　　工程量计算结果

项目编码	项目名称	项目特征描述	计量单位	工程量
050201001001	园路	水泥方格砖路面,200mm 厚砂垫层,150mm 厚 3∶7 灰土垫层	m²	15.44

【例 6-3】　需要在 300m 长的道路路面两侧安置路牙,平路牙示意图如图 6-4 所示,试计算其工程量。

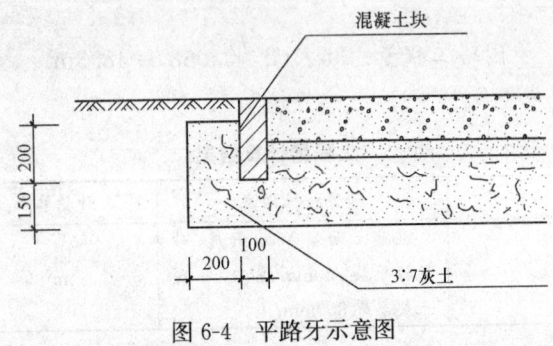

图 6-4　平路牙示意图

【解】　因道路两边均安置路牙,一次路牙的工程量为道路长的两倍,即:

$$路牙铺设工程量 = 2 \times 300 = 600m$$

工程量计算结果见表 6-5。

表 6-5　　　　　　　　　　　工程量计算结果

项目编码	项目名称	项目特征描述	计量单位	工程量
050201003001	路牙铺设	混凝土路牙	m	600

【例 6-4】　如图 6-5 所示为嵌草砖地面铺装局部示意图,已知地面宽度为 2.5m,试计算其工程量。

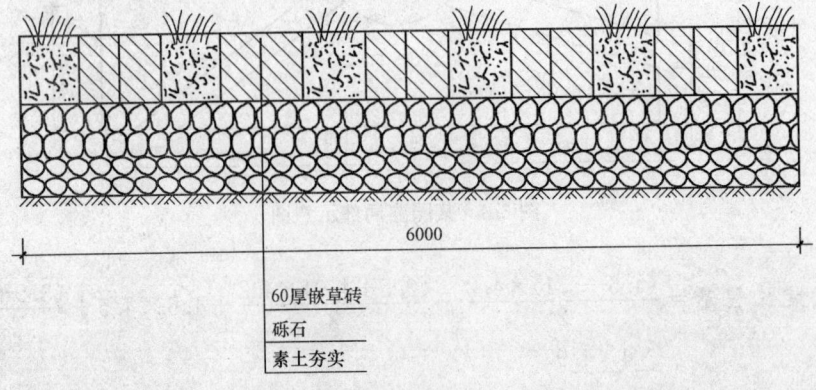

图 6-5　嵌草砖地面铺装局部示意图

【解】　　　　嵌草砖铺装工程量＝6×2.5＝15m²

工程量计算结果见表6-6。

表6-6　　　　　　　　　　　**工程量计算结果**

项目编码	项目名称	项目特征描述	计量单位	工程量
050201005001	嵌草砖铺装	3∶7灰土垫层厚150mm，碎石垫层厚35mm,细砂垫层厚40mm	m²	15

四、园桥工程工程量计算

(一)相关项目内容介绍

1. 桥基础

桥基础是指把桥梁自重以及作用于桥梁上的各种荷载传至地基的构件。基础的类型主要有条形基础、独立基础、杯形基础及桩基础等。

(1)条形基础:条形基础又称带形基础,是由柱下独立基础沿纵向串联而成。它与独立基础相比,具有较大的基础底面积,能承受较大的荷载。

(2)独立基础:凡现浇钢筋混凝土独立柱下的基础都称为独立基础。其断面有阶梯形、平板形、角锥形和圆锥形四种形式。

(3)杯形基础:杯形基础是独立基础的一种形式,凡现浇钢筋混凝土独立柱下的基础都称为独立基础。独立基础中心预留有安装钢筋混凝土预制柱的孔洞时,称为杯形基础(其形如水杯)。

(4)桩基础:由若干根设置于地基中的桩柱和承接建筑物(或构筑物)上部结构荷载的承台构成的一种基础。

2. 石桥墩、石桥台

石桥墩位于两桥台之间,桥梁的中间部位,支承相邻两跨上部结构的构件,其作用是将上部结构的荷载可靠而有效地传递给基础。

石桥台位于桥梁两端,支承桥梁上部结构和路堤相连接的构筑物,其功能除传递桥梁上部结构的荷载到基础外,还具有抵挡台后的填土压力、稳定桥头路基、使桥头线路和桥上线路可靠而平稳地连接的作用。

3. 拱券石

拱券石又称拱旋石。石券最外端的一圈旋石叫"旋脸石",券洞内的叫"内旋石"。旋脸石可雕刻花纹,也可加工成光面。石券正中的一块旋脸石常称为"龙口石",也有的叫"龙门石";龙口石上若雕琢有兽面者叫"兽面石"。拱券石应选用细密质地的花岗石、砂岩石等,加工成上宽下窄的楔形石块。石块一侧做有榫头,另一侧有榫眼,拱券时相互扣合,再用1∶2水泥砂浆砌筑连接。

4. 石券脸

石券脸是指石券最外端的一圈旋石的外面部位。

5. 金刚墙砌筑

金刚墙又称"平水墙",是指券脚下的垂直承重墙。金刚墙是一种加固性质的墙,一般在装饰面墙的背后保证其稳固性。古建筑中对凡是看不见的加固墙统称为金刚墙。梢孔(即边孔)内侧以内的金刚墙一般做成分水尖形,故称为"分水金刚墙",梢孔外侧的叫"两边金刚墙"。金刚墙砌筑是指将砂浆作为胶结材料将石材结合成墙体的整体,以满足正常使用要求及承受各种荷载。

6. 石桥面铺筑

桥面是指桥梁上构件的上表面,通常布置要求为线型平顺,与路线顺利搭接。桥梁平面布置应尽量采用正交方式,避免与河流或桥上路线斜交。若受条件限制时,跨线桥斜度不应超过 15°。

石桥面一般用石板、石条铺砌。在桥面铺石层下应做防水层,采用 1mm 厚沥青和石棉沥青各一层作底。石棉沥青用七级石棉 30％和 60 号石油沥青 70％混合而成的,在其上铺沥青麻布一层,再铺石棉沥青和纯沥青各一层作防水面层。

7. 石桥面檐板

建筑物屋顶在檐墙的顶部位置称为檐口;钉在檐口处起封闭作用的板称为檐板。石桥面檐板是指钉在石桥面檐口处起封闭作用的板。

8. 石汀步(步石、飞石)

汀步又称步石、飞石,是指在浅水中按一定间距设置石块,微露出水面,使人跨步而过。园林中运用这种古老渡水设施,质朴自然,别有情趣。

9. 木质步桥

木质步桥是指建设在庭院内的、由木材加工制作的、立桥孔洞 5m 以内,供游人通行兼有观赏价值的桥梁。这种桥易于原理环境融为一体,但其承载量有限,且不应长期保持完好状态,木材易腐蚀,所以,必须注意经常检查,及时更换相应材料。

10. 栈道

栈道原指沿悬崖峭壁修建的一种道路。近年来,在一些经济条件较好的大中城市出现了用木材作为面层材料的园路,称为木栈道。因天然木材具有独特的质感、色调和纹理,令步行者感到更为舒适,因此颇受欢迎,但造价和维护费用相对较高。所选的木材一般要经防腐处理,因此,从保护环境和方便养护出发,应尽量选择耐久性强的木材,或加压注入的防腐剂对环境污染小的木材,国内多选用杉木。铺设方法和构造与室内木地板的铺设相似,但所选模板和龙骨材料厚度应大于室内,并应在木材表面涂刷防水剂、表面保护剂,且最好每两年涂刷一次着色剂。

(二)工程量计算规则

园桥工程工程量计算规则见表 6-7。

表 6-7　　　　　　　　　　　　　　　　　　园桥工程

项目编码	项目名称	项目特征	计量单位	工程量计算规则	工作内容
050201006	桥基础	1. 基础类型 2. 垫层及基础材料种类、规格 3. 砂浆强度等级	m³	按设计图示尺寸以体积计算	1. 垫层铺筑 2. 起重架搭、拆 3. 基础砌筑 4. 砌石
050201007	石桥墩、石桥台	1. 石料种类、规格 2. 勾缝要求 3. 砂浆强度等级、配合比			1. 石料加工 2. 起重架搭、拆 3. 墩、台、券石、券脸砌筑 4. 勾缝
050201008	拱券石				
050201009	石券脸	1. 石料种类、规格 2. 券脸雕刻要求 3. 勾缝要求 4. 砂浆强度等级、配合比	m²	按设计图示尺寸以面积计算	
050201010	金刚墙砌筑		m³	按设计图示尺寸以体积计算	1. 石料加工 2. 起重架搭、拆 3. 砌石 4. 填土夯实
050201011	石桥面铺筑	1. 石料种类、规格 2. 找平层厚度、材料种类 3. 勾缝要求 4. 混凝土强度等级 5. 砂浆强度等级	m²	按设计图示尺寸以面积计算	1. 石材加工 2. 抹找平层 3. 起重架搭、拆 4. 桥面、桥面踏步铺设 5. 勾缝
050201012	石桥面檐板	1. 石料种类、规格 2. 勾缝要求 3. 砂浆强度等级、配合比			1. 石材加工 2. 檐板铺设 3. 铁锔、银锭安装 4. 勾缝
050201013	石汀步（步石、飞石）	1. 石料种类、规格 2. 砂浆强度等级、配合比	m³	按设计图示尺寸以体积计算	1. 基层整理 2. 石材加工 3. 砂浆调运 4. 砌石
050201014	木制步桥	1. 桥宽度 2. 桥长度 3. 木材种类 4. 各部位截面长度 5. 防护材料种类	m²	按桥面板设计图示尺寸以面积计算	1. 木桩加工 2. 打木桩基础 3. 木梁、木桥板、木桥栏杆、木扶手制作、安装 4. 连接铁件、螺栓安装 5. 刷防护材料
050201015	栈道	1. 栈道宽度 2. 支架材料种类 3. 面层材料种类 4. 防护材料种类		按栈道面板设计图示尺寸以面积计算	1. 凿洞 2. 安装支架 3. 铺设面板 4. 刷防护材料

(三)工程量计算示例

【例 6-5】 某拱桥构造剖面图如图 6-6 所示,采用花岗石制作安装拱旋石,采用青白石进行石旋脸的制作安装,桥洞底板为钢筋混凝土,桥基细石安装用金刚墙青白石,厚 20cm,试根据其设计要求计算石券脸工程量。

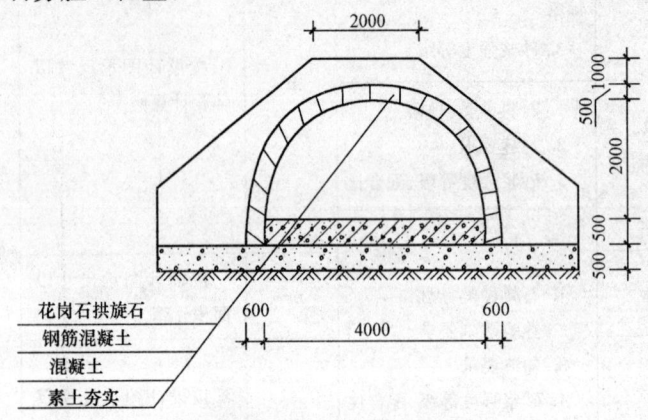

图 6-6　拱桥构造剖面图

【解】 石券脸工程量$=\dfrac{1}{2}\times 3.14\times(2.6^2-2.0^2)\times 2+0.6\times 0.5\times 2\times 2=9.87\mathrm{m}^2$

注:石券脸计算时,应注意拱桥两面工程量都要计算,因此要乘以 2。

工程量计算结果见表 6-8。

表 6-8   工程量计算结果

项目编码	项目名称	项目特征描述	计量单位	工程量
050201009001	石券脸	青白石	m^2	9.87

【例 6-6】 如图 6-7 所示为某园桥的石桥墩示意图,试计算该桥墩工程量(该桥有 6 个桥墩)。

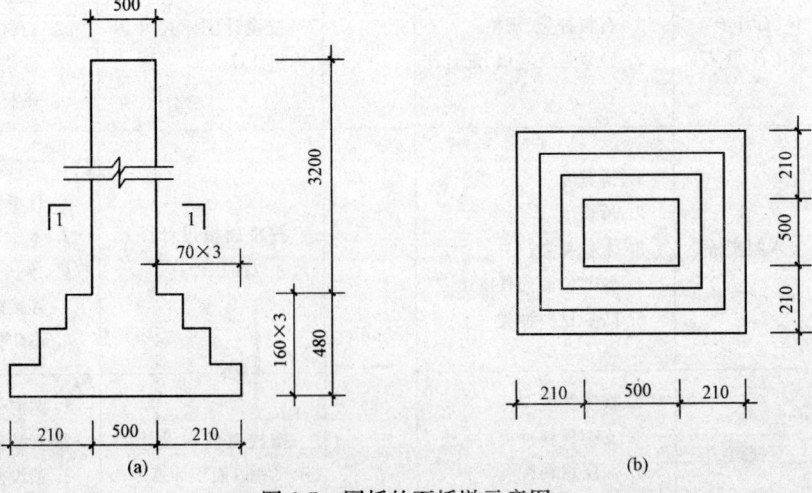

图 6-7　园桥的石桥墩示意图

(a)立面图;(b)1—1 剖面图

【解】 桥墩工程量即计算桥墩的体积,其由大放脚四周体积和柱身体积两部分组成。

(1)大放脚体积$=0.16×(0.5+0.21+0.21)^2+0.16×(0.5+0.07×2×2)^2+0.16×$
$\qquad (0.5+0.07×2)^2$

$\qquad =0.30m^3$

(2)柱身体积$=0.5×0.5×3.2=0.80m^3$

(3)整个桥墩体积$=0.30+0.80=1.10m^3$

所有桥墩体积$=1.10×6=6.60m^3$

工程量计算结果见表6-9。

表 6-9　　　　　　　　　　　　工程量计算结果

项目编码	项目名称	项目特征	计量单位	工程量
050201007001	石桥墩	—	m³	6.60

【例 6-7】 如图 6-8 所示为某园林中的一座平桥,已知桥面为青白石石板铺装,石板厚0.1m,石板下做防水层,采用 1mm 厚沥青和石棉沥青各一层做底,根据上述条件计算其工程量。

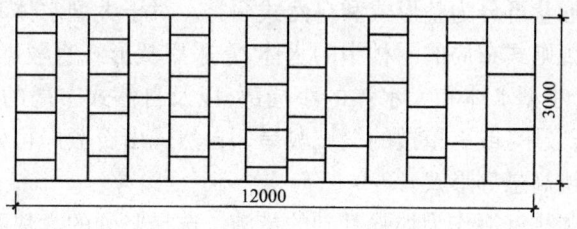

图 6-8　平桥平面图

【解】 　　　　　　　石桥面铺筑工程量$=12×3=36m^2$

工程量计算结果见表6-10。

表 6-10　　　　　　　　　　　　工程量计算结果

项目编码	项目名称	项目特征描述	计量单位	工程量
050201011001	石桥面铺筑	青白石石板铺装,石板厚0.1m	m²	36.00

【例 6-8】 某公园设施的木制步桥平面图如图 6-9 所示,试根据图示标记的数值计算其工程量。

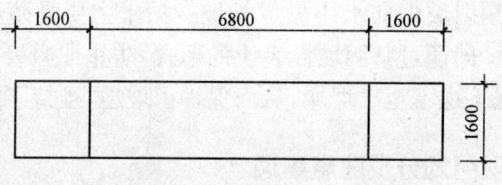

图 6-9　木制步桥平面图

【解】

　　　　　　　木桥步桥工程量$=6.8×1.6=10.88m^2$

工程量计算结果见表 6-11。

表 6-11　　　　　　　　　　　**工程量计算结果**

项目编码	项目名称	项目特征描述	计量单位	工程量
050201014001	木制步桥	天然木材	m²	10.88

第二节　驳岸、护岸工程

一、驳岸、护岸工程概述

(一)园林驳岸

园林驳岸是起防护作用的工程构筑物,由基础、墙体、盖顶等组成。驳岸是园林水景的重要组成部分,修筑时要求坚固和稳定,同时,要求其造型美观,并同周围景色协调。

园林驳岸按断面形状可分为整形式和自然式两类。对于大型水体和风浪大、水位变化大的水体以及基本上是规则式布局的园林中的水体,常采用整形式直驳岸,用石料、砖或混凝土等砌筑整形岸壁;对于小型水体和大水体的小局部,以及自然式布局的园林中水位稳定的水体,常采用自然式山石驳岸,或有植被的缓坡驳岸。自然式山石驳岸可做成岩、矶、崖、岫等形状,采取上伸下收、平挑高悬等形式。

驳岸多以打桩或柴排沉褥作为加强基础的措施。选择坚硬的大块石料为砌块,也有的采用断面加宽的灰土层作为基础,将驳岸筑于其上。驳岸最好直接建在坚实的土层或岩基上。如果地基疲软,须做基础处理。驳岸常用条石、块石混凝土、混凝土或钢筋混凝土作基础;用浆砌条石、浆砌块石勾缝、砖砌抹防水砂浆、钢筋混凝土以及用堆砌山石作墙体;用条石、山石、混凝土块料以及植被作盖顶。在盛产竹、木材的地方也有用竹、木、圆条和竹片、木板经防腐处理后作竹木桩驳岸。驳岸每隔一定长度要有伸缩缝,其构造和填缝材料的选用应力求经济耐用,施工方便。寒冷地区驳岸背水面需做防冻胀处理,其方法主要包括填充级配砂石、焦渣等多孔隙易滤水的材料;砌筑结构尺寸大的砌体,夯填灰土等坚实、耐压、不透水的材料。

(二)园林护岸

在园林中,自然山地的陡坡、土假山的边坡、园路的边坡和湖池岸边的陡坡,有时为了顺其自然不做驳岸,而是改用斜坡伸向水中做成护坡。护岸主要是防止滑坡,减少水和风浪的冲刷,以保证岸坡的稳定。即通过坚固坡面表土的形式,防止或减轻地表径流对坡面的冲刷,使坡地在坡度较大的情况下也不至于坍塌,从而保护了坡地,维持了园林的地形地貌。

二、驳岸、护岸工程项目划分及注意事项

1. 驳岸、护岸工程项目划分

“园林计量规范”中驳岸、护岸工程包括石(卵石)砌驳岸、原木桩驳岸、满(散)铺砂卵石护岸(自然护岸)、点(散)布大卵石、框格花木护岸等项目。

2. 驳岸、护岸工程工程量清单计价注意事项

(1)驳岸工程的挖土方、开凿石方、回填等应按现行国家标准《房屋建筑与装饰工程工程量计算规范》(GB 50854—2013)附录 A 相关项目编码列项。

(2)木桩钎(梅花桩)按原木桩驳岸项目单独编码列项。

(3)钢筋混凝土仿木桩驳岸,其钢筋混凝土及表面装饰应按现行国家标准《房屋建筑与装饰工程工程量计算规范》(GB 50854—2013)相关项目编码列项,若表面"塑松皮"按"园林计量规范"附录 C"园林景观工程"相关项目编码列项。

(4)框格花木护岸的铺草皮、撒草籽等应按"园林计量规范"附录 A"绿化工程"相关项目编码列项。

三、驳岸、护岸工程工程量计算

(一)相关项目内容介绍

1. 石(卵石)砌驳岸

石(卵石)砌驳岸是指采用天然山石,不经人工整形,顺其自然石形砌筑而成的崎岖、曲折、凹凸变化的自然山石驳岸。这种驳岸适用于水石庭院、园林湖池、假山山涧等水体。驳岸要求基础坚固,埋入湖底深度不得小于 50cm,基础宽度要求在驳岸高度的 0.6～0.8 倍范围内。墙身要确保一定的厚度。墙身处于基础与压顶之间,承受压力最大,包括垂直压力、水的水平压力及墙后土壤侧压力。因此,墙身应具有一定的厚度,墙体高度要以最高水位和水面浪高来确定,岸顶应以贴近水面为好,便于游人亲近水面,并显得蓄水丰盈饱满。压顶为驳岸最上部分,宽度为 30～50cm,用混凝土或大块石做成。其作用是增强驳岸稳定,美化水岸线,阻止墙后土壤流失。如果水体水位变化较大,即雨季水位很高,平时水位很低,为了岸线景观起见,则可将岸壁迎水面做成台阶状,以适应水位的升降。

2. 原木桩驳岸

原木桩驳岸是指取伐倒木的树干或适用的粗枝,按枝种、树径和作用的不同,横向截断成规定长度的木材打桩成的驳岸。木桩要求耐腐、耐湿、坚固、无虫蛀,如柏木、松木、橡树、啸树、杉木等。桩木的规格取决于驳岸的要求和地基的土质情况,一般直径为 10～15cm,长度为 1～2m,弯曲度(h/l)小于 1%。

3. 满(散)铺砂卵石护岸(自然驳岸)

满(散)铺砂卵石护岸(自然驳岸)是指将大量的卵石、砂石等按一定级配与层次堆积、散铺于斜坡式岸边,使坡面土壤的密实度增大,抗坍塌的能力也随之增强。在水体岸坡上采用这种护岸方式,在固定坡土上不仅能起到一定的作用,还能够使坡面得到很好的绿化和美化。

4. 框格花木护岸

框格花木护岸一般是用预制的混凝土框格,覆盖、固定在陡坡坡面,从而固定、保护了坡面,坡面上仍可种草种树。当坡面很高、坡度很大时,采用这种护坡方式的优点比较明显。因此,这种护坡适用于较高的道路边坡、水坝边坡、河堤边坡等陡坡。

(二)工程量计算规则

驳岸、护岸工程工程量计算规则见表 6-12。

表 6-12 驳岸、护岸工程

项目编码	项目名称	项目特征	计量单位	工程量计算规则	工作内容
050202001	石(卵石)砌驳岸	1. 石料种类、规格 2. 驳岸截面、长度 3. 勾缝要求 4. 砂浆强度等级、配合比	1. m³ 2. t	1. 以立方米计量,按设计图示尺寸以体积计算 2. 以吨计量,按质量计算	1. 石料加工 2. 砌石(卵石) 3. 勾缝
050202002	原木桩驳岸	1. 木材种类 2. 桩直径 3. 桩单根长度 4. 防护材料种类	1. m 2. 根	1. 以米计量,按设计图示桩长(包括桩尖)计算 2. 以根计量,按设计图示数量计算	1. 木桩加工 2. 打木桩 3. 刷防护材料
050202003	满(散)铺砂卵石护岸(自然护岸)	1. 护岸平均宽度 2. 粗细砂比例 3. 卵石粒径	1. m² 2. t	1. 以平方米计量,按设计图示尺寸以护岸展开面积计算 2. 以吨计量,按卵石使用质量计算	1. 修边坡 2. 铺卵石
050202004	点(散)布大卵石	1. 大卵石粒径 2. 数量	1. 块(个) 2. t	1. 以块(个)计量,按设计图示数量计算 2. 以吨计量,按卵石使用质量计算	1. 布石 2. 安砌 3. 成型
050202005	框格花木护岸	1. 展开宽度 2. 护坡材质 3. 框格种类与规格	m²	按设计图示尺寸展开宽度乘以长度以面积计算	1. 修边坡 2. 安放框格

(三)工程量计算示例

【例 6-9】 如图 6-10 所示为某园林小品建筑驳岸的局部,该部分驳岸长 8.0m,试计算其工程量。

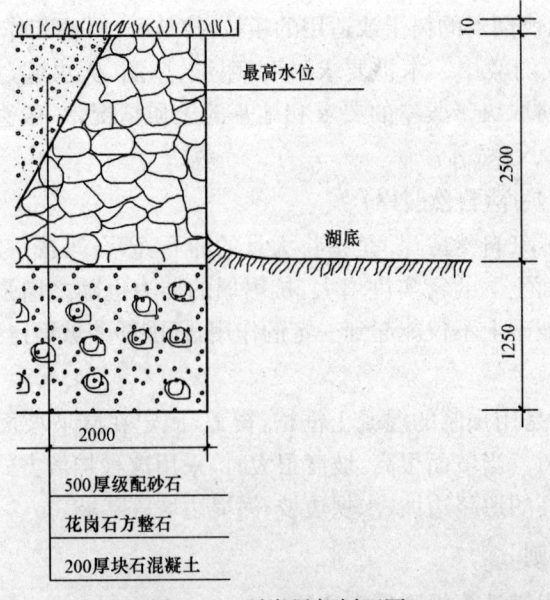

图 6-10 驳岸局部剖面图

【解】 石砌驳岸工程量 $=\left[2.1\times2.0+(2.0+1.2)\times2.0\times\dfrac{1}{2}\right]\times8.0=59.20m^3$

工程量计算结果见表 6-13。

表 6-13   工程量计算结果

项目编码	项目名称	项目特征描述	计量单位	工程量
050202001001	石砌驳岸	驳岸长 8.0m，截面上部为梯形，下部为矩形	m³	59.20

【例 6-10】 某城市公园的人工湖需要使用原木桩驳岸。设计要求规定,所有木桩为柏木桩,桩高为 1.6m,直径为 13.5cm,共 4 排,桩距为 25cm(图 6-11),试计算其工程量。

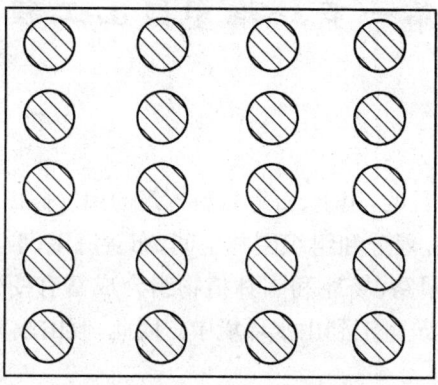

图 6-11 原木桩驳岸平面示意图

【解】   原木桩驳岸工程量＝一根木桩的长度×根数

$$=1.6\times20=32.00m$$

工程量计算结果见表 6-14。

表 6-14   工程量计算结果

项目编码	项目名称	项目特征描述	计量单位	工程量
050202002001	原木桩驳岸	柏木桩，桩高 1.5m 直径 13.5cm	m	32.00

【例 6-11】 某河流堤岸为散铺卵石护岸,已知:护岸的长度为 120m,平均宽度为 13.5m,护岸表面铺卵石,根据要求试计算其工程量。

【解】

$$护岸工程量＝护岸长\times护岸平均宽$$

$$=120\times13.5=1620.00m^2$$

工程量计算结果见表 6-15。

表 6-15   工程量计算结果

项目编码	项目名称	项目特征描述	计量单位	工程量
050202003001	满(散)铺砂卵石护岸(自然护岸)	护岸平均宽度为 13.5m	m²	1620.00

第七章 园林景观工程清单工程量计算

园林景观主要包括自然景观和人文景观两部分。自然景观主要是指山体、水系、植被、农田等;人文景观主要是指建筑物、构筑物、街道、广场、园林小品和历史文物遗迹、文物的保护。

第一节 堆塑假山工程

一、假山概述

假山是园林中以造景为目的,用土、石等材料构筑的山。假山具有多方面的造景功能,如构成园林的主景或地形骨架,划分和组织园林空间,布置庭院、驳岸、护坡、挡土,设置自然式花台。还可以与园林建筑、园路、场地和园林植物组合成富有变化的景致,借以减少人工装饰,增添自然生趣,使园林建筑融汇到山水环境中。因此,假山成为表现中国自然山水园的特征之一。

假山按材料可分为土山、石山和土石相间的山(土多称土山戴石,石多称石山戴土);按施工方式可分为筑山(版筑土山)、掇山(用山石掇合成山)、凿山(开凿自然岩石成山)和塑山(传统是用石灰浆塑成的,现代是用水泥、砖、钢丝网等塑成的假山,如岭南庭园);假山按在园林中的位置和用途可分为园山、厅山、楼山、阁山、书房山、池山、室内山、壁山和兽山;假山按组合形态可分为山体和水体。山体包括峰、峦、顶、岭、谷、壑、岗、壁、岩、岫、洞、坞、麓、台、磴道和栈道;水体包括泉、瀑、潭、溪、涧、池、矶和汀石等。山水宜结合一体,才相得益彰。

二、堆塑假山工程项目划分及注意事项

1. 堆塑假山工程项目划分

"园林计量规范"中堆塑假山工程包括堆筑土山丘,堆砌石假山,塑假山,石笋,点风景石,池、盆景置石,山(卵)石护角,山坡(卵)石台阶等项目。

2. 堆塑假山工程清单计价注意事项

(1)假山(堆筑土山丘除外)工程的挖土方、开凿石方、回填等应按现行国家标准《房屋建筑与装饰工程工程量计算规范》(GB 50854—2013)相关项目编码列项。

(2)如遇某些构配件使用钢筋混凝土或金属构件时,应按现行国家标准《房屋建筑与装饰工程工程量计算规范》(GB 50854—2013)或《市政工程工程量计算规范》(GB 50857—2013)相关项目编码列项。

(3)散铺河滩石按点风景石项目单独编码列项。

(4)堆筑土山丘,适用于夯填、堆筑而成。

三、堆筑土山丘工程量计算

(一)相关项目内容介绍

堆筑土山丘是指山体以土壤堆成,或利用原有凸起的地形、土丘,加堆土以突出其高耸的山形。在堆筑土山丘时为使山体稳固,常需要较宽的山麓,因此,布置土山需要较大的园地面积。

山丘的高度可因需要确定,供人登临的山,为有高大感并利于远眺建造时应高于平地树冠线。在这个高度上可以不致使人产生"见林不见山"的感觉。当山的高度难以满足10～30m这一要求时,要尽可能不在主要欣赏面中靠山脚处种植过大的乔木,而应以低矮灌木突出山的体量。对于那些分隔空间和起障景作用的土山,高度在1.5m可以遮挡视线就足够了。

(二)工程量计算规则

堆筑土山丘工程量计算规则见表7-1。

表 7-1　　　　　　　　　　　　　　　堆筑土山丘

项目编码	项目名称	项目特征	计量单位	工程量计算规则	工作内容
050301001	堆筑土山丘	1. 土丘高度 2. 土丘坡度要求 3. 土丘底外接矩形面积	m³	按设计图示山丘水平投影外接矩形面积乘以高度的1/3以体积计算	1. 取土、运土 2. 堆砌、夯实 3. 修整

(三)工程量计算示例

【例 7-1】　如图 7-1 所示为某公园内的堆筑土山丘的平面图,已知该山丘水平投影的外接矩形长 12m,宽 6m,假山的高度为 8m,试计算其工程量。

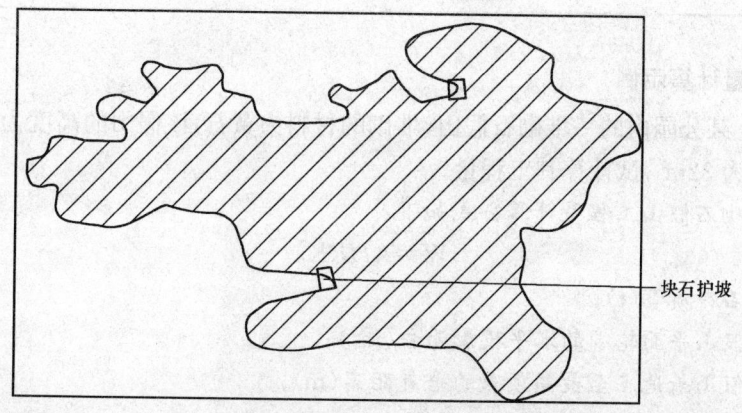

块石护坡

图 7-1　堆筑土山丘水平投影图

【解】　堆筑土山丘工程量＝外接矩形面积×高度×1/3
$$=12×6×8×1/3$$
$$=192m³$$

工程量计算结果见表7-2。

表7-2   **工程量计算结果**

项目编码	项目名称	项目特征描述	计量单位	工程量
050301001001	堆筑土山丘	土山丘外接矩形长12m,宽6m,假山高8m	m³	192

四、堆砌石假山工程量计算

(一)相关项目内容介绍

石假山的堆山材料主要是自然山石,只在石间空隙处填土配植植物。石假山一般规模都比较小,主要用在庭院、水池等空间比较闭合的环境中,或者在公园一角做瀑布、滴泉的山体。一般较大型开放的供人们休息娱乐的大型广场中不设置石假山。

假山石料有江南太湖石、广东英石、华北类太湖石、华北清石、山东青石、笋石、剑石、山涧水冲石等,多为石灰石经过长期风蚀、水蚀而成,因而形态各异。

(二)工程量计算规则

堆砌石假山工程量计算规则见表7-3。

表7-3   **堆砌石假山**

项目编码	项目名称	项目特征	计量单位	工程量计算规则	工作内容
050301002	堆砌石假山	1. 堆砌高度 2. 石料种类、单块质量 3. 混凝土强度等级 4. 砂浆强度等级、配合比	t	按设计图示尺寸以质量计算	1. 选料 2. 起重机搭、拆 3. 堆砌、修整

(三)工程量计算示例

【例7-2】 某公园内的一堆砌石假山,堆砌的材料为黄石,该假山的高度为3.5m,假山的实际投影面积为32m²,试计算其工程量。

【解】 堆砌石假山工程量计算公式如下:

$$W = AHRK_n$$

式中 W——石料质量(t);

      A——假山平面轮廓的水平投影面积(m²);

      H——假山着地点至最高顶点的垂直距离(m);

      R——石料比重,黄(杂)石 2.6t/m³,湖石 2.2t/m³;

      K_n——折算系数,高度在2m以内 $K_n=0.65$,高度在4m以内 $K_n=0.56$。

故本例中

$$堆砌石假山工程量 = 32×3.5×2.6×0.56 = 163.072t$$

工程量计算结果见表7-4。

表7-4 工程量计算结果

项目编码	项目名称	项目特征描述	计量单位	工程量
050301002001	堆砌石假山	山石材料为黄石,山高3.5m	t	163.072

【例7-3】 某公园需要建造人造假山,根据具体的造型尺寸标注,如图7-2所示,石材主要是太湖石,石材间用水泥砂浆勾缝堆砌,试计算其工程量。

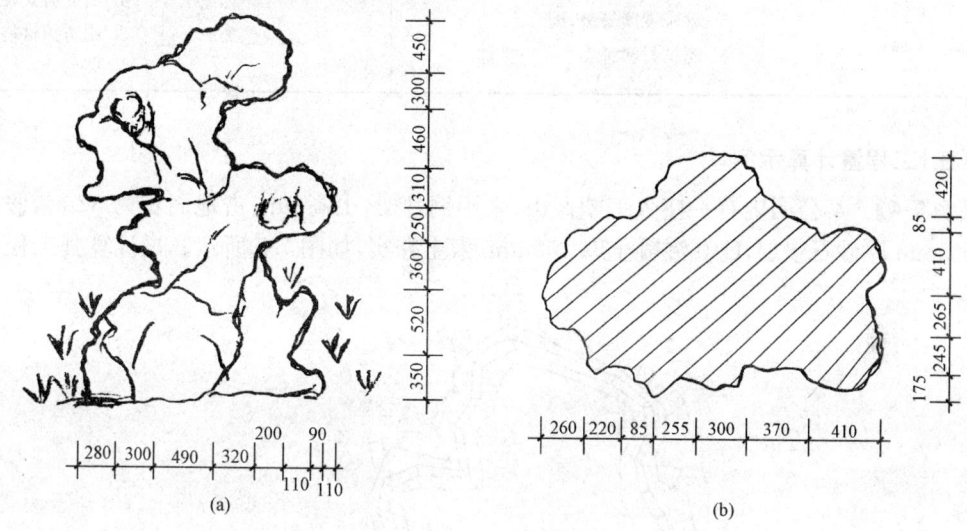

图7-2 人造假山示意图
(a)立面图;(b)平面图

【解】 该假山的高度为3m,$K_n = 0.56$,湖石密度为2.2t/m³,则:

人造假山工程量=1.9×1.6×3×2.2×0.56=11.236t

工程量计算结果见表7-5。

表7-5 工程量计算结果

项目编码	项目名称	项目特征描述	计量单位	工程量
050301002001	堆砌石假山	太湖石,石材间用水泥砂浆勾缝堆砌,高度3m	t	11.236

五、塑假山工程量计算

(一)相关项目内容介绍

现代园林中,为了降低假山石景的造价和增强假山石景景物的整体性,通常采用水泥材料以人工塑造的方式来制作假山或石景。做人造山石,一般先以铁条或钢筋为骨架做成山石模胚与骨架,然后用小块的英德石贴面,贴英德石时应注意理顺褶皱,并使色泽一致,最后塑造成的山石就会比较逼真。

(二)工程量计算规则

塑假山工程量计算规则见表7-6。

表 7-6　　　　　　　　　　　　　　塑假山

项目编码	项目名称	项目特征	计量单位	工程量计算规则	工作内容
050301003	塑假山	1. 假山高度 2. 骨架材料种类、规格 3. 山皮料种类 4. 混凝土强度等级 5. 砂浆强度等级、配合比 6. 防护材料种类	m²	按设计图示尺寸以展开面积计算	1. 骨架制作 2. 假山胎膜制作 3. 塑假山 4. 山皮料安装 5. 刷防护材料

(三)工程量计算示例

【例 7-4】　某公园内有一座人工塑假山,采用钢骨架,山高 9m,占地面积为 32m²,假山地基为 35mm 厚砂石垫层,C10 混凝土厚 100mm,素土夯实,如图 7-3 所示。试计算其工程量。

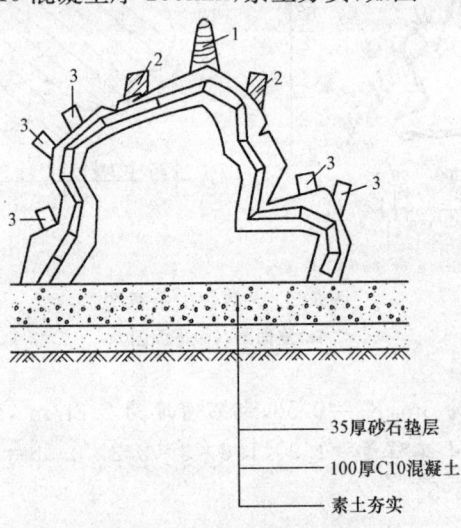

35厚砂石垫层
100厚C10混凝土
素土夯实

图 7-3　人工塑假山剖面图
1—白果笋;2—景石;3—零星点布石

【解】　　　　　　　　　人工塑假山工程量＝32m²

工程量计算结果见表 7-7。

表 7-7　　　　　　　　　　　工程量计算结果

项目编码	项目名称	项目特征描述	计量单位	工程量
050301003001	塑假山	人工塑假山,钢骨架,山高 9m	m²	32

六、石笋,点风景石,池、盆景置石工程量计算

(一)相关项目内容介绍

1. 石笋

石笋颜色多为淡灰绿色、土红灰色或灰黑色,质重而脆,是一种长形的砾岩岩石。石形修

长呈条柱状,立于地上即为石笋,顺其纹理可竖向劈分。石柱中含有白色的小砾石,如白果般大小。若石面上"白果"未风化的,则称为龙岩;若石面砾石已风化成一个个小穴窝,则称为凤岩。石面还有不规则的裂纹。大多数石笋都有三面可观,仅背面光秃无可观,可用于竹林中做竖立配置,有"雨后春笋"般的景观效果,如扬州个园的春山(竹石春景)就用的是石笋石。这种石材产于浙江与江西交界的常山、玉山一带。常见石笋有白果笋、乌炭笋、慧剑、钟乳石笋等。

2. 点风景石

点风景石是一种布置独立不具备山形但以奇特的形状为审美特征的石质观赏品。用于点风景石的石料包括太湖石、仲宫石、房山石、英德石和宣石等。

点风景石是以石材或仿石材布置成自然露岩景观的造景手法。点风景石还可结合它的挡土、护坡和作为种植床等实用功能,用以点缀风景园林空间。点风景石时要注意石身的形状和纹理,宜立则立,宜卧则卧,纹理和背向需要一致。其选石多半应选具有"透、漏、瘦、皱、丑"特点的具有观赏性的石材。由于点风景石所用的山石材料较少,结构比较简单,所以施工也相对简单。

3. 池、盆景置石

池石是布置在水池中的点风景石。盆景中的山水景观大多数都是按照真山真水形象塑造的,而且有着显著的小中见大的艺术效果,能够让人领会到咫尺千里的山水意境。

池石的山石高度要与环境空间和水池的体量相称,一般石景的高度应小于水池长度的1/2。

(二)工程量计算规则

石笋,点风景石,池、盆景置石工程量计算规则见表7-8。

表7-8 石笋,点风景石,池、盆景置石

项目编码	项目名称	项目特征	计量单位	工程量计算规则	工作内容
050301004	石笋	1. 石笋高度 2. 石笋材料种类 3. 砂浆强度等级、配合比	支	1. 以块(支、个)计量,按设计图示数量计算 2. 以吨计量,按设计图示石料质量计算	1. 选石料 2. 石笋安装
050301005	点风景石	1. 石料种类 2. 石料规格、质量 3. 砂浆配合比	1. 块 2. t		1. 选石料 2. 起重架搭、拆 3. 点石
050301006	池、盆景置石	1. 底盘种类 2. 山石高度 3. 山石种类 4. 混凝土砂浆强度等级 5. 砂浆强度等级、配合比	1. 座 2. 个	按设计图示数量计算	1. 底盘制作、安装 2. 池、盆景山石安装、砌筑

(三)工程量计算示例

【例7-5】 某市区内的公园种植竹林,并以石笋做点缀。根据设计要求,其石笋采用白果笋,该景区共布置 3 支白果笋,其立面布置及造型尺寸如图 7-4 所示,试计算其工程量。

图 7-4　白果笋点缀立面图

【解】　工程量计算结果见表 7-9。

表 7-9　　　　　　　　　　　　　　　工程量计算结果

项目编码	项目名称	项目特征描述	计量单位	工程量
050301004001	石笋	白果笋,高 3.2m	支	1
050301004002	石笋	白果笋,高 2.2m	支	1
050301004003	石笋	白果笋,高 1.5m	支	1

【例 7-6】　某公园草地上零星点布 5 块风景石,其平面布置如图 7-5 所示,石材选用太湖石,试计算其工程量。

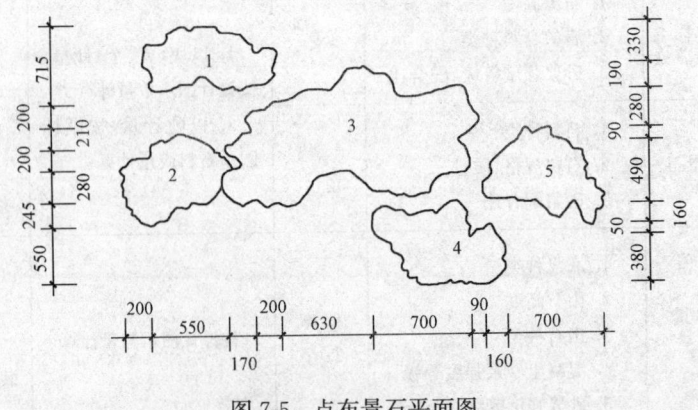

图 7-5　点布景石平面图

【解】　　　　　　　　　　　点风景石工程量＝5 块

工程量计算结果见表 7-10。

表 7-10　　　　　　　　　　　　　　工程量计算结果

项目编码	项目名称	项目特征描述	计量单位	工程量
050301005001	点风景石	太湖石	块	5

【例 7-7】　某景区人工湖中有一单峰石石景,其材料构成为黄石,底盘为正方形混凝土,底盘高度为 4.6m,水平投影面积为 16.8m²,试计算其工程量。

【解】　　　　　　　　　　　　池石工程量＝1 座

工程量计算结果见表 7-11。

表 7-11　　　　　　　　　　　　　　工程量计算结果

项目编码	项目名称	项目特征描述	计量单位	工程量
050301006001	池、盆景置石	混凝土底盘、山高 4.6m,水平投影面积为 16.8m²,黄石结构,单峰石石景	座	1

七、山(卵)石护角、山坡(卵)石台阶工程量计算

(一)相关项目内容介绍

1. 山(卵)石护角

山(卵)石护角是指土山或堆石山的山角堆砌的山(卵)石,起挡土石和点缀的作用。山(卵)石护角是为了使假山呈现设计预定的轮廓而在转角用山(卵)石设置的保护山体的一种措施。

2. 山坡(卵)石台阶

山坡(卵)石台阶是指随山坡而砌,多使用不规则的块石,砌筑的台阶一般无严格统一的每步台阶高度限制,踏步和踢脚无须石表面加工或有少许加工(打荒)。制作山坡石台阶所用石料规格应符合要求,一般片石厚度不得小于 15cm,不得有尖锐棱角;块石应有两个较大的平行面,形状大致方正,厚度为 20～30cm,宽度为厚度的 1～1.5 倍,长度为厚度的 1.5～3 倍,粗料石厚度不得小于 20cm,宽度为厚度的 1～1.5 倍,长度为厚度的 1.5～4 倍,要错缝砌筑。

台阶踏面应做成稍有坡度,其适宜的坡度在 1% 为好,以利排水、防滑等。踏板突出于竖板的宽度不应超过 2.5cm,以防绊倒。

(二)工程量计算规则

山(卵)石护角、山坡(卵)石台阶工程量计算规则见表 7-12。

表 7-12　　　　　　　　　　　山(卵)石护角、山坡(卵)石台阶

项目编码	项目名称	项目特征	计量单位	工程量计算规则	工作内容
050301007	山(卵)石护角	1. 石料种类、规格 2. 砂浆配合比	m³	按设计图示尺寸以体积计算	1. 石料加工 2. 砌石
050301008	山坡(卵)石台阶	1. 石料种类、规格 2. 台阶坡度 3. 砂浆强度等级	m²	按设计图示尺寸以水平投影面积计算	1. 选石料 2. 台阶砌筑

(三)工程量计算示例

【例 7-8】 如图 7-6 所示为某景区内的一带土假山,根据设计要求的规定:

(1)需要在假山的拐角处设置山石护角,每块石的规格为 1.5m×0.6m×0.8m。

(2)假山中修有山石台阶,每个台阶的规格为 0.6m×0.4m×0.3m。

(3)台阶共 8 级,台阶为 C10 混凝土,厚度为 130mm,表面抹水泥抹面,素土夯实,山石材料为黄石。

根据上述设计要求试计算其工程量。

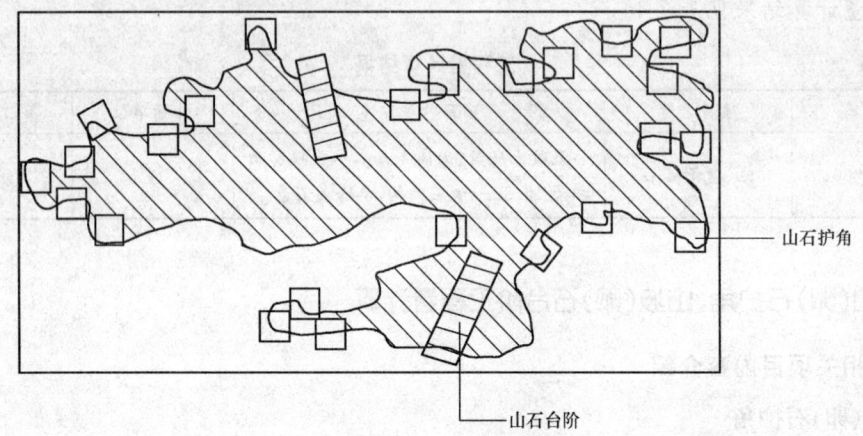

图 7-6 带土假山示意图

【解】 (1)山石护角工程量＝长×宽×高＝1.5×0.6×0.8＝0.72m³

(2)山坡石台阶工程量＝长×宽×台阶数＝0.6×0.4×8＝1.92m²

工程量计算结果见表 7-13。

表 7-13 　　　　　　　　　　工程量计算结果

项目编码	项目名称	项目特征描述	计量单位	工程量
050301007001	山(卵)石护角	每块石的规格为 1.5m×0.6m ×0.8m	m³	0.72
050301008001	山坡(卵)石台阶	C10 混凝土结构,表面抹水泥抹面,C10 混凝土厚度为 130mm	m²	1.92

第二节　原木、竹构件

一、原木、竹构件简介

原木、竹构件是指由原木、竹做成的构件。

原木主要取伐倒树木的树干或适用的粗枝,按树种、树径和用途的不同,横向截断成规定长度的木材。原木是商品木材供应中最主要的材种,分为直接使用原木和加工用原木两大类。直接用原木有坑木、电杆和桩木;加工用原木又分为一般加工用材和特殊加工用材。特殊加工用材有造船材、车辆材和胶合板材。各种原木的径级、长度、树种及材质要求,应根据相关国家标准确定。

二、原木、竹构件工程项目划分及注意事项

1. 原木、竹构件工程项目划分

"园林计量规范"中原木、竹构件工程包括原木(带树皮)柱、梁、檩、椽,原木(带树皮)墙,树枝吊挂楣子,竹柱、梁、檩、椽,竹编墙,竹吊挂楣子等项目。

2. 原木、竹构件工程工程量清单计价注意事项

(1)木构件连接方式应包括:开榫连接、铁件连接、扒钉连接、铁钉连接。

(2)竹构件连接方式应包括:竹钉固定、竹篾绑扎、铁丝连接。

三、原木(带树皮)柱、梁、檩、椽工程量计算

(一)相关项目内容介绍

(1)柱类构件是指各种檐柱、金柱、中柱、山柱、通柱、童柱、擎檐柱等各种圆形、方形、八角形、六角形截面的木柱。

(2)梁类构件是指二、三、四、五、六、七、八、九架梁,单步梁、双步梁、三步梁、天花梁、斜梁、递角梁、抱头梁、挑尖梁、接尾梁、抹角梁、踩步金梁、承重梁、踩步梁等各种受弯承重构件。

(3)桁、檩类构件是指檐檩、金檩、脊檩、正心桁、挑檐桁、金桁、脊桁、扶脊木等构件。

(二)工程量计算规则

原木(带树皮)柱、梁、檩、椽工程量计算规则见表7-14。

表 7-14　　　　　　　　　　　　原木(带树皮)柱、梁、檩、椽

项目编码	项目名称	项目特征	计量单位	工程量计算规则	工作内容
050302001	原木(带树皮)柱、梁、檩、椽	1. 原木种类 2. 原木直(梢)径(不含树皮厚度) 3. 墙龙骨材料种类、规格 4. 墙底层材料种类、规格 5. 构件联结方式 6. 防护材料种类	m	按设计图示尺寸以长度计算(包括榫长)	1. 构件制作 2. 构件安装 3. 刷防护材料

(三)工程量计算示例

【例7-9】　某景观工程共计有松木制造的立柱8根,已知每根柱长3m,直径450mm,试计算其工程量。

【解】　　　　　　　　　原木柱工程量=3×8=24m

工程量计算结果见表7-15。

表 7-15　　　　　　　　　　　　　工程量计算结果

项目编码	项目名称	项目特征描述	计量单位	工程量
050302001001	原木(带树皮)柱、梁、檩、椽	松木,直径450mm	m	24

四、原木(带树皮)墙工程量计算

(一)相关项目内容简介

原木(带树皮)墙是指取用伐倒木的树干,也可取用合适的粗枝,保留树皮,横向截断成规定长度的木材,通过适当的连接方式所制成的墙体来分隔空间。

(二)工程量计算规则

原木(带树皮)墙工程量计算规则见表7-16。

表 7-16　　　　　　　　　　　　　　原木(带树皮)墙

项目编码	项目名称	项目特征	计量单位	工程量计算规则	工作内容
050302002	原木(带树皮)墙	1. 原木种类 2. 原木直(梢)径(不含树皮厚度) 3. 墙龙骨材料种类、规格 4. 墙底层材料种类、规格 5. 构件联结方式 6. 防护材料种类	m²	按设计图示尺寸以面积计算(不包括柱、梁)	1. 构件制作 2. 构件安装 3. 刷防护材料

(三)工程量计算示例

【例 7-10】　某景区根据设计要求,其原木墙要做成高低参差不齐的形状,如图 7-7 所示,原木采用直径均为 12cm 的松木,试计算原木墙的工程量。

已知原木的规格如下:

高 1.5m,8 根

高 1.6m,7 根

高 1.7m,8 根

高 1.8m,5 根

高 1.9m,6 根

高 2.0m,6 根

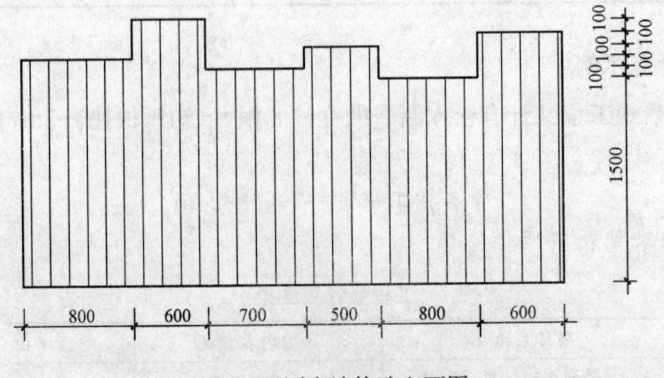

图 7-7　原木墙构造立面图

【解】　原木墙工程量＝0.8×1.7＋0.6×2.0＋0.7×1.6＋0.5×1.8＋0.8×1.5＋0.6×1.9
　　　　　　＝5.84m²

工程量计算结果见表 7-17。

表 7-17　　　　　　　　　　　　　　工程量计算结果

项目编码	项目名称	项目特征描述	计量单位	工程量
050302002001	原木(带树皮)墙	松木,直径为 12cm	m²	5.84

五、树枝吊挂楣子工程量计算

(一)相关项目内容简介

树枝吊挂楣子是指用树枝编织加工制成的吊挂楣子。吊挂楣子是安装于建筑檐柱间兼有装饰和实用功能的装修件。根据位置不同,可分为倒挂楣子和座凳楣子。倒挂楣子安装于檐枋之下,有丰富和装点建筑立面的作用;座凳楣子安装在檐下柱间,除有丰富立面的功能外,还可供人坐下休息。楣子的棂条花格形式同一般装修。还有将倒挂楣子用整块木板雕刻成花罩形式的,称为花罩楣子。

倒挂楣子主要由边框、棂条以及花牙子等构件组成,楣子高(上下横边外皮尺寸)一尺至一尺半不等,临期酌定。边框断面为 4cm×5cm 或 4.5cm×6cm,小面为看面,大面为进深。棂条断面同一般装修棂条,花牙子是安装在楣子立边与横边交角处的装饰件,通常做双面透雕,常见的花纹图案有草龙、番草、松、竹、梅、牡丹等。

(二)工程量计算规则

树枝吊挂楣子工程量计算规则见表 7-18。

表 7-18　　　　　　　　　　　　　　树枝吊挂楣子

项目编码	项目名称	项目特征	计量单位	工程量计算规则	工作内容
050302003	树枝吊挂楣子	1. 原木种类 2. 原木直(梢)径(不含树皮厚度) 3. 墙龙骨材料种类、规格 4. 墙底层材料种类、规格 5. 构件联结方式 6. 防护材料种类	m²	按设计图示尺寸以框外围面积计算	1. 构件制作 2. 构件安装 3. 刷防护材料

六、竹柱、梁、檩、椽工程量计算

(一)相关项目内容介绍

竹柱、梁、檩、椽是指用竹材料加工制作而成的柱、梁、檩、椽,是园林中亭、廊、花架等的构件。

(二)工程量计算规则

竹柱、梁、檩、椽工程量计算规则见表 7-19。

表 7-19 竹柱、梁、檩、椽

项目编码	项目名称	项目特征	计量单位	工程量计算规则	工作内容
050302004	竹柱、梁、檩、椽	1. 竹种类 2. 竹直(梢)径 3. 连接方式 4. 防护材料种类	m	按设计图示尺寸以长度计算	1. 构件制作 2. 构件安装 3. 刷防护材料

七、竹编墙工程量计算

(一)相关项目内容介绍

竹编墙是指用竹材料编成的墙体,用来分隔空间和防护之用。竹的种类应选用质地坚硬、直径为 10~15mm、尺寸均匀的竹子,并要求对其进行防腐防虫处理。墙龙骨的种类有木框、竹框、水泥类面层等。

(二)工程量计算规则

竹编墙工程量计算规则见表 7-20。

表 7-20 竹编墙

项目编码	项目名称	项目特征	计量单位	工程量计算规则	工作内容
050302005	竹编墙	1. 竹种类 2. 墙龙骨材料种类、规格 3. 墙底层材料种类、规格 4. 防护材料种类	m²	按设计图示尺寸以面积计算(不包括柱、梁)	1. 构件制作 2. 构件安装 3. 刷防护材料

(三)工程量计算示例

【例 7-11】 某工程需要采用竹编墙进行房屋的空间隔设,已知房间地板的面积为 106m²,地板为水泥地板。竹编墙长度为 4.8m,宽 3.2m,墙中的龙骨也为竹制,横龙骨长为 4.8m,通贯龙骨长 4.5m,竖龙骨长 3.2m,龙骨直径为 18mm,试计算其工程量。

【解】 竹编墙工程量＝长×宽＝4.8×3.2＝15.36m²

工程量计算结果见表 7-21。

表 7-21 工程量计算结果

项目编码	项目名称	项目特征描述	计量单位	工程量
050302005001	竹编墙	墙中龙骨为竹制,横龙骨长 4.8m,通贯龙骨长 4.5m,竖龙骨长 3.2m,龙骨直径为 18mm,地板为水泥地板	m²	15.36

八、竹吊挂楣子工程量计算

(一)相关项目内容介绍

竹吊挂楣子是用竹编织加工制成的吊挂楣子,是用竹材质做成各种花纹图案。竹的种类按其地下茎和地面生长情况,分为如下三种类型:单轴散生型,如毛竹、紫竹、斑竹、方竹、刚竹等;合轴丛生型,如凤尾竹、孝顺竹、佛肚竹等;复轴混生型,如茶秆竹、箬竹、菲白竹等。竹吊挂楣子刷防护漆时应符合如下要求:

(1)在竹材表面涂刷生漆、铝质厚漆等可防水。

(2)用 30# 石油沥青或煤焦油,加热涂刷竹材表面,可起防虫蛀的功效。

(3)配制氟硅酸钠、氨水和水的混合剂,每隔 1h 涂刷竹材一次,共涂刷三次,或将竹材浸渍于此混合剂中,可起防腐的功效。

(二)工程量计算规则

竹吊挂楣子工程量计算规则见表 7-22。

表 7-22 竹吊挂楣子

项目编码	项目名称	项目特征	计量单位	工程量计算规则	工作内容
050302006	竹吊挂楣子	1. 竹种类 2. 竹梢径 3. 防护材料种类	m²	按设计图示尺寸以框外围面积计算	1. 构件制作 2. 构件安装 3. 刷防护材料

(三)工程量计算示例

【例 7-12】 如图 7-8 所示为某公园内的竹制圆亭子。设计要求规定:

(1)该亭子的直径为 3m,柱子直径为 10cm,共有 6 根。

(2)竹子梁的直径为 10cm,长 1.8m,共 4 根。

(3)竹檩条的直径为 6cm,长 1.6m,共 6 根。

(4)竹子椽条的直径为 4cm,长 1.2m,共 64 根,并在檐房下挂着斜万字纹竹吊挂楣子,高 12cm。

根据上述要求试计算其工程量。

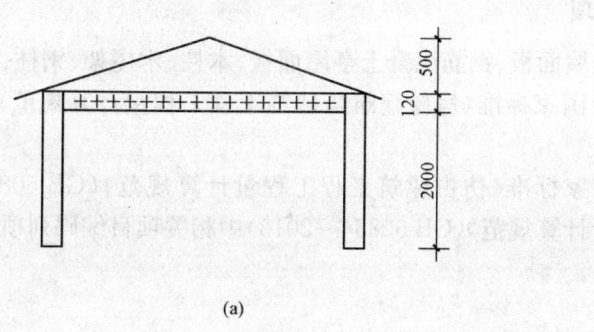
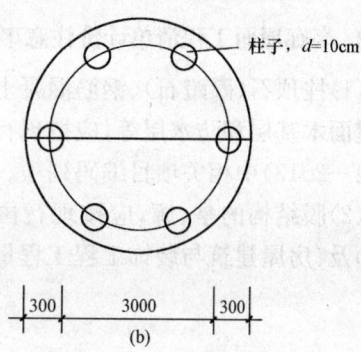

图 7-8 亭子构造示意图

(a)立面图;(b)平面图

【解】 竹柱工程量＝2.12×6＝12.72m

竹梁工程量＝1.8×4＝7.20m

竹檩条工程量＝1.6×6＝9.60m

竹椽条工程量＝1.2×64＝76.80m

竹吊挂楣子工程量＝亭子的周长×竹吊挂楣子的高度

$$＝3.14×(3＋0.3×2)×0.12$$

$$＝1.36m^2$$

工程量计算结果见表7-23。

表 7-23　　　　　　　　　　工程量计算结果

项目编码	项目名称	项目特征描述	计量单位	工程量
050302004001	竹柱	柱所用竹子直径10cm	m	12.72
050302004002	竹梁	竹梁的直径为10cm	m	7.20
050302004003	竹檩条	竹檩条的直径为6cm	m	9.60
050302004004	竹椽条	竹椽条的直径为4cm	m	76.80
050302006001	竹吊挂楣子	斜万字纹竹吊挂楣子,高12cm	m²	1.36

第三节　亭廊屋面工程

一、亭廊屋面工程项目划分及注意事项

1. 亭廊屋面工程项目划分

"园林计量规范"中亭廊屋面工程包括草屋面、竹屋面、树皮屋面、油毡瓦屋面、预制混凝土穹顶、彩色压型钢板(夹芯板)攒尖亭屋面板、彩色压型钢板(夹芯板)穹顶、玻璃屋面、木(防腐木)屋面等项目。

2. 亭廊屋面工程清单计价注意事项

(1)柱顶石(磉蹬石)、钢筋混凝土屋面板、钢筋混凝土亭屋面板、木柱、木屋架、钢柱、钢屋架、屋面木基层和防水层等,应按现行国家标准《房屋建筑与装饰工程工程量计算规范》(GB 50854—2013)中相关项目编码列项。

(2)膜结构的亭、廊,应按现行国家标准《仿古建筑工程工程量计算规范》(GB 50855—2013)及《房屋建筑与装饰工程工程量计算规范》(GB 50854—2013)中相关项目编码列项。

二、亭廊屋面工程工程量计算

(一)相关项目内容介绍

1. 草屋面

草屋面是指用草铺设建筑顶层的构造层。草屋面具有防水功能而且自重荷载小,能够满足承重性能较差的主体结构。草屋面的屋面坡度应满足下列要求:

(1)单坡跨度大于 9m 的屋面宜做结构找坡,且坡度不应小于 3%。

(2)当材料找坡时,可用轻质材料或保温层找坡,坡度宜为 2%。

(3)天沟、檐沟纵向坡度不应小于 1%,沟底水落差不得超过 200mm;天沟、檐沟排水不得流经变形缝和防火墙。

(4)卷材屋面的坡度不宜超过 25%,当坡度超过 25%时应采取防止卷材下滑的措施。

(5)刚性防水屋面应采用结构找坡,且坡度宜为 2%~3%。

2. 竹屋面

竹屋面是指建筑顶层的构造层由竹材料铺设而成。竹屋面的屋面坡度要求与草屋面基本相同。竹作为建筑材料,凭借竹材的纯天然的色彩和质感,给人们贴近自然、返璞归真的感觉,受到各阶层游人的喜爱。竹材的施工应符合下列要求:

(1)竹材表面均刮掉竹青,进行砂光,并用桐油或清漆照面两度。

(2)同类构件选材尽可能直径大小一致,竹材要挺直。

(3)竹材需经防腐、防蛀处理。

3. 树皮屋面

树皮屋面是指建筑顶层的构造层由树皮铺设而成的屋面。树皮屋面的铺设是用桁、椽搭接于梁架上,再在上面铺树皮做脊。

4. 油毡瓦屋面

油毡瓦是以玻纤毡为胎基的彩色块瓦状的防水片材,又称沥青瓦。油毡瓦由于色彩丰富、形状多样近年来已得到广泛应用。油毡瓦屋面适用于防水等级为Ⅱ级、Ⅲ级的屋面防水。当油毡瓦单独使用时,可用于Ⅲ级的屋面防水;油毡瓦与防水卷材或防水涂膜复合使用时,可用于Ⅱ级的屋面防水。油毡瓦屋面的排水坡度不应小于 20%。当屋面坡度大于 150%时,应采取固定加强措施。

5. 预制混凝土穹顶

预制混凝土穹顶是指在施工现场安装之前,在预制加工厂预先加工而成的混凝土穹顶。穹顶是指屋顶形状似半球形的拱顶。亭的屋顶造型有攒尖顶、翘檐角、三角形、多角形、扇形、平顶等多种,其屋面坡度因其造型不同而有所差异,但均应达到排水要求。

6. 彩色压型钢板(夹芯板)攒尖亭屋面板

彩色压型钢板是指采用彩色涂层钢板,经辊压冷弯成各种波形的压型板。这些彩色压型钢板可以单独使用,用于不保温建筑的外墙、屋面或装饰,也可以与岩棉或玻璃棉组合成各种保温屋面及墙面。它具有质轻、高强、色泽丰富、施工方便快捷、防震、防火、防雨、寿命长、免维修等特点,现已被逐渐推广应用。

彩色压型钢板(夹芯板)攒尖亭屋面板是由厚度 0.8~1.6mm 的薄钢板经冲压而成的彩

色瓦楞状产品加工成的攒尖亭屋面板。

攒尖式屋顶没有正脊,而只有垂脊,垂脊的多少根据实际建筑需要而定,一般双数的居多,而单数的较少。如:有三条脊的,有四条脊的,有六条脊的,有八条脊的,分别称为三角攒尖顶,四角攒尖顶,六角攒尖顶,八角攒尖顶等。另外,还有一种圆形,也就是没有垂脊的。

7. 彩色压型钢板(夹芯板)穹顶

彩色压型钢板(夹芯板)穹顶是指由厚度为 0.8~1.6mm 的薄钢板经冲压而成的彩色瓦楞状产品所加工成的穹顶。

8. 玻璃屋面

玻璃屋面又称玻璃采光顶,是指由玻璃铺设而成的屋面。大面积天井上加盖各种形式和颜色的玻璃采光顶,构成一个不受气候影响的室内玻璃顶空间。玻璃采光顶按其造型形式分为单体玻璃采光顶、群体玻璃采光顶、连体玻璃采光顶;按其制作方法分为铝合金隐框玻璃采光顶、玻璃镶嵌式铝合金采光顶。玻璃屋面施工前应对琉璃构件逐块进行检查,所用构件应符合设计要求及相关规定。凡有裂缝、隐残及外观变形、掉釉者均应剔除不用。搬运玻璃构件时,应轻拿轻放,检查合格后须按构件种类、规格分别码放整齐备用。玻璃屋面一般应先做好瓦面,然后再调脊,即"压肩"做法。

9. 木(防腐木)屋面

木(防腐木)屋面是指用木梁或木屋架(桁架)、檩条(木檩或钢檩)、木望板及屋面防水材料等组成的屋盖。

(二)工程量计算规则

亭廊屋面工程工程量计算规则见表 7-24。

表 7-24　　　　　　　　　　　　　　亭廊屋面

项目编码	项目名称	项目特征	计量单位	工程量计算规则	工作内容
050303001	草屋面	1. 屋面坡度 2. 铺草种类 3. 竹材种类 4. 防护材料种类	m²	按设计图示尺寸以斜面计算	1. 整理、选料 2. 屋面铺设 3. 刷防护材料
050303002	竹屋面			按设计图示尺寸以实铺面积计算(不包括柱、梁)	
050303003	树皮屋面			按设计图示尺寸以屋面结构外围面积计算	
050303004	油毡瓦屋面	1. 冷底子油品种 2. 冷底子油涂刷遍数 3. 油毡瓦颜色规格		按设计图示尺寸以斜面计算	1. 清理基层 2. 材料裁接 3. 刷油 4. 铺设
050303005	预制混凝土穹顶	1. 穹顶弧长、直径 2. 肋截面尺寸 3. 板厚 4. 混凝土强度等级 5. 拉杆材质、规格	m³	按设计图示尺寸以体积计算。混凝土脊和穹顶的肋、基梁并入屋面体积	1. 模板制作、运输、安装、拆除、保养 2. 混凝土制作、运输、浇筑、振捣、养护 3. 构件运输、安装 4. 砂浆制作、运输 5. 接头灌缝、养护

续表

项目编码	项目名称	项目特征	计量单位	工程量计算规则	工作内容
050303006	彩色压型钢板(夹芯板)攒尖亭屋面板	1. 屋面坡度 2. 穹顶弧长、直径 3. 彩色压型钢(夹芯)板品种、规格	m²	按设计图示尺寸以实铺面积计算	1. 压型板安装 2. 护角、包角、泛水安装 3. 嵌缝 4. 刷防护材料
050303007	彩色压型钢板(夹芯板)穹顶	4. 拉杆材质、规格 5. 嵌缝材料种类 6. 防护材料种类			
050303008	玻璃屋面	1. 屋面坡度 2. 龙骨材质、规格 3. 玻璃材质、规格 4. 防护材料种类			1. 制作 2. 运输 3. 安装
050303009	木(防腐木)屋面	1. 木(防腐木)种类 2. 防护层处理			1. 制作 2. 运输 3. 安装

(三)工程量计算示例

【例 7-13】 某城市公园房屋建筑屋顶的结构层由草铺设而成,如图 7-9 所示,试根据图示尺寸,计算其工程量。

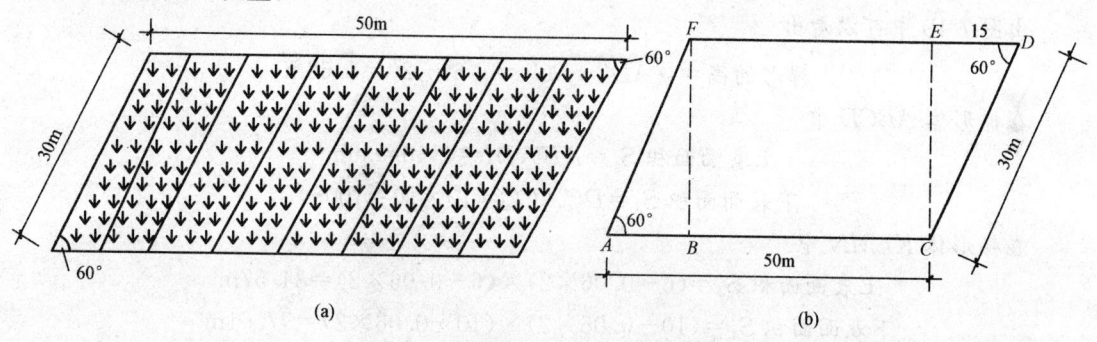

图 7-9　屋顶平面、剖面、分解示意图

(a)屋顶平面图;(b)屋顶平面分解示意图

注:屋面坡度为 0.4,屋面长 50m,宽 30m

【解】 从图中可以看出屋面面积即为□ABCD 的面积,即

$$草屋面工程量 = 50 \times 30 \times \sin 60° = 1299.04 m²$$

工程量计算结果见表 7-25。

表 7-25　　　　　　　　　工程量计算结果

项目编码	项目名称	项目特征描述	计量单位	工程量
050303001001	草屋面	屋面坡度为 0.4	m²	1299.04

【例 7-14】 某亭顶为预制混凝土半球形的凉亭,其亭顶的构造及尺寸如图 7-10 所示。

试根据图示尺寸计算其工程量。

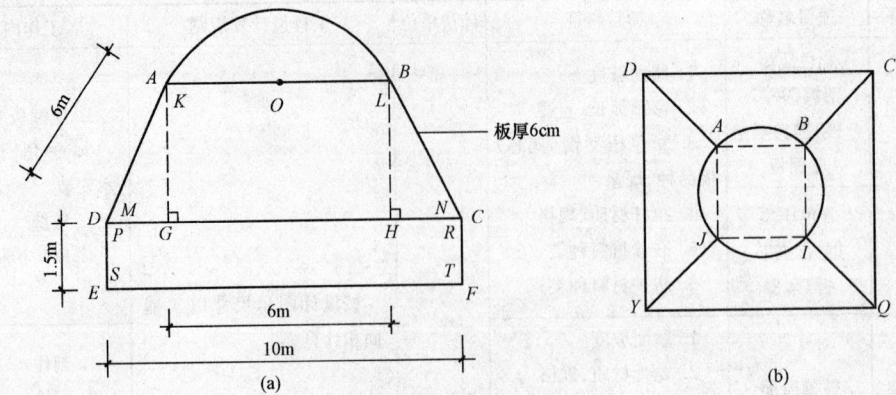

图 7-10　亭顶的构造及尺寸

(a)亭顶结构分析图；(b)亭顶平面图

【解】　(1)半球壳体的工程量。

$$工程量=半球体\ AOB\ 的体积-半球体\ KOL\ 的体积$$

$$=\left[\frac{4}{3}\times\pi\times3^3-\frac{4}{3}\times\pi\times(3-0.06)^3\right]/2$$

$$=3.33\text{m}^3$$

(2)等腰梯形体 ABCD 的工程量。

由图 7-10 中可以看出

$$梯形的高=\sqrt{AD^2-DG^2}=\sqrt{6^2-2^2}=5.66\text{m}$$

在梯形体 ABCD 中

$$上表面面积\ S_1=AB\times BI=6\times6=36\text{m}^2$$

$$下表面面积\ S_2=DC\times CQ=10\times10=100\text{m}^2$$

在梯形体 KLMN 中

$$上表面面积\ S_3=(6-0.06\times2)\times(6-0.06\times2)=34.57\text{m}^2$$

$$下表面面积\ S_4=(10-0.06\times2)\times(10-0.06\times2)=97.61\text{m}^2$$

等腰梯形体的工程量=梯形体 ABCD 的体积-梯形体 KLMN 的体积

$$=\frac{1}{3}(S_1+S_2+\sqrt{S_1S_2})H-\frac{1}{3}(S_3+S_4+\sqrt{S_3S_4})H$$

$$=\frac{1}{3}\times(36+100+\sqrt{36\times100})\times5.66-\frac{1}{3}\times(34.57+97.61+$$

$$\sqrt{34.57\times97.61})\times5.66$$

$$=10.81\text{m}^3$$

(3)长方体 DEFC 的工程量。

$$长方体的工程量=[10\times10-(10-0.06\times2)\times(10-0.06\times2)]\times1.5$$

$$=3.58\text{m}^3$$

(4)亭顶工程量。

$$亭顶工程量=3.33+10.81+3.58=17.72\text{m}^3$$

工程量计算结果见表 7-26。

表 7-26　　　　　　　　　　　　工程量计算结果

项目编码	项目名称	项目特征描述	计量单位	工程量
050303005001	预制混凝土穹顶	穹顶面直径 6m,檐宽 10m,亭两边各长 6m,亭面厚度 60mm	m³	17.72

第四节　花架工程

花架是用刚性材料构成一定形状的格架供攀缘植物攀附的园林设施,又称棚架、绿廊。花架可作遮阴休息之用,还可点缀园景。现在的花架有两方面的作用,一方面供人歇足休息、欣赏风景;另一方面创造攀缘植物生长的条件。

一、花架的形式

(1)廊式花架。最常见的形式为片版支承于左右梁柱上,游人可入内休息。

(2)片式花架。片版嵌固于单向梁柱上,两边或一面悬挑,形体轻盈活泼。

(3)独立式花架。以各种材料作空格,构成墙垣、花瓶、伞亭等形状,用藤本植物缠绕成型,供观赏用。

二、花架工程项目划分及注意事项

1. 花架工程项目划分

"园林计量规范"中花架工程包括现浇混凝土花架柱、梁,预制混凝土花架柱、梁,金属花架柱、梁,木花架柱、梁,竹花架柱、梁等项目。

2. 花架工程清单计价注意事项

花架基础、玻璃天棚、表面装饰及涂料项目应按现行国家标准《房屋建筑与装饰工程工程量计算规范》(GB 50854—2013)中相关项目编码列项。

三、混凝土花架柱、梁工程量计算

(一)相关项目内容介绍

1. 现浇混凝土花架柱、梁

现浇混凝土花架柱、梁是指直接在现场支模、绑扎钢筋、浇灌混凝土而成形的花架柱、梁。

2. 预制混凝土花架柱、梁

预制混凝土花架柱、梁是指在施工现场安装之前,按照花架柱、梁各部件的有关尺寸,进行预先下料,加工成组合部件或在预制加工厂订购各种花架柱、梁构件。这种方法优点是可以提高机械化程度,加快施工现场安装速度、降低成本缩短工期。

(二)工程量计算规则

混凝土花架柱、梁工程量计算规则见表 7-27。

表 7-27　　　　　　　　　　　　　　混凝土花架柱、梁

项目编码	项目名称	项目特征	计量单位	工程量计算规则	工作内容
050304001	现浇混凝土花架柱、梁	1. 柱截面、高度、根数 2. 盖梁截面、高度、根数 3. 连系梁截面、高度、根数 4. 混凝土强度等级	m³	按设计图示尺寸以体积计算	1. 模板制作、运输、安装、拆除、保养 2. 混凝土制作、运输、浇筑、振捣、养护
050304002	预制混凝土花架柱、梁	1. 柱截面、高度、根数 2. 盖梁截面、高度、根数 3. 连系梁截面、高度、根数 4. 混凝土强度等级 5. 砂浆配合比			1. 模板制作、运输、安装、拆除、保养 2. 混凝土制作、运输、浇筑、振捣、养护 3. 构件运输、安装 4. 砂浆制作、运输 5. 接头灌缝、养护

(三)工程量计算示例

【例 7-15】　某公园花架用现浇混凝土花架柱、梁搭接而成,该花架的总长度为 9.3m,宽度为 2.5m。花架柱、梁具体尺寸及布置形式如图 7-11 所示。花架的基础为混凝土基础,厚度为 60cm,试计算其工程量。

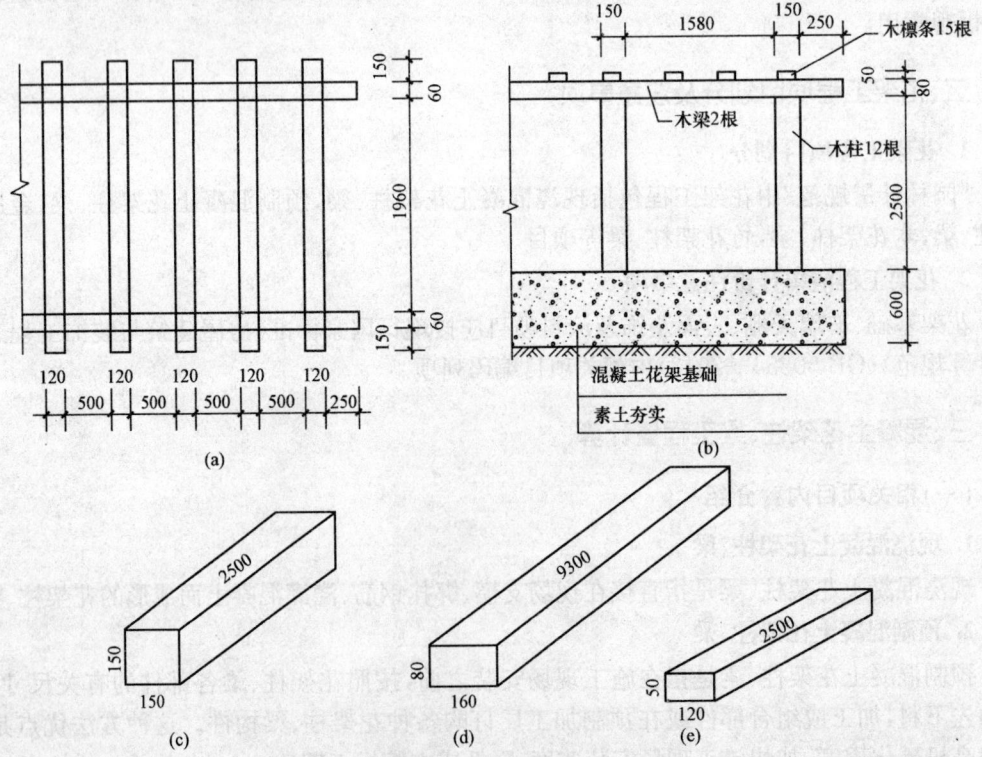

图 7-11　花架构造示意图
(a)平面图;(b)剖面图;(c)柱尺寸示意图;
(d)纵梁尺寸示意图;(e)小檩条尺寸示意图

【解】 (1)花架柱工程量。

$$混凝土花架柱工程量=柱底面积×高×根数$$
$$=0.15×0.15×2.5×12$$
$$=0.68m^3$$

(2)花架梁工程量。

$$混凝土花架梁工程量=梁底面积×长度×根数$$
$$=0.16×0.08×9.3×2$$
$$=0.24m^3$$

(3)花架檩条工程量。

$$混凝土花架檩条=檩条底面积×檩条长度×檩条根数$$
$$=0.12×0.05×2.5×15$$
$$=0.23m^3$$

工程量计算结果见表 7-28。

表 7-28　　　　　　　　　　　工程量计算结果

项目编码	项目名称	项目特征描述	计量单位	工程量
050304001001	现浇混凝土花架柱、梁	花架柱的截面面积为 150mm×150mm,柱高 2.5m,共 12 根	m^3	0.68
050304001002	现浇混凝土花架柱、梁	花架纵梁的截面面积为 160mm×80mm,梁长 9.3m,共 2 根	m^3	0.24
050304001003	现浇混凝土花架柱、梁	花架檩条截面面积为 120mm× 50mm,檩条长 2.5m,共 15 根	m^3	0.23

四、金属花架柱、梁工程量计算

(一)相关项目内容介绍

金属花架柱、梁是指由金属材料加工制作而成的花架柱、梁。金属花架柱、梁常用的钢材主要有钢结构用钢、钢筋混凝土用钢筋和钢丝等。

(二)工程量计算规则

金属花架柱、梁工程量计算规则见表 7-29。

表 7-29　　　　　　　　　　　金属花架柱、梁

项目编码	项目名称	项目特征	计量单位	工程量计算规则	工作内容
050304003	金属花架柱、梁	1. 钢材品种、规格 2. 柱、梁截面 3. 油漆品种、刷漆遍数	t	按设计图示尺寸以质量计算	1. 制作、运输 2. 安装 3. 油漆

(三)工程量计算示例

【例 7-16】 如图 7-12 所示为某公园内方形空心钢所建的拱形花架,其长度为 6.3m,方形空心钢的规格为 □120mm×8mm,该方形空心钢的质量为 26.84kg/m,花架采用 50cm 厚

的混凝土做基础,试计算其工程量。

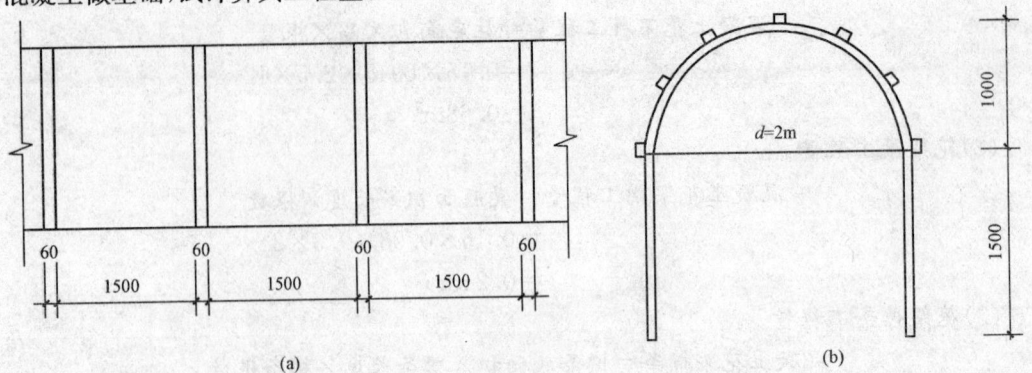

图 7-12　花架构造示意图
(a)平面图;(b)立面图

【解】　(1)柱子根数 $n=6.3\div1.56+1=5$ 根

花架金属柱工程量=柱长度×单位长度质量

$=(1.5\times2+\pi\times2\div2)\times5\times26.84$

$=824kg=0.824t$

(2)金属花架梁工程量。

金属花架工程量=钢梁长度×单位长度质量

$=6.3\times7\times26.84$

$=1184kg=1.184t$

工程量计算结果见表 7-30。

表 7-30　　　　　　　　　　　　　　工程量计算结果

项目编码	项目名称	项目特征描述	计量单位	工程量
050304003001	金属花架柱、梁	碳素结构方形空心钢,截面尺寸为 120mm×8mm,5根	t	0.824
050304003002	金属花架柱、梁	碳素结构方形空心钢,截面尺寸为 120mm×8mm,7根	t	1.184

五、木、竹花架柱、梁工程量计算

(一)相关项目内容介绍

1. 木花架柱、梁

木花架柱、梁是指用木材加工制作而成的花架柱、梁。木材种类可分为针叶树材和阔叶树材两大类。木花架可应用于各种类型的园林绿地中,常设置在风景优美的地方供休息和点景,也可以和亭、廊、水榭等结合,组成外形美观的园林建筑群;在居住区绿地、儿童游乐场中木花架可供休息、遮阴、纳凉;用木花架代替走廊,可以联系空间;用格子垣攀缘藤本植物,可分隔景物;园林中的茶室、冷饮部、餐厅等,也可以用花架作凉棚,设置座席;也可用木花架作园林的大门。

2. 竹花架柱、梁

竹花架柱、梁是指用竹材加工制作而成的花架柱、梁。施工时,对于竹花架可在放线且夯实柱基后,直接将竹子正确安放在定位点上,并用水泥砂浆浇筑。水泥砂浆凝固达到强度后,进行格子条施工,修正清理后,最后进行装饰刷色。

(二)工程量计算规则

木、竹花架柱、梁工程量计算规则见表7-31。

表 7-31　　　　　　　　　　　　　　　　　木、竹花架梁、柱

项目编码	项目名称	项目特征	计量单位	工程量计算规则	工作内容
050304004	木花架柱、梁	1. 木材种类 2. 柱、梁截面 3. 连接方式 4. 防护材料种类	m³	按设计图示截面乘以长度(包括榫长)以体积计算	1. 构件制作、运输、安装 2. 刷防护材料、油漆
050304005	竹花架柱、梁	1. 竹种类 2. 竹胸径 3. 油漆品种、刷漆遍数	1. m 2. 根	1. 以长度计量,按设计图示花架构件尺寸以延长米计算 2. 以根计量,按设计图示花架柱、梁数量计算	1. 制作 2. 运输 3. 安装 4. 油漆

(三)工程量计算示例

【例 7-17】　某景区要搭建一座木花架,如图 7-13 所示。该花架的长度为 6.6m,宽度为 2m,所有的木制构件截面均为正方形,檩条长为 2.2m,木柱的高度为 2m,试计算其工程量。

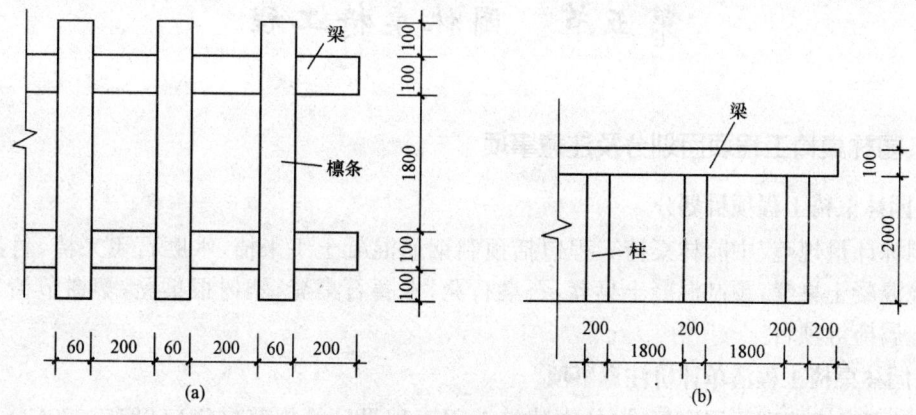

图 7-13　木花架构造示意图

(a)平面图;(b)剖面图

【解】　(1)木梁工程量。

$$木梁所用木材体积 = 木梁底面积 \times 长度 \times 根数$$
$$= 0.1 \times 0.1 \times 6.6 \times 2$$
$$= 0.13m^3$$

（2）柱子工程梁。设每一侧柱子的数量为 x 根，则有以下关系式：

$$1.8(x-1)+0.2(x+2)=6.6$$
$$x=4$$

因此，整个花架共有 8 根木柱。

$$木柱所用木材工程量＝木柱底面积×高×根数$$
$$=0.2×0.2×2×8$$
$$=0.64m^3$$

（3）木檩条工程量。设檩条的数量为 y 根，根据题意得以下的关系式：

$$0.06y+0.2(y+2)=6.6$$
$$y=24$$

因此，檩条的数量为 24 根。

$$檩条所用木材的工程量＝檩条底面积×檩条长度×檩条根数$$
$$=0.06×0.06×2.2×24$$
$$=0.19m^3$$

工程量计算结果见表 7-32。

表 7-32　　　　　　　　　　　**工程量计算结果**

项目编码	项目名称	项目特征描述	计量单位	工程量
050304004001	木花架柱、梁	原木木梁截面面积为 100mm×100mm	m³	0.13
050304004002	木花架柱、梁	原木木柱截面面积为 200mm×200mm	m³	0.64
050304004003	木花架柱、梁	原木木檩截面面积为 60mm×60mm	m³	0.19

第五节　园林桌椅工程

一、园林桌椅工程项目划分及注意事项

1. 园林桌椅工程项目划分

"园林计量规范"中园林桌椅工程包括预制钢筋混凝土飞来椅，水磨石飞来椅，竹制飞来椅，现浇混凝土桌凳，预制混凝土桌凳，石桌石凳，水磨石桌凳，塑树根桌凳，塑树节椅，塑料、铁艺、金属椅等项目。

2. 园林桌椅工程清单计价注意事项

木制飞来椅按现行国家标准《仿古建筑工程工程量计算规范》（GB 50855—2013）相关项目编码列项。

二、园林桌椅工程量计算

（一）相关项目内容介绍

1. 预制钢筋混凝土飞来椅

预制钢筋混凝土飞来椅是以钢筋为增强材料制成的混凝土座椅。预制钢筋混凝土飞来

椅的座凳面宽度通常为 310mm,厚度通常为 980mm。预制钢筋混凝土飞来椅的靠背可采用 25mm 厚混凝土,中距 120mm,配筋 $\phi14$,用白水磨石做面层,其截面厚度做成 60mm。

2. 水磨石飞来椅

水磨石飞来椅是以水磨石为材料制成的座椅。现浇水磨石具有色彩丰富、图案组合多种多样的饰面效果,面层平整平滑,坚固耐磨,整体性好,防水,耐腐蚀,易清洁的特点。

3. 竹制飞来椅

竹制飞来椅是以竹材加工制作而成的座椅,设在园路旁,具有使用和装饰双重功能。一般而言,凳、椅高的坐面高出地面 30~45cm,一个人的座位宽 60~75cm。椅的靠背高 35~65cm,并宜做 3°~15°的后倾。

4. 现浇混凝土桌凳

现浇混凝土桌凳是指在施工现场直接按桌凳各部件相关尺寸进行支模、绑扎钢筋、浇筑混凝土等工序制作的桌凳。在园林中,园桌和园凳是园林中必备的供游人休息、赏景之用的设施,一般把它布置在有景可赏、可安静休息的地方,或游人需要停留休息的地方。园桌与园凳属于休息性的小品设施。在园林中,设置形式优美的桌凳具有舒适宜人的效果,丛林中巧置一组树桩凳或一景石凳可以使人顿觉林间生机盎然,同时,园桌和园凳的艺术造型也能装点园林。园林中,在大树浓荫下,置石凳三两个,长短随意,往往能变无组织的自然空间为有意境的庭园景色。

园椅、园凳常见的形式有直线型、曲线型、组合型和仿生模拟型。直线型的园椅、园凳适合于园林环境中的园路旁、水岸边、规整的草坪和几何形状的休息、集散广场边缘等大多数环境之中;曲线型的园椅、园凳适用于环境自由,如园路的弯曲处、水湾旁、环形或圆形广场等地段;组合型和仿生模拟型园椅、园凳适合于活动内容集中、游人多和儿童游戏场等环境的空间之中,以满足游人休息、观赏、儿童游戏等功能的要求。

园椅、园凳的色彩应该与使用功能和所处环境有关。在儿童活动场,为了适应儿童心理,色彩应该鲜艳一些,如红、黄、蓝三种颜色的配合使用会使环境显得更为活泼;在各种广场上,使用的色彩不应有太大的反差应适合大众对色彩的感觉,如黑色、白色等,在以安静休息为主的绿色空间中,应该以中性色为主,或者就以所使用的材料原色出现,如低亮度的暗橙色、橘红色、深绿色以及与树干接近的原木色等。

5. 预制混凝土桌凳

预制混凝土桌凳是指在施工现场安装之前,按照桌凳各部件相关尺寸,进行预先下料、加工和部件组合或在预制加工厂定购各种桌凳构件。桌凳形状可设计成方形、圆形、长方形等形状。

6. 石桌石凳

石桌石凳所用石材质地硬,触感冰凉,且夏热冬凉,不易加工,但耐久性非常好,可美化景观。另外,经过雕凿塑造的石凳也常被当作城市景观中的装点。石桌石凳的材料主要以大理石、汉白玉材料为主。石桌石凳的布置应注意以下几个问题:

(1)整体布置要均匀、局部布置要集中。整体布置要疏密得当,避免有凳无人坐,有人无凳坐的情况出现,而在一些大的活动场所则应成组设置,以便于人们活动和交流。

(2)石桌石凳的布置宜与植物栽植结合起来,理想的效果是夏季可遮阴,冬期可晒暖,因此,可考虑与落叶乔木搭配布置。

(3)石桌石凳要避开楼房设置,防止阳台落物伤人。

(4)石桌石凳可在庭院灯下布置,晚上人们可利用灯光读书看报。

(5)石桌石凳要靠近园林甬道及活动场所边角布置,不可阻碍行人。

(6)条凳布置应使人们坐上后,面向绿地而不是大路。

(7)石桌石凳周围要布置果皮箱,但是草坪砖硬化区及不利于清洁的场所则不宜布置石桌石凳。

7. 水磨石桌凳

水磨石桌凳的主要材料是水磨石。水磨石的优点是不易开裂,不收缩变形,不易起尘,耐磨损,易清洁,色泽艳丽,整体美观性好。

8. 塑树根桌凳

塑树根桌凳是指在桌凳的主体构筑物外围,用钢筋、钢丝网做成树根的骨架,再仿照树根粉以水泥、砂浆或麻刀灰的桌凳。在公园、游园等的稀树草坪上,堆塑一组仿树墩或自然石桌凳能透出一股自然、清新之气,使桌凳与草地环境很好地融于一体,亲切而不别扭。堆塑是指用带色水泥砂浆和金属铁杆等,依照树木花草的外形,制做出树皮、树根、树干、壁画、竹子等装饰品。

9. 塑树节椅

塑树节椅是指园林中的座椅用水泥砂浆粉装饰出树节外形,以配合园林景点砖石的椅子。

10. 塑料、铁艺、金属椅

塑料、铁艺、金属椅是指以塑料、铁艺、金属等材料或工艺制成的椅子。

(二)工程量计算规则

园林桌椅工程量计算规则见表7-33。

表 7-33　　　　　　　　　　　　　　　园林桌椅

项目编码	项目名称	项目特征	计量单位	工程量计算规则	工作内容
050305001	预制钢筋混凝土飞来椅	1. 座凳面厚度、宽度 2. 靠背扶手截面 3. 靠背截面 4. 座凳楣子形状、尺寸 5. 混凝土强度等级 6. 砂浆配合比	m	按设计图示尺寸以座凳面中心线长度计算	1. 模板制作、运输、安装、拆除、保养 2. 混凝土制作、运输、浇筑、振捣、养护 3. 构件运输、安装 4. 砂浆制作、运输、抹面、养护 5. 接头灌缝、养护
050305002	水磨石飞来椅	1. 座凳面厚度、宽度 2. 靠背扶手截面 3. 靠背截面 4. 座凳楣子形状、尺寸 5. 砂浆配合比			1. 砂浆制作、运输 2. 制作 3. 运输 4. 安装

项目编码	项目名称	项目特征	计量单位	工程量计算规则	工作内容
050305003	竹制飞来椅	1. 竹材种类 2. 座凳面厚度、宽度 3. 靠背扶手截面 4. 靠背截面 5. 座凳楣子形状 6. 铁件尺寸、厚度 7. 防护材料种类	m	按设计图示尺寸以座凳面中心线长度计算	1. 座凳面、靠背扶手、靠背、楣子制作、安装 2. 铁件安装 3. 刷防护材料
050305004	现浇 混凝土桌凳	1. 桌凳形状 2. 基础尺寸、埋设深度 3. 桌面尺寸、支墩高度 4. 凳面尺寸、支墩高度 5. 混凝土强度等级、砂浆配合比	个	按设计图示数量计算	1. 模板制作、运输、安装、拆除、保养 2. 混凝土制作、运输、浇筑、振捣、养护 3. 砂浆制作、运输
050305005	预制 混凝土桌凳	1. 桌凳形状 2. 基础形状、尺寸、埋设深度 3. 桌面形状、尺寸、支墩高度 4. 凳面尺寸、支墩高度 5. 混凝土强度等级 6. 砂浆配合比			1. 模板制作、运输、安装、拆除、保养 2. 混凝土制作、运输、浇筑、振捣、养护 3. 构件运输、安装 4. 砂浆制作、运输 5. 接头灌缝、养护
050305006	石桌石凳	1. 石材种类 2. 基础形状、尺寸、埋设深度 3. 桌面形状、尺寸、支墩高度 4. 凳面尺寸、支墩高度 5. 混凝土强度等级 6. 砂浆配合比			1. 土方挖运 2. 桌凳制作 3. 桌凳运输 4. 桌凳安装 5. 砂浆制作、运输
050305007	水磨石 桌凳	1. 基础形状、尺寸、埋设深度 2. 桌面形状、尺寸、支墩高度 3. 凳面尺寸、支墩高度 4. 混凝土强度等级 5. 砂浆配合比			1. 桌凳制作 2. 桌凳运输 3. 桌凳安装 4. 砂浆制作、运输
050305008	塑树根 桌凳	1. 桌凳直径 2. 桌凳高度 3. 砖石种类 4. 砂浆强度等级、配合比 5. 颜料品种、颜色			1. 砂浆制作、运输 2. 砖石砌筑 3. 塑树皮 4. 绘制木纹
050305009	塑树节椅				
050305010	塑料、铁艺、 金属椅	1. 木座板面截面 2. 座椅规格、颜色 3. 混凝土强度等级 4. 防护材料种类			1. 制作 2. 安装 3. 刷防护材料

(三)工程量计算示例

【例7-18】 某小区的花园里设有预制钢筋混凝土飞来椅,飞来椅围绕一大树布置成圆形,共有6个,其造型相同,座面板的长为1.2m,宽0.4m,厚0.05m,试计算其工程量。

【解】　　　　　　预制钢筋混凝土飞来椅工程量＝1.2×6＝7.2m

工程量计算结果见表7-34。

表7-34　　　　　　　　　　工程量计算结果

项目编码	项目名称	项目特征描述	计量单位	工程量
050305001001	预制钢筋混凝土飞来椅	每个座面板宽0.4m,厚0.05m	m	7.2

【例7-19】 某园林景区有竹制飞来椅。该竹制飞来椅为双人座凳,长120cm,宽40cm,距地面的高度为40cm,为了防止竹材的腐烂,根据设计要求需要在座椅表面涂抹油漆,为了方便人们休息的需要,该座椅座面有6°的水平倾角,试计算其工程量。

【解】　　　　　　　　竹制飞来椅工程量＝1.2m

工程量计算结果见表7-35。

表7-35　　　　　　　　　　工程量计算结果

项目编码	项目名称	项目特征描述	计量单位	工程量
050305003001	竹制飞来椅	宽40cm,座椅表面涂有油漆,座面有6°的水平倾角	m	1.2

【例7-20】 图7-14所示为某公园内供游人休息的棋盘桌,根据设计要求,桌子的面层材料为25mm厚白色水磨石面层,桌面形状均为正方形,桌基础为80mm厚三合土材料,基础周边比支墩延长100mm,试计算其工程量。

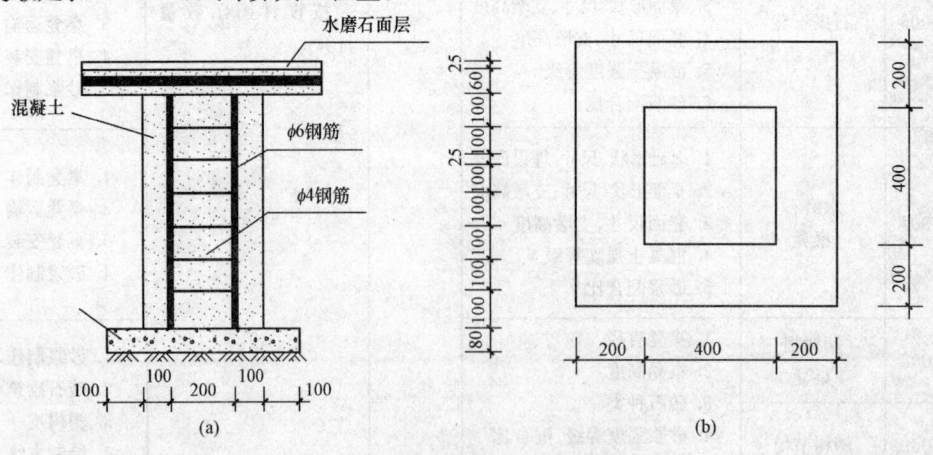

图7-14　某公园现浇混凝土桌凳构造示意图
(a)剖面图;(b)平面图

【解】　　　　　　　　水磨石棋盘桌工程量＝1个

工程量计算结果见表7-36。

表 7-36   工程量计算结果

项目编码	项目名称	项目特征描述	计量单位	工程量
050305007001	水磨石桌凳	水磨石棋盘桌,桌子面层为 25mm 白色水磨石,基础为 80mm 厚三合土材料	个	1

【例 7-21】 某圆形广场布置如图 7-15 所示形式的椅子,每 45°角布置一个。椅子的座面及靠背材料为塑料,扶手及凳腿为生铁浇筑而成,铁构件表面刷防护漆两遍,试计算其工程量。

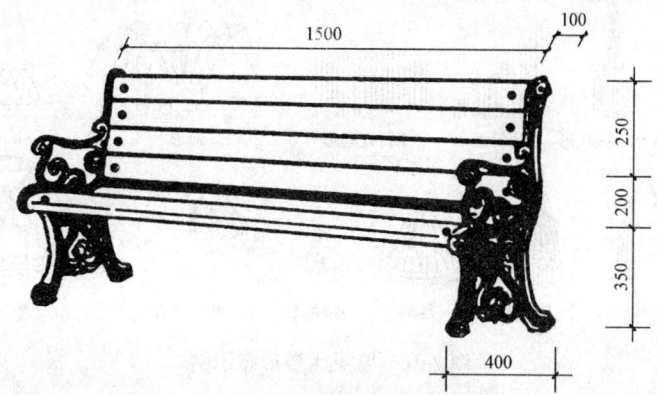

图 7-15 某广场座椅构造示意图

【解】 椅子围绕圆形广场进行布置,设椅子的数量为 n,则

$$45° \times n = 360°$$

$$n = 8$$

故   椅子工程量＝8 个

工程量计算结果见表 7-37。

表 7-37   工程量计算结果

项目编码	项目名称	项目特征描述	计量单位	工程量
050305010001	塑料、铁艺、金属椅	座面及靠背材料为塑料,扶手及凳腿为生铁浇铸;铁构件表面刷防锈漆两道	个	8

第六节 喷泉安装工程

喷泉是一种独立的艺术品,能够增加空间的空气湿度,减少尘埃,大大增加空气中负氧离子的浓度,因而也有益于改善环境,增进人们的身心健康。喷泉原是一种自然景观,是承压水的地面露头。园林中的喷泉,一般是为了造景的需要,人工建造的具有装饰性的喷水装置。喷泉可以湿润周围空气,减少尘埃,降低气温。喷泉的细小水珠同空气分子撞击,能产生大量的负氧离子。因此,喷泉有益于改善城市面貌和增进居民的身心健康。

一、喷泉的种类与形式

喷泉的种类和形式很多,如图 7-16 所示,大体上可以分为以下四类:

(1)普通装饰性喷泉。是由各种普通的水花图案组成的固定喷水型喷泉。

(2)与雕塑结合的喷泉。喷泉的各种喷水花型与雕塑、水盘、观赏柱等共同组成景观。

(3)水雕塑喷泉。用人工或机械塑造出各种抽象的或具象的喷水水形,其水形呈某种艺术性"形体"的造型。

(4)自控喷泉。是利用各种电子技术,按设计程序来控制水、光、音、色的变化,从而形成奇幻多姿的奇异水景。

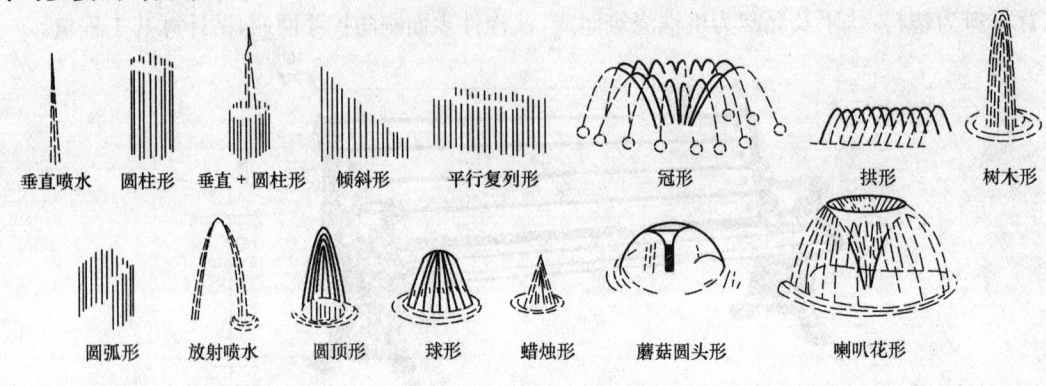

垂直喷水　圆柱形　垂直+圆柱形　倾斜形　平行复列形　冠形　拱形　树木形

圆弧形　放射喷水　圆顶形　球形　蜡烛形　蘑菇圆头形　喇叭花形

图 7-16　常见水姿形态示例

二、喷泉安装工程项目划分及注意事项

1. 喷泉安装工程项目划分

"园林计量规范"中喷泉安装工程包括喷泉管道、喷泉电缆、水下艺术装饰灯具、电气控制柜、喷泉设备等项目。

(二)喷泉安装工程清单计价注意事项

(1)喷泉水池应按现行国家标准《房屋建筑与装饰工程工程量计算规范》(GB 50854—2013)中相关项目编码列项。

(2)管架项目应按现行国家标准《房屋建筑与装饰工程工程量计算规范》(GB 50854—2013)中钢支架项目单独编码列项。

三、喷泉安装工程量计算

(一)相关项目内容介绍

1. 喷泉管道

喷泉工程中常用的管材有镀锌钢管(白铁管)、不镀锌钢管(黑铁管)、铸铁管及硬聚氯乙烯塑料管几种。

(1)喷泉管道布置。

1)喷泉管道要根据实际情况布置。装饰性小型喷泉,其管道可直接埋入土中,或用山石、矮灌木遮盖。大型喷泉分主管和次管,主管要敷设在可通行人的地沟中,为了便于维修应设检查井;次管直接置于水池内。管网布置应排列有序,整齐美观。

2)环形管道最好采用十字形供水,组合式配水管宜用分水箱供水,其目的是要获得稳定等高的喷流。

3)为了保持喷水池正常水位,水池要设溢水口。溢水口面积应是进水口面积的 2 倍,要在其外侧配备拦污栅,但不得安装阀门。溢水管要有 3% 的顺坡,直接与泄水管连接。

4)补给水管的作用是启动前的注水及弥补池水蒸发和喷射的损耗,以保证水池正常水位。补给水管与城市供水管相连,并安装阀门控制。

5)泄水口要设于池底最低处,用于检修和定期换水时的排水。管径 100mm 或 150mm,也可按计算确定,安装单向阀门,公园水体和城市排水管网连接。

6)连接喷头的水管不能有急剧变化,要求连接管至少有 20 倍其管径的长度。如果不能满足时,需安装整流器。

7)喷泉所有的管线都要具有不小于 2% 的坡度,便于停止使用时将水排空;所有管道均要进行防腐处理;管道接头要严密,且安装必须牢固。

8)管道安装完毕后,应认真检查并进行水压试验,保证管道安全,一切正常后再安装喷头。为了便于水型的调整,每个喷头都应安装阀门控制。

(2)管道固定方式。钢管的连接方式有螺纹连接、焊接连接和法兰连接三种。镀锌钢管必须用螺纹连接,多用于明装管道。焊接一般用于非镀锌钢管,且多用于暗装管道。法兰连接一般用在连接阀门、止回阀、水泵、水表等处,以及需要经常拆卸检修的管段上。

(3)常用喷头的种类。喷头是喷泉的一个主要组成部分,其作用是把具有一定压力的水,经过喷嘴的造型,形成各种预想的、绚丽的水花,喷射在水池的上空。因此,喷头的形式、结构、制造的质量和外观等,都对整个喷泉的艺术效果产生重要的影响。

2. 喷泉电缆

喷泉电缆是指在喷泉正常使用时,用来传导电流、提供电能的设备。

(1)保护管品种及规格。钢管电缆管的内径应不小于电缆外径的 1.5 倍,其他材料的保护管内径应不小于电缆外径的 1.5 倍再加 100mm。保护钢管的管口应无毛刺和尖锐棱角,管口宜做成喇叭形;外表涂防腐漆或沥青,镀锌钢管锌层剥落处也应涂防腐漆。

(2)电缆品种。在电力系统中,电缆的种类很多,常用的有电力电缆和控制电缆两大类。

1)电力电缆。电力电缆是用来输送和分配大功率电能的,按其所采用的绝缘材料可分为纸绝缘、橡皮绝缘、聚氯乙烯绝缘、聚乙烯绝缘和联聚乙烯绝缘电力电缆。

2)控制电缆。控制电缆是配电装饰中传输控制电流,连接电气仪表、继电保护和自控控制等回路用的,其属于低压电缆。

3. 水下艺术装饰灯具

水下艺术装饰灯具是指设在水池、喷泉、溪、湖等水面以下,对水景起照明及艺术装饰作用的灯具。

(1)灯具的选择。灯具选择与放置条件(是在水中还是在水上),水景的类型、范围,与音乐、环境、灯具的色调(不同的颜色表现不同的气氛)等有关。

(2)灯具的类型。从水景灯具外观和构造来分类,可以分为简易型灯具和密闭型灯具两类。

(二)工程量计算规则

喷泉安装工程工程量计算规则见表 7-38。

表 7-38　　　　　　　　　　　　　喷泉安装

项目编码	项目名称	项目特征	计量单位	工程量计算规则	工作内容
050306001	喷泉管道	1. 管材、管件、阀门、喷头品种 2. 管道固定方式 3. 防护材料种类	m	按设计图示管道中心线长度以延长米计算,不扣除检查(阀门)井、阀门、管件及附件所占的长度	1. 土(石)方挖运 2. 管材、管件、阀门、喷头安装 3. 刷防护材料 4. 回填
050306002	喷泉电缆	1. 保护管品种、规格 2. 电缆品种、规格		按设计图示单根电缆长度以延长米计算	1. 土(石)方挖运 2. 电缆保护管安装 3. 电缆敷设 4. 回填
050306003	水下艺术装饰灯具	1. 灯具品种、规格 2. 灯光颜色	套		1. 灯具安装 2. 支架制作、运输、安装
050306004	电气控制柜	1. 规格、型号 2. 安装方式		按设计图示数量计算	1. 电气控制柜(箱)安装 2. 系统调试
050306005	喷泉设备	1. 设备品种 2. 设备规格、型号 3. 防护网品种、规格	台		1. 设备安装 2. 系统调试 3. 防护网安装

(三)工程量计算示例

【例 7-22】　如图 7-17 所示为某广场有一圆形喷水池平面图,根据设计要求:

(1)池底装有照明灯,喷水池的高度为 1.6m,埋于地下 0.6m,露出地面的高度为 1.0m。

(2)喷水池半径为 5m,用砖砌池壁,池壁的宽度为 0.3m,内外棉水泥砂浆找平。

(3)池底为现场搅拌混凝土池底,池底厚 30cm。

试计算水下艺术装饰灯具工程量。

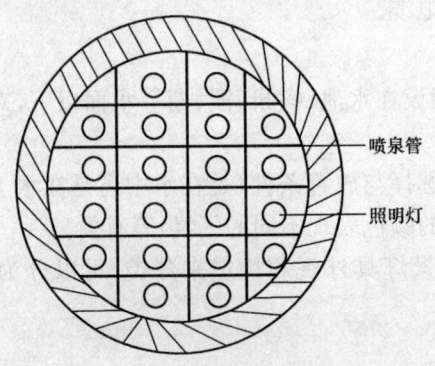

图 7-17　圆形喷水池平面图

【解】 水下照明灯工程量＝20 个

工程量计算结果见表 7-39。

表 7-39　　　　　　　　　　　　工程量计算结果

项目编码	项目名称	项目特征描述	计量单位	工程量
050306003001	水下艺术装饰灯具	水下照明灯	个	20

【例 7-23】 某公园内设置一喷泉，根据设计要求：

(1)所有供水管道均为螺纹镀锌钢管。

(2)主供水管 DN50 长度为 16.80m，泄水管 DN60 长度为 9.80m，溢水管 DN40 长度为 10.00m，分支供水管 DN30 长度为 41.80m，供电电缆外径为 0.4cm。

(3)外用 UPVC 管为材料做保护管，管厚为 2mm，长度为 36.80m。

试计算喷泉管道及电缆工程量。

【解】 (1)DN50 主供水管工程量＝16.80m

(2)DN60 泄水管工程量＝9.80m

(3)DN40 溢水管工程量＝10.00m

(4)DN30 分支供水管工程量＝41.80m

(5)从题意中可以知道电缆的外径为 0.4cm，外用 UPVC 管做保护管，通常规定钢管电缆保护管的内径应不小于电缆外径的 1.5 倍，其他材料的保护管内径不小于电缆外径的 1.5 倍再加 100mm，这样可以得出 UPVC 电缆管的内径为：

$$4\times1.5+100=106mm$$

电缆长度等于 UPVC 保护管的长度，为 36.80m。

工程量计算结果见表 7-40。

表 7-40　　　　　　　　　　　　工程量计算结果

项目编码	项目名称	项目特征描述	计量单位	工程量
050306001001	喷泉管道	螺纹镀锌钢管，DN50	m	16.80
050306001002	喷泉管道	螺纹镀锌钢管，DN60	m	9.80
050306001003	喷泉管道	螺纹镀锌钢管，DN40	m	10.00
050306001004	喷泉管道	螺纹镀锌钢管，DN30	m	41.80
050306002001	喷泉电缆	电缆外径 0.4cm，管厚 2mm，外用 UPVC 管做保护管	m	36.80

第七节　杂项工程

一、杂项工程项目划分及注意事项

1. 杂项工程项目划分

"园林计量规范"中杂项工程包括石灯，石球，塑仿石音箱，塑树皮梁、柱，塑竹梁、柱，铁艺栏杆,塑料栏杆,钢筋混凝土艺术围栏,标志牌,景墙,景窗,花饰,博古架,花盆(坛、箱),摆花,花池,垃圾箱,砖石砌小摆设,其他景观小摆设,柔性水池等项目。

2. 杂项工程清单计价注意事项

砌筑果皮箱,放置盆景的须弥座等,应按砖石砌小摆设项目编码列项。

二、石灯、石球、塑仿石音箱工程量计算

(一)相关项目内容介绍

1. 石灯

石灯不仅作为园林中的照明工具,造型精美,而且还是极富情趣的园林艺术小品。石灯形式丰富多样,常见的有路灯、草坪灯、地灯、庭院灯、广场灯等以及其他园灯,同一园林空间中各种灯的格调应大致协调。

2. 塑仿石音箱

塑仿石音箱是指用带色水泥砂浆和金属铁件等,仿照石料外形制作出来的音箱,既具有使用功能,又具有装饰作用。

(二)工程量计算规则

石灯、石球、塑仿石音箱工程量计算规则见表 7-41。

表 7-41 石灯、石球、塑仿石音箱

项目编码	项目名称	项目特征	计量单位	工程量计算规则	工作内容
050307001	石灯	1. 石料种类 2. 石灯最大截面 3. 石灯高度 4. 砂浆配合比			1. 制作 2. 安装
050307002	石球	1. 石料种类 2. 球体直径 3. 砂浆配合比	个	按设计图示数量计算	
050307003	塑仿石音箱	1. 音箱石内空尺寸 2. 铁丝型号 3. 砂浆配合比 4. 水泥漆颜色			1. 胎模制作、安装 2. 铁丝网制作、安装 3. 砂浆制作、运输 4. 喷水泥漆 5. 埋置仿石音箱

(三)工程量计算示例

【例 7-24】 某园路根据设计要求,需要在两侧安对称仿古式石灯,两灯之间的距离为 4m,已知该园路长 24m。图 7-18 所示为仿古式石灯示意图,试计算其工程量。

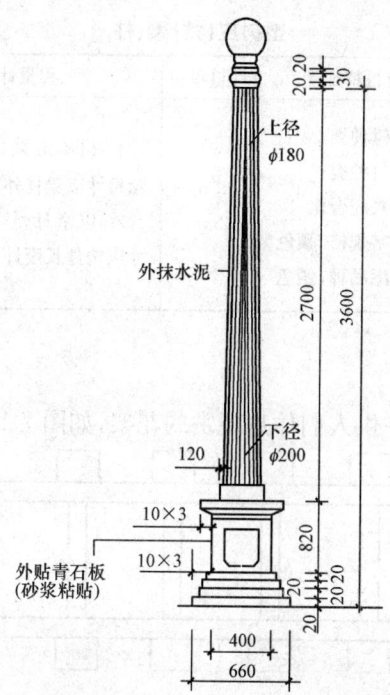

图 7-18 仿古式石灯示意图

【解】 仿古式石灯工程量=(24/4+1)×2=14 个

工程量计算结果见表 7-42。

表 7-42 工程量计算结果

项目编码	项目名称	项目特征描述	计量单位	工程量
050307001001	石灯	仿古式石灯,圆锥台形,上径 φ180mm,下径 200mm,高 3600mm	个	14

三、塑树皮(竹)梁、柱工程量计算

(一)相关项目内容介绍

1. 塑树皮梁、柱

塑树皮梁、柱是指梁、柱用水泥砂浆粉饰出树皮外形,以配合园林景点的装饰工艺。在园林中,用于一般围墙、拦墙、隔断等墙面以及梁柱的塑树种类通常是松树类和杉树类。

2. 塑竹梁、柱

塑竹是围墙、竹篱上常用的装饰物,用角铁作芯,水泥砂浆塑面,做出竹节,然后与主体构筑物固定。塑竹梁、柱即为梁、柱的主体构筑物以塑竹装饰的构件。塑竹梁、柱的塑竹种类有毛竹、黄金间碧竹等。

(二)工程量计算规则

塑树皮(竹)梁、柱工程量计算规则见表 7-43。

表 7-43　　　　　　　　　　　　　　　塑树皮(竹)梁、柱

项目编码	项目名称	项目特征	计量单位	工程量计算规则	工作内容
050307004	塑树皮梁、柱	1. 塑树种类 2. 塑竹种类 3. 砂浆配合比 4. 喷字规格、颜色 5. 油漆品种、颜色	1. m² 2. m	1. 以平方米计量，按设计图示尺寸以梁柱外表面积计算 2. 以米计量，按设计图示尺寸以构件长度计算	1. 灰塑 2. 刷涂颜料
050307005	塑竹梁、柱				

(三)工程量计算示例

【例 7-25】 某公园里有一供人们休息观赏的花架，如图 7-19 所示，设计要求如下：

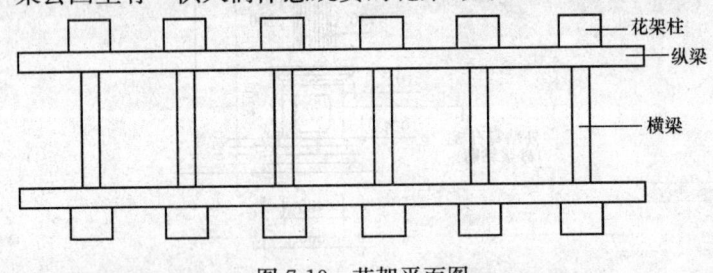

图 7-19　花架平面图

(1)花架柱梁均为用混凝土浇筑而成的长方体，外面用水泥砂浆抹面，然后水泥砂浆找平，最后用水泥上浆粉刷出树皮外形，已知水泥上浆厚度为 60mm，水泥砂浆找平厚度为 40mm，水泥砂浆抹面厚度为 10mm。

(2)花架柱高 2.8m，截面尺寸为 600mm×400mm。

(3)花架横梁每根长 1.5m，截面尺寸为 300mm×300mm；纵梁长 13m，截面尺寸为 300mm×400mm。

(4)花架埋入地下 0.5m，所挖坑的长宽比柱的截面各多出 0.1m，柱下为 25mm 厚 1：3 白灰砂浆，150mm 厚 3：7 灰土，200mm 厚砂垫层，素土夯实。

试根据上述条件计算工程量。

【解】 (1)确定花架柱长。从图中可以看出共有花架柱 12 根，因而可得：

$$花架柱长 L = 2.8 \times 12 = 33.6m$$

(2)确定花架梁长。从图中可以看出该花架共有 2 根纵梁，6 根横梁，因而可得：

$$L_{纵梁} = 2 \times 13 = 26m$$

$$L_{横梁} = 6 \times 1.5 = 9m$$

工程量计算结果见表 7-44。

表 7-44　　　　　　　　　　　　　　　工程量计算结果

项目编码	项目名称	项目特征描述	计量单位	工程量
050307004001	塑树皮梁、柱	柱高 2.8m，截面尺寸为 600mm×400mm	m	33.6
050307004002	塑树皮梁、柱	横梁，每根长 1.5m，截面尺寸为 300mm×300mm	m	26
050307004003	塑树皮梁、柱	纵梁，每根长 13m，截面尺寸为 300mm×400mm	m	9

四、铁艺栏杆、塑料栏杆和钢筋混凝土围栏工程量计算

(一)相关项目内容介绍

栏杆在园林绿地中起着分隔、导向的作用,使绿地边界明确清晰,设计好的栏杆,具有很好的装饰作用。栏杆不是园林景观的主要构成部分,但是其作为量大、长向的建筑小品,对园林的造价和景色有着很大的影响。

(二)工程量计算规则

铁艺栏杆、塑料栏杆和钢筋混凝土围栏工程量计算规则见表 7-45。

表 7-45　　　　　　　　　　铁艺栏杆、塑料栏杆和钢筋混凝土围栏

项目编码	项目名称	项目特征	计量单位	工程量计算规则	工作内容
050307006	铁艺栏杆	1. 铁艺栏杆高度 2. 铁艺栏杆单位长度质量 3. 防护材料种类	m	按设计图示尺寸以长度计算	1. 铁艺栏杆安装 2. 刷防护材料
050307007	塑料栏杆	1. 栏杆高度 2. 塑料种类			1. 下料 2. 安装 3. 校正
050307008	钢筋混凝土艺术围栏	1. 围栏高度 2. 混凝土强度等级 3. 表面涂敷材料种类	1. m² 2. m	1. 以平方米计量,按设计图示尺寸以面积计算 2. 以米计量,按设计图示尺寸以延长米计算	1. 制作 2. 运输 3. 安装 4. 砂浆制作、运输 5. 接头灌缝、养护

(三)工程量计算示例

【例 7-26】　如图 7-20 所示为某园林景区内的一花坛构造,该花坛的外围延长为 4.28m×3.68m,花坛边缘安装铁件制作的栏杆,高 22cm,试计算铁栏杆工程量。

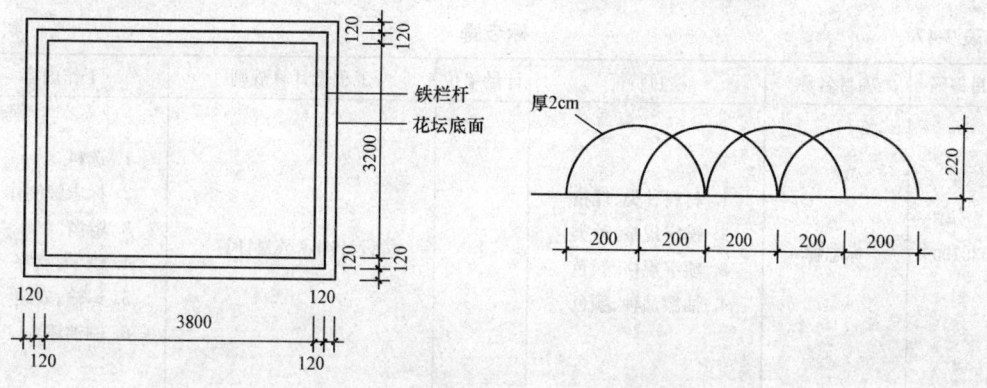

图 7-20　花坛平面构造图与栏杆构造图

【解】　从图中可以看出安装铁艺栏杆的规格为 4.04m×3.44m,由此可得

铁艺栏杆工程量＝4.04×2＋3.44×2＝14.96m

工程量计算结果见表7-46。

表 7-46 工程量计算结果

项目编码	项目名称	项目特征描述	计量单位	工程量
050307006001	铁艺栏杆	4.04m×3.44m,高22cm	m	14.96

五、标志牌工程量计算

(一)相关项目内容介绍

标志牌具有接近群众、占地少、变化多、造价低等特点。除其本身的功能外,还以其优美的造型、灵活的布局装点美化园林环境。标志牌宜选在人流量大的地段以及游人聚集、停留、休息的处所,如园林绿地及各种小广场的周边及道路的两侧等地;也可结合建筑、游廊、园墙等设置,若在人流量大的地段设置,为避免互相干扰,其位置应尽可能避开人流路线。

(1)标志牌的制作材料。标志牌主件的制作材料应耐久,常选用花岗石类天然石、不锈钢、铝、红杉类坚固耐用木材、瓷砖、丙烯板等。

(2)标志牌的制作与安装。标志牌的设置要适宜,尺寸要合理,大小、高低应与环境相协调,要以使用或引起游客注意为主。在造型上应注意处理好其观赏价值和内容的关系,为方便游人夜间使用,还要考虑夜间的照明要求,并且还要有防雨措施或耐风吹雨淋的特点,以免损坏。

(3)标志牌的色彩及造型设计。标志牌的色彩及造型设计应充分考虑其所在地区、建筑和环境景观的需要。同时,选择符合其功能并醒目的尺寸、形式、色彩。而色彩的选择,只要确定了主题色调和图形,将背景颜色统一,通过主题色和背景颜色的变化搭配,突出其功能即可。

(二)工程量计算规则

标志牌工程量计算规则见表7-47。

表 7-47 标志牌

项目编码	项目名称	项目特征	计量单位	工程量计算规则	工作内容
050307009	标志牌	1. 材料种类、规格 2. 镂字规格、种类 3. 喷字规格、颜色 4. 油漆品种、颜色	个	按设计图示数量计算	1. 选料 2. 标志牌制作 3. 雕凿 4. 镂字、喷字 5. 运输、安装 6. 刷油漆

(三)工程量计算示例

【例7-27】 为了保护草坪、防止践踏分别在草坪上设置长方形标志牌和圆形标志牌,如

图 7-21 所示。长方形木标志牌的厚度为 30mm,其柱为长方体,厚度为 32mm,外用混合油漆(醇酸磁漆)涂面,共 5 个;圆形木标志牌牌面为圆形,厚度为 25mm,其柱为长方体,厚度为 30mm,外用混合油漆(醇酸磁漆)涂面,共 8 个。试计算其工程量。

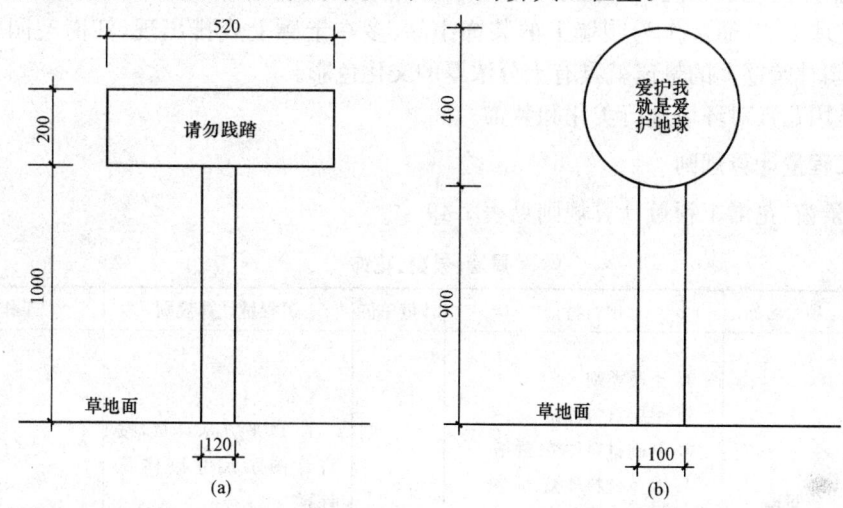

图 7-21 标志牌
(a)长方形木标志牌示意图;(b)圆形木标志牌示意图

【解】
$$长方形木标志牌工程量＝5 个$$
$$圆形木标志牌工程量＝8 个$$

工程量计算结果见表 7-48。

表 7-48   工程量计算结果

项目编码	项目名称	项目特征描述	计量单位	工程量
050307009001	标志牌	长方形木标志牌,厚度为 30mm,其柱为长方体,厚度为 32mm,外用混合油漆(醇酸磁漆)涂面	个	5
050307009002	标志牌	圆形木标志牌,厚度为 25mm,其柱为长方体,厚度为 30mm,外用混合油漆(醇酸磁漆)涂面	个	8

六、景墙、景窗、花饰工程量计算

(一)相关项目内容介绍

景墙是园林中常见的小品,其形式不拘一格,功能因需而设,材料丰富多样。除了人们常见的园林中作障景、漏景以及背景的景墙外,近年来,很多城市更是把景墙作为城市文化建设、改善市容市貌的重要方式。而"文化墙"这一概念更是把景墙在城市文化建设中的特殊作用做了概念性总结。

景窗,俗称花墙头、漏墙、花墙洞、漏花窗、花窗,是一种满格的装饰性透空窗,外观为不封闭的空窗,窗洞内装饰着各种镂空图案,透过景窗可隐约看到窗外景物。为了便于观看窗外景色,景窗高度多与人的视线相平,下框距离地面一般约为1.3m。也有专为采光、通风和装饰用的景窗,距离地面较高。景窗是中国园林中独特的建筑形式,也是构成园林景观的一种建筑艺术处理工艺,通常作为园墙上的装饰小品,多在走廊上成排出现,江南宅园中应用很多,如苏州园林园壁上的景窗就具有十分浓厚的文化色彩。

花饰是用花卉对环境进行美化和装饰。

(二)工程量计算规则

景墙、景窗、花饰工程量计算规则见表7-49。

表 7-49　　　　　　　　　　　景墙、景窗、花饰

项目编码	项目名称	项目特征	计量单位	工程量计算规则	工作内容
050307010	景墙	1. 土质类别 2. 垫层材料种类 3. 基础材料种类、规格 4. 墙体材料种类、规格 5. 墙体厚度 6. 混凝土、砂浆强度等级、配合比 7. 饰面材料种类	1. m³ 2. 段	1. 以平方米计量,按设计图示尺寸以体积计算 2. 以段计量,按设计图示尺寸以数量计算	1. 土(石)方挖运 2. 垫层、基础铺设 3. 墙体砌筑 4. 面层铺贴
050307011	景窗	1. 景窗材料品种、规格 2. 混凝土强度等级 3. 砂浆强度等级、配合比 4. 涂刷材料品种	m²	按设计图示尺寸以面积计算	1. 制作 2. 运输 3. 砌筑安放 4. 勾缝 5. 表面涂刷
050307012	花饰	1. 花饰材料品种、规格 2. 砂浆配合比 3. 涂刷材料品种			

七、博古架、花盆(坛、箱)、摆花及花池工程量计算

(一)相关项目内容介绍

博古架是一种在室内陈列古玩珍宝的多层木架,是类似书架式的木器。中分不同样式的许多层小格,格内陈设各种古玩、器皿,故又名为"十锦槅子""集锦槅子"或"多宝槅子"。每层形状不规则,前后均敞开,无板壁封挡,便于从各个位置观赏架上放置的器物。

花盆(坛、箱)是将同期开放的多种花卉,或不同颜色的同种花卉,根据一定的图案设计,栽种于特定规则式或自然式的苗床内,以发挥群体美。它是公园、广场、街道绿地以及工厂、机关、学校等绿化布置中的重点。

摆花是将花盆或花坛按一定的图形摆放在公园、广场或街道上。

花池是种植花卉或灌木的用砖砌体或混凝土结构围合的小型构造物。池内填种植土,设排水孔,其高度一般不超过600mm。

(二)工程量计算规则

博古架、花盆(坛、箱)、摆花及花池工程量计算规则见表 7-50。

表 7-50　　　　　　　　　博古架、花盆、摆花及花池

项目编码	项目名称	项目特征	计量单位	工程量计算规则	工作内容
050307013	博古架	1. 博古架材料品种、规格 2. 混凝土强度等级 3. 砂浆配合比 4. 涂刷材料品种	1. m² 2. m 3. 个	1. 以平方米计量,按设计图示尺寸以面积计算 2. 以米计量,按设计图示尺寸以延长米计算 3. 以个计量,按设计图示数量计算	1. 制作 2. 运输 3. 砌筑安放 4. 勾缝 5. 表面涂刷
050307014	花盆 (坛、箱)	1. 花盆(坛)的材质及类型 2. 规格尺寸 3. 混凝土强度等级 4. 砂浆配合比	个	按设计图示尺寸以数量计算	1. 制作 2. 运输 3. 安放
050307015	摆花	1. 花盆(钵)的材质及类型 2. 花卉品种与规格	1. m² 2. 个	1. 以平方米计量,按设计图示尺寸以水平投影面积计算 2. 以个计量,按设计图示数量计算	1. 搬运 2. 安放 3. 养护 4. 撤收
050307016	花池	1. 土质类别 2. 池壁材料种类、规格 3. 混凝土、砂浆强度等级、配合比 4. 饰面材料种类	1. m³ 2. m 3. 个	1. 以立方米计量,按设计图示尺寸以体积计算 2. 以米计量,按设计图示尺寸以池壁中心线处延长米计算 3. 以个计量,按设计图示数量计算	1. 垫层铺设 2. 基础砌(浇)筑 3. 墙体砌(浇)筑 4. 面层铺贴

八、其他杂项工程量计算

其他杂项工程包括垃圾箱、砖石砌小摆设、其他景观小摆设、柔性水池等项目。

(一)相关项目内容介绍

垃圾箱是指存放垃圾的容器,作用与垃圾桶相同,一般是正方体或长方体。

砖石砌小摆设是指用砖石材料砌筑的各种仿匾额、花瓶、花盆、石鼓、座凳及小型水盆、花坛池、花架。

(二)工程量计算规则

其他杂项工程量计算规则见表 7-51。

表 7-51　　　　　　　　　　　　　　　其他杂项

项目编码	项目名称	项目特征	计量单位	工程量计算规则	工作内容
050307017	垃圾箱	1. 垃圾箱材质 2. 规格尺寸 3. 混凝土强度等级 4. 砂浆配合比	个	按设计图示尺寸以数量计算	1. 制作 2. 运输 3. 安放
050307018	砖石砌小摆设	1. 砖种类、规格 2. 石种类、规格 3. 砂浆强度等级、配合比 4. 石表面加工要求 5. 勾缝要求	1. m³ 2. 个	1. 以立方米计量，按设计图示尺寸以体积计算 2. 以个计量，按设计图示尺寸以数量计算	1. 砂浆制作、运输 2. 砌砖、石 3. 抹面、养护 4. 勾缝 5. 石表面加工
050307019	其他景观小摆设	1. 名称及材质 2. 规格尺寸	个	按设计图示尺寸以数量计算	1. 制作 2. 运输 3. 安装
050307020	柔性水池	1. 水池深度 2. 防水(漏)材料品种	m²	按设计图示尺寸以水平投影面积计算	1. 清理基层 2. 材料裁接 3. 铺设

第八章 园林绿化工程措施项目清单工程量计算

第一节 脚手架工程

脚手架是指施工现场为工人操作并解决垂直和水平运输而搭设的各种支架,主要为了施工人员上下操作或外围安全网围护及高空安装构件等作业。

一、脚手架的种类

脚手架的种类较多,可按照用途、构架方式、设置形式、支固方式、脚手架平杆与立杆的连接方式以及材料来划分种类。

(1)按用途划分。脚手架按用途可分为操作用脚手架、防护用脚手架和承重-支撑用脚手架等。

(2)按构架方式划分。脚手架按构架方式可分为杆件组合式脚手架、框架组合式脚手架、格构件组合式脚手架、台架等。

(3)按脚手架的设置形式划分。

1)单排脚手架。只有一排立杆,横向平杆的一端搁置在墙体上的脚手架。

2)双排脚手架。由内外两排立杆和水平杆构成的脚手架。

3)满堂脚手架。按施工作业范围满设的,纵、横两个方向各有三排以上立杆的脚手架。

4)封圈型脚手架。沿建筑物或作业范围周边设置并相互交圈连接的脚手架。

5)开口型脚手架。沿建筑周边非交圈设置的脚手架,其中呈直线型的脚手架为一字型脚手架。

6)特型脚手架。具有特殊平面和空间造型的脚手架,如用于烟囱、水塔、冷却塔以及其他平面为圆形、环形、"外方内圆"形、多边形以及上扩、上缩等特殊形式的建筑施工脚手架。

(4)按脚手架的支固方式划分。

1)落地式脚手架。搭设(支座)在地面、楼面、墙面或其他平台结构之上的脚手架。

2)悬挑脚手架(简称"挑脚手架")。采用悬挑方式支固的脚手架。

3)附墙悬挂脚手架(简称"挂脚手架")。在上部或(和)中部挂设于墙体挂件上的定型脚手架。

4)悬吊脚手架(简称"吊脚手架")。悬吊于悬挑梁或工程结构之下的脚手架。当采用吊篮式作业架时,称为"吊篮"。

5)附着式升降脚手架(简称"爬架")。搭设一定高度附着于工程结构上,依靠自身的升降设备和装置,可随工程结构逐层爬升或下降,具有防倾覆、防坠落装置的悬空外脚手架。

6)整体式附着升降脚手架。有三个以上提升装置的连跨升降的附着式升降脚手架。

7)水平移动脚手架。带行走装置的脚手架或操作平台架。

(5)按脚手架平、立杆的连接方式划分。

1)承插式脚手架。在平杆与立杆之间采用承插连接的脚手架。

2)扣件式脚手架。使用扣件箍紧连接的脚手架,即靠拧紧扣件螺栓所产生的摩擦作用构架和承载的脚手架。

3)销栓式脚手架。采用对穿螺栓或销杆连接的脚手架,此种形式已很少使用。

另外,按脚手架的材料可分为传统的竹、木脚手架,钢管脚手架或金属脚手架等。

二、砌筑、抹灰脚手架

砌筑、抹灰脚手架,是指供砌筑、抹灰各种墙、柱所用的脚手架。一般包括外墙脚手架和里脚手架两种。

砌筑、抹灰脚手架工程量计算规则见表8-1。

表 8-1　　　　　　　　　　　　　　砌筑、抹灰脚手架

项目编码	项目名称	项目特征	计量单位	工程量计算规则	工作内容
050401001	砌筑脚手架	1. 搭设方式 2. 墙体高度	m²	按墙的长度乘墙的高度以面积计算(硬山建筑山墙高算至山尖)。独立砖石柱高度在3.6m以内时,以柱结构周长乘以柱高计算,独立砖石柱高度在3.6m以上时,以柱结构周长加3.6m乘以柱高计算 凡砌筑高度在1.5m及以上的砌体,应计算脚手架	1. 场内、场外材料搬运 2. 搭、拆脚手架、斜道、上料平台 3. 铺设安全网 4. 拆除脚手架后材料分类堆放
050401002	抹灰脚手架			按抹灰墙面的长度乘高度以面积计算(硬山建筑山墙高算至山尖)。独立砖石柱高度在3.6m以内时,以柱结构周长乘以柱高计算,独立砖石柱高度在3.6m以上时,以柱结构周长加3.6m乘以柱高计算	

三、亭脚手架

亭脚手架工程量计算规则见表8-2。

表 8-2　　　　　　　　　　　　　　亭脚手架

项目编码	项目名称	项目特征	计量单位	工程量计算规则	工作内容
050401003	亭脚手架	1. 搭设方式 2. 檐口高度	1. 座 2. m²	1. 以座计量,按设计图示数量计算 2. 以平方米计量,按建筑面积计算	1. 场内、场外材料搬运 2. 搭、拆脚手架、斜道、上料平台 3. 铺设安全网 4. 拆除脚手架后材料分类堆放

四、满堂脚手架、堆砌(塑)假山脚手架、桥身脚手架

满堂脚手架、堆砌(塑)假山脚手架、桥身脚手架工程量计算规则见表 8-3。

表 8-3　　　　　满堂脚手架、堆砌(塑)假山脚手架、桥身脚手架

项目编码	项目名称	项目特征	计量单位	工程量计算规则	工作内容
050401004	满堂脚手架	1. 搭设方式 2. 施工面高度	m²	按搭设的地面主墙间尺寸以面积计算	1. 场内、场外材料搬运 2. 搭、拆脚手架、斜道、上料平台 3. 铺设安全网 4. 拆除脚手架后材料分类堆放
050401005	堆砌(塑)假山脚手架	1. 搭设方式 2. 假山高度		按外围水平投影最大矩形面积计算	
050401006	桥身脚手架	1. 搭设方式 2. 桥身高度		按桥基础底面至桥面平均高度乘以河道两侧宽度以面积计算	

五、斜道

斜道工程量计算规则见表 8-4。

表 8-4　　　　　斜道

项目编码	项目名称	项目特征	计量单位	工程量计算规则	工作内容
050401007	斜道	斜道高度	座	按搭设数量计算	1. 场内、场外材料搬运 2. 搭、拆脚手架、斜道、上料平台 3. 铺设安全网 4. 拆除脚手架后材料分类堆放

第二节　模板工程

一、现浇混凝土垫层、路面

现浇混凝土垫层、路面工程量计算规则见表 8-5。

表 8-5　　　　　现浇混凝土垫层、路面

项目编码	项目名称	项目特征	计量单位	工程量计算规则	工作内容
050402001	现浇混凝土垫层	厚度	m²	按混凝土与模板的接触面积计算	1. 制作 2. 安装 3. 拆除 4. 清理 5. 刷隔离剂 6. 材料运输
050402002	现浇混凝土路面				

二、现浇混凝土路牙、树池围牙

现浇混凝土路牙、树池围牙工程量计算规则见表 8-6。

表 8-6　　　　　　　　　　　　　现浇混凝土路牙、树池围牙

项目编码	项目名称	项目特征	计量单位	工程量计算规则	工作内容
050402003	现浇混凝土路牙、树池围牙	高度	m²	按混凝土与模板的接触面积计算	1. 制作 2. 安装 3. 拆除 4. 清理 5. 刷隔离剂 6. 材料运输

三、现浇混凝土花架柱、梁、花池

现浇混凝土花架柱、梁、花池工程量计算规则见表 8-7。

表 8-7　　　　　　　　　　　　　现浇混凝土花架柱、梁

项目编码	项目名称	项目特征	计量单位	工程量计算规则	工作内容
050402004	现浇混凝土花架柱	断面尺寸	m²	按混凝土与模板的接触面积计算	1. 制作 2. 安装 3. 拆除 4. 清理 5. 刷隔离剂 6. 材料运输
050402005	现浇混凝土花架梁	1. 断面尺寸 2. 梁底高度			
050402006	现浇混凝土花池	池壁断面尺寸			

四、现浇混凝土桌凳

现浇混凝土桌凳工程量计算规则见表 8-8。

表 8-8　　　　　　　　　　　　　现浇混凝土桌凳

项目编码	项目名称	项目特征	计量单位	工程量计算规则	工作内容
050402007	现浇混凝土桌凳	1. 桌凳形状 2. 基础尺寸、埋设深度 3. 桌面尺寸、支墩高度 4. 凳面尺寸、支凳高度	1. m³ 2. 个	1. 以平方米计量，按设计图示混凝土体积计算 2. 以个计量，按设计图示数量计算	1. 制作 2. 安装 3. 拆除 4. 清理 5. 刷隔离剂 6. 材料运输

五、石桥拱券石、石券脸胎架

石桥拱券石、石券脸胎架工程量计算规则见表 8-9。

表 8-9　　　　　　　　　　　　　　石桥拱券石、石券脸胎架

项目编码	项目名称	项目特征	计量单位	工程量计算规则	工作内容
050402008	石桥拱券石、石券脸胎架	1. 胎架面高度 2. 矢高、弦长	m²	按拱券石、石券脸弧形底面展开尺寸以面积计算	1. 制作 2. 安装 3. 拆除 4. 清理 5. 刷隔离剂 6. 材料运输

第三节　树木支撑架、草绳绕树干、搭设遮阴(防寒)棚工程

一般情况下,刚种植的树木需要支撑,台风季节需要对倾斜的树木进行支撑;用草绳绕树干也是同样道理,但在移植树木时要用草绳绑扎,主要的作用是为了树木正常生长。遮阴棚搭设,一般适用于园林植物栽植后成活率养护期,以及园林植物非种植季节栽植的工程苗木,同时,适用于超规格苗木移植时的技术保护措施。

树木支撑架、草绳绕树干、搭设遮阴(防寒)棚工程工程量计算规则见表 8-10。

表 8-10　　　　　　　　　　树木支撑架、草绳绕树干、搭设遮阴(防寒)棚工程

项目编码	项目名称	项目特征	计量单位	工程量计算规则	工作内容
050403001	树木支撑架	1. 支撑类型、材质 2. 支撑材料规格 3. 单株支撑材料数量	株	按设计图示数量计算	1. 制作 2. 运输 3. 安装 4. 维护
050403002	草绳绕树干	1. 胸径(干径) 2. 草绳所绕树干高度			1. 搬运 2. 绕杆 3. 余料清理 4. 养护期后清除
050403003	搭设遮阴(防寒)棚	1. 搭设高度 2. 搭设材料种类、规格	1. m² 2. 株	1. 以平方米计量,按遮阴(防寒)棚外围覆盖层的展开尺寸以面积计算 2. 以株计量,按设计图示数量计算	1. 制作 2. 运输 3. 搭设、维护 4. 养护期后清除

第四节　围堰、排水工程

围堰的作用是防止水和土进入建筑物的修建位置,方便在围堰内排水,开挖基坑,修筑建筑物。一般主要用于水工建筑中,除作为正式建筑物的一部分外,围堰一般在用完后拆除。

园林排水工程的主要任务是将雨水、废水、污水收集起来并输送到适当地点排除,或经过处理后再重复利用和排除掉。园林中如果没有排水工程,雨水、污水淤积园内,将会使植物遭受涝灾,滋生大量蚊虫并传播疾病;既会影响环境卫生,又会严重影响园里的所有游园活动。因此,在每一项园林工程中都要设置良好的排水工程设施。

围堰、排水工程工程量计算规则见表 8-11。

表 8-11　　　　　　　　　　　　围堰、排水工程

项目编码	项目名称	项目特征	计量单位	工程量计算规则	工作内容
050404001	围堰	1. 围堰断面尺寸 2. 围堰长度 3. 围堰材料及灌装袋材料品种、规格	1. m³ 2. m	1. 以立方米计量,按围堰断面面积乘以堤顶中心线长度以体积计算 2. 以米计量,按围堰堤顶中心线长度以延长米计算	1. 取土、装土 2. 堆筑围堰 3. 拆除、清理围堰 4. 材料运输
050404002	排水	1. 种类及管径 2. 数量 3. 排水长度	1. m³ 2. 天 3. 台班	1. 以立方米计量,按需要排水量以体积计算,围堰排水按堰内水面面积乘以平均水深计算 2. 以天计量,按需要排水日历天计算 3. 以台班计量,按水泵排水工作台班计算	1. 安装 2. 使用、维护 3. 拆除水泵 4. 清理

第九章　工程合同价款约定与管理

第一节　工程合同价款约定

一、一般规定

(1)工程合同价款的约定是建设工程合同的主要内容。根据有关法律条款的规定,实行招标的工程合同价款应在中标通知书发出之日起 30 天内,由发承包双方依据招标文件和中标人的投标文件在书面合同中约定。

工程合同价款的约定应满足以下几个方面的要求:

1)约定的依据要求:招标人向中标的投标人发出的中标通知书;

2)约定的时间要求:自招标人发出中标通知书之日起 30 天内;

3)约定的内容要求:招标文件和中标人的投标文件;

4)合同的形式要求:书面合同。

在工程招投标及建设工程合同签订过程中,招标文件应视为要约邀请,投标文件为要约,中标通知书为承诺。因此,在签订建设工程合同时,若招标文件与中标人的投标文件有不一致的地方,应以投标文件为准。

(2)实行招标的工程,合同约定不得违背招标文件中关于工期、造价、资质等方面的实质性内容。所谓合同实质性内容,按照《中华人民共和国合同法》第三十条规定:"有关合同标的、数量、质量、价款或者报酬、履行期限、履行地点和方式、违约责任和解决争议方法等的变更,是对要约内容的实质性变更"。

(3)不实行招标的工程合同价款,应在发承包双方认可的工程价款基础上,由发承包双方在合同中约定。

(4)工程建设合同的形式对工程量清单计价的适用性不构成影响,无论是单价合同、总价合同,还是成本加酬金合同均可以采用工程量清单计价。采用单价合同形式时,经标价的工程量清单是合同文件必不可少的组成内容,其中的工程量一般具备合同约束力(量可调),工程款结算时按照合同中约定应予计量并实际完成的工程量计算进行调整,由招标人提供统一的工程量清单则彰显了工程量清单计价的主要优点。总价合同是指总价包干或总价不变合同,采用总价合同形式,工程量清单中的工程量不具备合同的约束力(量不可调),工程量以合同图纸的标示内容为准,工程量以外的其他内容一般均赋予合同约束力,以方便合同变更的计量和计价。成本加酬金合同是承包人不承担任何价格变化风险的合同。

"13 计价规范"中规定:"实行工程量清单计价的工程,应采用单价合同;建设规模较小,技术难度较低,工期较短,且施工图设计已审查批准的建设工程可采用总价合同;紧急抢险、救灾以及施工技术特别复杂的建设工程可采用成本加酬金合同"。单价合同约定的工程价款中所包含的工程量清单项目综合单价在约定条件内是固定的,不予调整,工程量允许调整。工程量清单项目综合单价在约定的条件外,允许调整。但调整方式、方法应在合同中约定。

二、合同价款约定内容

(1)发承包双方应在合同条款中对下列事项进行约定:

1)预付工程款的数额、支付时间及抵扣方式。预付款是发包人为解决承包人在施工准备阶段资金周转问题提供的协助。如使用大宗材料,可根据工程具体情况设置工程材料预付款。

2)安全文明施工措施的支付计划,使用要求等;

3)工程计量与支付工程进度款的方式、数额及时间;

4)工程价款的调整因素、方法、程序、支付及时间;

5)施工索赔与现场签证的程序、金额确认与支付时间;

6)承担计价风险的内容、范围以及超出约定内容、范围的调整办法;

7)工程竣工价款结算编制与核对、支付及时间;

8)工程质量保证金的数额、预留方式及时间;

9)违约责任以及发生合同价款争议的解决方法及时间;

10)与履行合同、支付价款有关的其他事项等。

由于合同中涉及工程价款的事项较多,能够详细约定的事项应尽可能具体的约定,约定的用词应尽可能唯一,如有几种解释,最好对用词进行定义,尽量避免因理解上的歧义造成合同纠纷。

(2)合同中没有按照上述第(1)条的要求约定或约定不明的,若发承包双方在合同履行中发生争议由双方协商确定;当协商不能达成一致时,应按"13计价规范"的规定执行。

第二节　工程计量

一、一般规定

(1)正确的计量是发包人向承包人支付合同价款的前提和依据,因此"13计价规范"中规定:"工程量必须按照相关工程现行国家计量规范规定的工程量计算规则计算"。这就明确了不论采用何种计价方式,其工程量必须按照相关工程的现行国家计量规范规定的工程量计算规则计算。采用统一的工程量计算规则,对于规范工程建设各方的计量计价行为,有效减少计量争议具有十分重要的意义。

(2)选择恰当的工程计量方式对于正确计量是十分必要的。由于工程建设具有投资大、周期长等特点,因而"13计价规范"中规定:"工程计量可选择按月或按工程形象进度分段计量,当采用分段结算方式时,应在合同中约定具体的工程分段划分界限"。按工程形象进度分段计量与按月计量相比,其计量结果更具稳定性,可以简化竣工结算。但应注意工程形象进度分段的时间应与按月计量保持一定关系,不应过长。

(3)因承包人原因造成的超出合同工程范围施工或返工的工程量,发包人不予计量。

(4)成本加酬金合同应按单价合同的规定计量。

二、单价合同的计量

(1)招标工程量清单标明的工程量是招标人根据拟建工程设计文件预计的工程量,不能作为承包人在实际工作中应予完成的实际和准确的工程量。招标工程量清单所列的工程量一方面是各投标人进行投标报价的共同基础;另一方面也是对各投标人的投标报价进行评审的共同平台,是招投标活动应当遵循公平、公正、公开和诚实、信用原则的具体体现。

发承包双方竣工结算的工程量应以承包人按照现行国家计量规范规定的工程量计算规则计算的实际完成应予计量的工程量确定,而非招标工程量清单所列的工程量。

(2)施工中进行工程计量,当发现招标工程量清单中出现缺项、工程量偏差,或因工程变更引起工程量增减时,应按承包人在履行合同义务中完成的工程量计算。

(3)承包人应当按照合同约定的计量周期和时间向发包人提交当期已完工程量报告。发包人应在收到报告后 7 天内核实,并将核实计量结果通知承包人。发包人未在约定时间内进行核实的,承包人提交的计量报告中所列的工程量应视为承包人实际完成的工程量。

(4)发包人认为需要进行现场计量核实时,应在计量前 24 小时通知承包人,承包人应为计量提供便利条件并派人参加。当双方均同意核实结果时,双方应在上述记录上签字确认。承包人收到通知后不派人参加计量,视为认可发包人的计量核实结果。发包人不按照约定时间通知承包人,致使承包人未能派人参加计量,计量核实结果无效。

(5)当承包人认为发包人核实后的计量结果有误时,应在收到计量结果通知后的 7 天内向发包人提出书面意见,并应附上其认为正确的计量结果和详细的计算资料。发包人收到书面意见后,应在 7 天内对承包人的计量结果进行复核后通知承包人。承包人对复核计量结果仍有异议的,按照合同约定的争议解决办法处理。

(6)承包人完成已标价工程量清单中每个项目的工程量并经发包人核实无误后,发承包双方应对每个项目的历次计量报表进行汇总,以核实最终结算工程量,并应在汇总表上签字确认。

三、总价合同的计量

(1)由于工程量是招标人提供的,招标人必须对其准确性和完整性负责,且工程量必须按照相关工程现行国家计量规范规定的工程量计算规则计算,因而对于采用工程量清单方式形成的总价合同,若招标工程量清单中工程量与合同实施过程中的工程量存在差异时,都应按上述"二、单价合同的计量"中的相关规定进行调整。

(2)采用经审定批准的施工图纸及其预算方式发包形成的总价合同,由于承包人自行对施工图纸进行计量,因此除按照工程变更规定引起的工程量增减外,总价合同各项目的工程量是承包人用于结算的最终工程量。

(3)总价合同约定的项目计量应以合同工程经审定批准的施工图纸为依据,发承包双方应在合同中约定工程计量的形象目标或时间节点进行计量。

(4)承包人应在合同约定的每个计量周期内对已完成的工程进行计量,并向发包人提交达到工程形象目标完成的工程量和有关计量资料的报告。

(5)发包人应在收到报告后 7 天内对承包人提交的上述资料进行复核,以确定实际完成的工程量和工程形象目标。对其有异议的,应通知承包人进行共同复核。

第三节　工程合同价款调整

一、一般规定

(1)下列事项(但不限于)发生,发承包双方应当按照合同约定调整合同价款:

1)法律法规变化;

2)工程变更;

3)项目特征不符;

4)工程量清单缺项;

5)工程量偏差;

6)计日工;

7)物价变化;

8)暂估价;

9)不可抗力;

10)提前竣工(赶工补偿);

11)误期赔偿;

12)索赔;

13)现场签证;

14)暂列金额;

15)发承包双方约定的其他调整事项。

(2)出现合同价款调增事项(不含工程量偏差、计日工、现场签证、索赔)后的 14 天内,承包人应向发包人提交合同价款调增报告并附上相关资料;承包人在 14 天内未提交合同价款调增报告的,应视为承包人对该事项不存在调整价款请求。

此处所指合同价款调增事项不包括工程量偏差,是因为工程量偏差的调整在竣工结算完成之前均可提出;不包括计日工、现场签证和索赔,是因为这三项的合同价款调增时限在"13 计价规范"中另有规定。

(3)出现合同价款调减事项(不含工程量偏差、索赔)后的 14 天内,发包人应向承包人提交合同价款调减报告并附相关资料;发包人在 14 天内未提交合同价款调减报告的,应视为发包人对该事项不存在调整价款请求。

基于上述第(2)条同样的原因,此处合同价款调减事项中不包括工程量偏差和索赔两项。

(4)发(承)包人应在收到承(发)包人合同价款调增(减)报告及相关资料之日起 14 天内对其核实,予以确认的应书面通知承(发)包人。当有疑问时,应向承(发)包人提出协商意见。发(承)包人在收到合同价款调增(减)报告之日起 14 天内未确认也未提出协商意见的,应视为承(发)包人提交的合同价款调增(减)报告已被发(承)包人认可。发(承)包人提出协商意见的,承(发)包人应在收到协商意见后的 14 天内对其核实,予以确认的应书面通知发(承)包人。承(发)包人在收到发(承)包人的协商意见后 14 天内既不确认也未提出不同意见的,应视为发(承)包人提出的意见已被承(发)包人认可。

（5）发包人与承包人对合同价款调整的不同意见不能达成一致的，只要对发承包双方履约不产生实质影响，双方应继续履行合同义务，直到其按照合同约定的争议解决方式得到处理。

（6）根据财政部、原建设部印发的《建设工程价款结算暂行办法》（财建[2004]369号）的相关规定，如第十五条："发包人和承包人要加强施工现场的造价控制，及时对工程合同外的事项如实纪录并履行书面手续。凡由发、承包双方授权的现场代表签字的现场签证以及发、承包双方协商确定的索赔等费用，应在工程竣工结算中如实办理，不得因发、承包双方现场代表的中途变更改变其有效性"，"13计价规范"对发承包双方确定调整的合同价款的支付方法进行了约定，即："经发承包双方确认调整的合同价款，作为追加（减）合同价款，应与工程进度款或结算款同期支付"。

二、合同价款调整方法

（一）法律法规变化

（1）工程建设过程中，发承包双方都是国家法律、法规、规章及政策的执行者。因此，在发承包双方履行合同的过程中，当国家的法律、法规、规章及政策发生变化，国家或省级、行业建设主管部门或其授权的工程造价管理机构据此发布工程造价调整文件，工程价款应当进行调整。"13计价规范"中规定："招标工程以投标截止日前28天、非招标工程以合同签订前28天为基准日，其后因国家的法律、法规、规章和政策发生变化引起工程造价增减变化的，发承包双方应按照省级或行业建设主管部门或其授权的工程造价管理机构据此发布的规定调整合同价款"。

（2）因承包人原因导致工期延误的，按上述第（1）条规定的调整时间，在合同工程原定竣工时间之后，合同价款调增的不予调整，合同价款调减的予以调整。这就说明由于承包人原因导致工期延误，将按不利于承包人的原则调整合同价款。

（二）工程变更

建设工程施工合同实施过程中，如果合同签订时所依赖的承包范围、设计标准、施工条件等发生变化，则必须在新的承包范围、新的设计标准或新的施工条件等前提下对发承包双方的权利和义务进行重新分配，从而建立新的平衡，追求新的公平和合理。由于施工条件变化和发包人要求变化等原因，往往会发生合同约定的工程材料性质和品种、建筑物结构形式、施工工艺和方法等的变动，此时必须变更才能维护合同的公平。因此，"13计价规范"中对因分部分项工程量清单的漏项或非承包人原因引起的工程变更，造成增加新的工程量清单项目时，新增项目综合单价的确定原则进行了约定，具体如下：

（1）因工程变更引起已标价工程量清单项目或其工程数量发生变化时，应按照下列规定调整：

1）已标价工程量清单中有适用于变更工程项目的，应采用该项目的单价；但当工程变更导致该清单项目的工程数量发生变化，且工程量偏差超过15%时，该项目单价应按照规定进行调整，即当工程量增加15%以上时，增加部分的工程量的综合单价应予调低；当工程量减少15%以上时，减少后剩余部分的工程量的综合单价应予调高。采用此条进行调整的前提条件是其采用的材料、施工工艺和方法相同，亦不因此增加关键线路上工程的施工时间如:某桩基工程施工过程中,由于设计变更,新增加预制钢筋混凝土管柱3根(45m),已标价工程量清单中有预制钢筋混凝土管柱项目的综合单价,且新增部分工程量偏差在15%以内,则就应采用该项目的综合单价。

2)已标价工程量清单中没有适用但有类似于变更工程项目的,可在合理范围内参照类似项目的单价。采用此条进行调整的前提条件是其采用的材料、施工工艺和方法基本相似,不增加关键线路上工程的施工时间,则可仅就其变更后的差异部分,参考类似的项目单价由发、承包双方协商新的项目单价。

如:某现浇混凝土基础的混凝土强度等级为C30,施工过程中设计单位将其调整为C35,此时则可将原综合单价组成中C30混凝土价格用C35混凝土价格替换,其余不变,组成新的综合单价。

3)已标价工程量清单中没有适用也没有类似于变更工程项目的,应由承包人根据变更工程资料、计量规则和计价办法、工程造价管理机构发布的信息价格和承包人报价浮动率提出变更工程项目的单价,并应报发包人确认后调整。承包人报价浮动率可按下列公式计算:

招标工程:
$$承包人报价浮动率 L = (1 - 中标价/招标控制价) \times 100\%$$

非招标工程:
$$承包人报价浮动率 L = (1 - 报价/施工图预算) \times 100\%$$

4)已标价工程量清单中没有适用也没有类似于变更工程项目,且工程造价管理机构发布的信息价格缺价的,应由承包人根据变更工程资料、计量规则、计价办法和通过市场调查等取得有合法依据的市场价格提出变更工程项目的单价,并应报发包人确认后调整。

(2)工程变更引起施工方案改变并使措施项目发生变化时,承包人提出调整措施项目费的,应事先将拟实施的方案提交发包人确认,并应详细说明与原方案措施项目相比的变化情况。拟实施的方案经发承包双方确认后执行,并应按照下列规定调整措施项目费:

1)安全文明施工费应按照实际发生变化的措施项目依据国家或省级、行业建设主管部门的规定计算。

2)采用单价计算的措施项目费,应按照实际发生变化的措施项目,按上述第(1)条的规定确定单价。

3)按总价(或系数)计算的措施项目费,按照实际发生变化的措施项目调整,但应考虑承包人报价浮动因素,即调整金额按照实际调整金额乘以上述第(1)条规定的承包人报价浮动率计算。

如果承包人未事先将拟实施的方案提交给发包人确认,则应视为工程变更不引起措施项目费的调整或承包人放弃调整措施项目费的权利。

(3)当发包人提出的工程变更因非承包人原因删减了合同中的某项原定工作或工程,致使承包人发生的费用或(和)得到的收益不能被包括在其他已支付或应支付的项目中,也未被包含在任何替代的工作或工程中时,承包人有权提出并应得到合理的费用及利润补偿。这主要是为了维护合同的公平,防止发包人在签约后擅自取消合同中的工作,转而由发包人自己或其他承包人实施而使本合同工程承包人蒙受损失。

(三)项目特征不符

工程量清单的项目特征是确定一个清单项目综合单价不可缺少的主要依据。对工程量清单项目的特征描述具有十分重要的意义,其主要体现包括三个方面:①项目特征是区分清单项目的依据。工程量清单项目特征是用来表述分部分项清单项目的实质内容,用于区分计价规范中同一清单条目下各个具体的清单项目。没有项目特征的准确描述,对于相同或相似的清单项目名称,就无从区分。②项目特征是确定综合单价的前提。由于工程量清单项目的特征决定了工程实体的实质内容,必然直接决定了工程实体的自身价值。因此,工程量清单项目特征描述得准确与否,直接关系到工程量清单项目综合单价的准确确定。③项目特征是履行合同义务的基础。实行工程量清单计价,工程量清单及其综合单价是施工合同的组成部分,因此,如果工程量清单项目特征的描述不清甚至漏项、错误,从而引起在施工过程中的更改,都会引起分歧,导致纠纷。

在按"园林计量规范"对工程量清单项目的特征进行描述时,应注意"项目特征"与"工作内容"的区别。"项目特征"是工程项目的实质,决定着工程量清单项目的价值大小,而"工作内容"主要讲的是操作程序,是承包人完成能通过验收的工程项目所必须要操作的工序。在"13工程计量规范"中,工程量清单项目与工程量计算规则、工作内容具有——对应的关系,当采用"13计价规范"进行计价时,工作内容即有规定,无须再对其进行描述。而"项目特征"栏中的任何一项都影响着清单项目的综合单价的确定,招标人应高度重视分部分项工程项目清单项目特征的描述,任何不描述或描述不清,均会在施工合同履约过程中产生分歧,导致纠纷、索赔。

正因为此,在编制工程量清单时,必须对项目特征进行准确而且全面的描述,准确的描述工程量清单的项目特征对于准确的确定工程量清单项目的综合单价具有决定性的作用。

"13计价规范"中对清单项目特征描述及项目特征发生变化后重新确定综合单价的有关要求进行了如下约定:

(1)发包人在招标工程量清单中对项目特征的描述,应被认为是准确的和全面的,并且与实际施工要求相符合。承包人应按照发包人提供的招标工程量清单,根据项目特征描述的内容及有关要求实施合同工程,直到项目被改变为止。

(2)承包人应按照发包人提供的设计图纸实施合同工程,若在合同履行期间出现设计图纸(含设计变更)与招标工程量清单任一项目的特征描述不符,且该变化引起该项目工程造价增减变化的,应按照实际施工的项目特征,按前述"第二节　工程计量"中的有关规定重新确定相应工程量清单项目的综合单价,并调整合同价款。

(四)工程量清单缺项

导致工程量清单缺项的原因主要包括:①设计变更;②施工条件改变;③工程量清单编制错误。由于工程量清单的增减变化必然使合同价款发生增减变化。

(1)合同履行期间,由于招标工程量清单中缺项,新增分部分项工程清单项目的,应按照前述"(二)工程变更"中的第(1)条的有关规定确定单价,并调整合同价款。

(2)新增分部分项工程清单项目后,引起措施项目发生变化的,应按照前述"(二)工程变更"中的第(2)条的有关规定,在承包人提交的实施方案被发包人批准后调整合同价款。

(3)由于招标工程量清单中措施项目缺项,承包人应将新增措施项目实施方案提交发包人批准后,按照前述"(二)工程变更"中的第(1)、(2)条的有关规定调整合同价款。

(五)工程量偏差

(1)合同履行期间,当应予计算的实际工程量与招标工程量清单出现偏差,且符合下述第

(2)、(3)条规定时,发承包双方应调整合同价款。

(2)对于任一招标工程量清单项目,当因工程量偏差和前述"(二)工程变更"中规定的工程变更等原因导致工程量偏差超过 15%时,可进行调整。当工程量增加 15%以上时,增加部分的工程量的综合单价应予调低;当工程量减少 15%以上时,减少后剩余部分的工程量的综合单价应予调高。

(3)如果工程量出现变化引起相关措施项目相应发生变化时,按系数或单一总价方式计价的,工程量增加的措施项目费调增,工程量减少的措施项目费调减。反之,如未引起相关措施项目发生变化,则不予调整。

(六)计日工

(1)发包人通知承包人以计日工方式实施的零星工作,承包人应予执行。

(2)采用计日工计价的任何一项变更工作,在该项变更的实施过程中,承包人应按合同约定提交下列报表和有关凭证送发包人复核:

1)工作名称、内容和数量;

2)投入该工作所有人员的姓名、工种、级别和耗用工时;

3)投入该工作的材料名称、类别和数量;

4)投入该工作的施工设备型号、台数和耗用台时;

5)发包人要求提交的其他资料和凭证。

(3)任一计日工项目持续进行时,承包人应在该项工作实施结束后的 24 小时内向发包人提交有计日工记录汇总的现场签证报告一式三份。发包人在收到承包人提交现场签证报告后的 2 天内予以确认并将其中一份返还给承包人,作为计日工计价和支付的依据。发包人逾期未确认也未提出修改意见的,应视为承包人提交的现场签证报告已被发包人认可。

(4)任一计日工项目实施结束后,承包人应按照确认的计日工现场签证报告核实该类项目的工程数量,并应根据核实的工程数量和承包人已标价工程量清单中的计日工单价计算,提出应付价款;已标价工程量清单中没有该类计日工单价的,由发承包双方按前述"(二)工程变更"中的相关规定商定计日工单价计算。

(5)每个支付期末,承包人应按规定向发包人提交本期间所有计日工记录的签证汇总表,并应说明本期间自己认为有权得到的计日工金额,调整合同价款,列入进度款支付。

(七)物价变化

(1)合同履行期间,因人工、材料、工程设备、机械台班价格波动影响合同价款时,应根据合同约定,按"13 计价规范"附录 A 中介绍的方法之一调整合同价款。

(2)承包人采购材料和工程设备的,应在合同中约定主要材料、工程设备价格变化的范围或幅度;当没有约定,且材料、工程设备单价变化超过 5%时,超过部分的价格应按照上述"13 计价规范"附录 A 中介绍的方法计算调整材料、工程设备费。

(3)发生合同工程工期延误的,应按照下列规定确定合同履行期的价格调整:

1)因非承包人原因导致工期延误的,计划进度日期后续工程的价格,应采用计划进度日期与实际进度日期两者的较高者。

2)因承包人原因导致工期延误的,计划进度日期后续工程的价格,应采用计划进度日期与实际进度日期两者的较低者。

（4）发包人供应材料和工程设备的，不适用上述第（1）和第（2）条规定，应由发包人按照实际变化调整，列入合同工程的工程造价内。

（八）暂估价

（1）发包人在招标工程量清单中给定暂估价的材料、工程设备不属于依法必须招标的，应由承包人按照合同约定采购，经发包人确认单价后取代暂估价，调整合同价款。暂估材料或工程设备的单价确定后，在综合单价中只应取代暂估单价，不应再在综合单价中涉及企业管理费或利润等其他费用的变动。

（2）发包人在工程量清单中给定暂估价的专业工程不属于依法必须招标的，应按照前述"（二）工程变更"中的相关规定确定专业工程价款，并应以此为依据取代专业工程暂估价，调整合同价款。

（3）发包人在招标工程量清单中给定暂估价的专业工程，依法必须招标的，应当由发承包双方依法组织招标选择专业分包人，并接受有管辖权的建设工程招标投标管理机构的监督，还应符合下列要求：

1）除合同另有约定外，承包人不参加投标的专业工程发包招标，应由承包人作为招标人，但拟定的招标文件、评标工作、评标结果应报送发包人批准。与组织招标工作有关的费用应当被认为已经包括在承包人的签约合同价（投标总报价）中。

2）承包人参加投标的专业工程发包招标，应由发包人作为招标人，与组织招标工作有关的费用由发包人承担。同等条件下，应优先选择承包人中标。

3）应以专业工程发包中标价为依据取代专业工程暂估价，调整合同价款。

（九）不可抗力

（1）因不可抗力事件导致的人员伤亡、财产损失及其费用增加，发承包双方应按下列原则分别承担并调整合同价款和工期：

1）合同工程本身的损害、因工程损害导致第三方人员伤亡和财产损失以及运至施工场地用于施工的材料和待安装的设备的损害，应由发包人承担；

2）发包人、承包人人员伤亡应由其所在单位负责，并应承担相应费用；

3）承包人的施工机械设备损坏及停工损失，应由承包人承担；

4）停工期间，承包人应发包人要求留在施工场地的必要的管理人员及保卫人员的费用应由发包人承担；

5）工程所需清理、修复费用，应由发包人承担。

（2）不可抗力解除后复工的，若不能按期竣工，应合理延长工期。发包人要求赶工的，赶工费用应由发包人承担。

（十）提前竣工（赶工补偿）

《建设工程质量管理条例》第十条规定："建设工程发包单位不得迫使承包方以低于成本的价格竞标，不得任意压缩合理工期"。因此为了保证工程质量，承包人除了根据标准规范、施工图纸进行施工外，还应当按照科学合理的施工组织设计，按部就班地进行施工作业。

（1）招标人应依据相关工程的工期定额合理计算工期，压缩的工期天数不得超过定额工期的20%，超过者，应在招标文件中明示增加赶工费用。赶工费用主要包括：①人工费的增加，如新增加投入人工的报酬，不经济使用人工的补贴等；②材料费的增加，如可能造成不经济使用材料而损耗过大,材料运输费的增加等;③机械费的增加,例如可能增加机械设备投入,不经济的使用机械等。

(2)发包人要求合同工程提前竣工的,应征得承包人同意后与承包人商定采取加快工程进度的措施,并应修订合同工程进度计划。发包人应承担承包人由此增加的提前竣工(赶工补偿)费用,除合同另有约定外,提前竣工补偿的金额可为合同价款的5%。

(3)发承包双方应在合同中约定提前竣工每日历天应补偿额度,此项费用应作为增加合同价款列入竣工结算文件中,应与结算款一并支付。

(十一)误期赔偿

(1)如果承包人未按照合同约定施工,导致实际进度迟于计划进度的,承包人应加快进度,实现合同工期。即使承包人采取了赶工措施,赶工费用仍应由承包人承担。如合同工程仍然误期,承包人应赔偿发包人由此造成的损失,并按照合同约定向发包人支付误期赔偿费,除合同另有约定外,误期赔偿可为合同价款的5%。即使承包人支付误期赔偿费,也不能免除承包人按照合同约定应承担的任何责任和应履行的任何义务。

(2)发承包双方应在合同中约定误期赔偿费,并应明确每日历天应赔额度。误期赔偿费应列入竣工结算文件中,并应在结算款中扣除。

(3)在工程竣工之前,合同工程内的某单项(位)工程已通过了竣工验收,且该单项(位)工程接收证书中表明的竣工日期并未延误,而是合同工程的其他部分产生了工期延误时,误期赔偿费应按照已颁发工程接收证书的单项(位)工程造价占合同价款的比例幅度予以扣减。

(十二)索赔

索赔是合同双方依据合同约定维护自身合法利益的行为,它的性质属于经济补偿行为,而非惩罚。

1. 索赔的条件

当合同一方向另一方提出索赔时,应有正当的索赔理由和有效证据,并应符合合同的相关约定。建设工程施工中的索赔是发、承包双方行使正当权利的行为,承包人可向发包人索赔,发包人也可向承包人索赔。任何索赔事件的确立,其前提条件是必须有正当的索赔理由。对正当索赔理由的说明必须具有证据,因为进行索赔主要是靠证据说话。没有证据或证据不足,索赔是难以成功的。

2. 索赔的证据

(1)索赔证据的要求。一般有效的索赔证据都具有以下几个特征:

1)及时性:既然干扰事件已发生,又意识到需要索赔,就应在有效时间内提出索赔意向。在规定的时间内报告事件的发展影响情况,在规定时间内提交索赔的详细额外费用计算账单,对发包人或工程师提出的疑问及时补充有关材料。如果拖延太久,将增加索赔工作的难度。

2)真实性:索赔证据必须是在实际过程中产生,完全反映实际情况,能经得住对方的推敲。由于在工程过程中合同双方都在进行合同管理,收集工程资料,所以双方应有相同的证据。使用不实的、虚假证据是违反商业道德甚至法律的。

3)全面性:所提供的证据应能说明事件的全过程。索赔报告中所涉及的干扰事件、索赔理由、索赔值等都应有相应的证据,不能凌乱和支离破碎,否则发包人将退回索赔报告,要求重新补充证据。这会拖延索赔的解决,损害承包商在索赔中的有利地位。

4)关联性:索赔的证据应当能互相说明,相互具有关联性,不能互相矛盾。

5)法律证明效力:索赔证据必须有法律证明效力,特别对准备递交仲裁的索赔报告更要注意这一点。

①证据必须是当时的书面文件,一切口头承诺、口头协议不算。

②合同变更协议必须由双方签署,或以会谈纪要的形式确定,且为决定性决议。一切商讨性、意向性的意见或建议都不算。

③工程中的重大事件、特殊情况的记录、统计应由工程师签署认可。

(2)索赔证据的种类。

1)招标文件、工程合同、发包人认可的施工组织设计、工程图纸、技术规范等。

2)工程各项有关的设计交底记录、变更图纸、变更施工指令等。

3)工程各项经发包人或合同中约定的发包人现场代表或监理工程师签认的签证。

4)工程各项往来信件、指令、信函、通知、答复等。

5)工程各项会议纪要。

6)施工计划及现场实施情况记录。

7)施工日报及工长工作日志、备忘录。

8)工程送电、送水、道路开通、封闭的日期及数量记录。

9)工程停电、停水和干扰事件影响的日期及恢复施工的日期记录。

10)工程预付款、进度款拨付的数额及日期记录。

11)工程图纸、图纸变更、交底记录的送达份数及日期记录。

12)工程有关施工部位的照片及录像等。

13)工程现场气候记录,如有关天气的温度、风力、雨雪等。

14)工程验收报告及各项技术鉴定报告等。

15)工程材料采购、订货、运输、进场、验收、使用等方面的凭据。

16)国家和省级或行业建设主管部门有关影响工程造价、工期的文件、规定等。

(3)索赔时效的功能。索赔时效是指合同履行过程中,索赔方在索赔事件发生后的约定期限内不行使索赔权即视为放弃索赔权利,其索赔权归于消灭的制度。一方面,索赔时效届满,即视为承包人放弃索赔权利,发包人可以此作为证据的代用,避免举证的困难;另一方面,只有促使承包人及时提出索赔要求,才能警示发包人充分履行合同义务,避免类似索赔事件的再次发生。

3. 承包人的索赔

(1)若承包人认为非承包人原因发生的事件造成了承包人的损失,承包人应在确认该事件发生后,持证明索赔事件发生的有效证据和依据正当的索赔理由,按合同约定的时间向发包人发出索赔通知。发包人应按合同约定的时间对承包人提出的索赔进行答复和确认。发包人在收到最终索赔报告后并在合同约定时间内,未向承包人做出答复,视为该项索赔已经认可。

这种索赔方式称之为单项索赔,即在每一件索赔事项发生后,递交索赔通知书,编报索赔报告书,要求单项解决支付,不与其他的索赔事项混在一起。单项索赔是施工索赔通常采用的方式。它避免了多项索赔的相互影响制约,所以解决起来比较容易。

当施工过程中受到非常严重的干扰,以致承包人的全部施工活动与原来的计划不大相同,原合同规定的工作与变更后的工作相互混淆,承包人无法为索赔保持准确而详细的成本记录资料,无法采用单项索赔的方式,而只能采用综合索赔。综合索赔俗称一揽子索赔。即对整个工程(或某项工程)中所发生的数起索赔事项,综合在一起进行索赔。采取这种方式进行索赔,是在特定的情况下被迫采用的一种索赔方法。

采取综合索赔时,承包人必须提出以下证明:①承包商的投标报价是合理的;②实际发生的总成本是合理的;③承包商对成本增加没有任何责任;④不可能采用其他方法准确地计算出实际发生的损失数额。

据合同约定,承包人应按下列程序向发包人提出索赔:

1)承包人应在知道或应当知道索赔事件发生后28天内,向发包人提交索赔意向通知书,说明发生索赔事件的事由。承包人逾期未发出索赔意向通知书的,丧失索赔的权利。

2)承包人应在发出索赔意向通知书后28天内,向发包人正式提交索赔通知书。索赔通知书应详细说明索赔理由和要求,并应附必要的记录和证明材料。

3)索赔事件具有连续影响的,承包人应继续提交延续索赔通知,说明连续影响的实际情况和记录。

4)在索赔事件影响结束后的28天内,承包人应向发包人提交最终索赔通知书,说明最终索赔要求,并应附必要的记录和证明材料。

(2)承包人索赔应按下列程序处理:

1)发包人收到承包人的索赔通知书后,应及时查验承包人的记录和证明材料。

2)发包人应在收到索赔通知书或有关索赔的进一步证明材料后的28天内,将索赔处理结果答复承包人,如果发包人逾期未做出答复,视为承包人索赔要求已被发包人认可。

3)承包人接受索赔处理结果的,索赔款项应作为增加合同价款,在当期进度款中进行支付;承包人不接受索赔处理结果的,应按合同约定的争议解决方式办理。

(3)承包人要求赔偿时,可以选择下列一项或几项方式获得赔偿:

1)延长工期;

2)要求发包人支付实际发生的额外费用;

3)要求发包人支付合理的预期利润;

4)要求发包人按合同的约定支付违约金。

(4)索赔事件发生后,在造成费用损失时,往往会造成工期的变动。当索赔事件造成的费用损失与工期相关联时,承包人应根据发生的索赔事件向发包人提出费用索赔要求的同时,提出工期延长的要求。发包人在批准承包人的索赔报告时,应将索赔事件造成的费用损失和工期延长联系起来,综合做出批准费用索赔和工期延长的决定。

(5)发承包双方在按合同约定办理了竣工结算后,应被认为承包人已无权再提出竣工结算前所发生的任何索赔。承包人在提交的最终结清申请中,只限于提出竣工结算后的索赔,提出索赔的期限应自发承包双方最终结清时终止。

4. 发包人的索赔

(1)根据合同约定,发包人认为由于承包人的原因造成发包人的损失,宜按承包人索赔的程序进行索赔。当合同中未就发包人的索赔事项作具体约定,按以下规定处理。

1)发包人应在确认引起索赔的事件发生后28天内向承包人发出索赔通知,否则,承包人免除该索赔的全部责任。

2)承包人在收到发包人索赔报告后的 28 天内,应做出回应,表示同意或不同意并附具体意见,如在收到索赔报告后的 28 天内,未向发包人做出答复,视为该项索赔报告已经认可。

(2)发包人要求赔偿时,可以选择下列一项或几项方式获得赔偿:

1)延长质量缺陷修复期限;

2)要求承包人支付实际发生的额外费用;

3)要求承包人按合同的约定支付违约金。

(3)承包人应付给发包人的索赔金额可从拟支付给承包人的合同价款中扣除,或由承包人以其他方式支付给发包人。

(十三)现场签证

由于施工生产的特殊性,施工过程中往往会出现一些与合同工程或合同约定不一致或未约定的事项,这时就需要发承包双方用书面形式记录下来,这就是现场签证。签证有多种情形,一是发包人的口头指令,需要承包人将其提出,由发包人转换成书面签证;二是发包人的书面通知如涉及工程实施,需要承包人就完成此通知需要的人工、材料、机械设备等内容向发包人提出,取得发包人的签证确认;三是合同工程招标工程量清单中已有,但施工中发现与其不符,比如土方类别,出现流砂等,需承包人及时向发包人提出签证确认,以便调整合同价款;四是由于发包人原因未按合同约定提供场地、材料、设备或停水、停电等造成承包人停工,需承包人及时向发包人提出签证确认,以便计算索赔费用;五是合同中约定材料、设备等价格,由于市场发生变化,需承包人向发包人提出采纳数量及其单价,以便发包人核对后取得发包人的签证确认;六是其他由于施工条件、合同条件变化需现场签证的事项等。

(1)承包人应发包人要求完成合同以外的零星项目、非承包人责任事件等工作的,发包人应及时以书面形式向承包人发出指令,并应提供所需的相关资料;承包人在收到指令后,应及时向发包人提出现场签证要求。

(2)承包人应在收到发包人指令后的 7 天内向发包人提交现场签证报告,发包人应在收到现场签证报告后的 48 小时内对报告内容进行核实,予以确认或提出修改意见。发包人在收到承包人现场签证报告后的 48 小时内未确认也未提出修改意见的,应视为承包人提交的现场签证报告已被发包人认可。

(3)现场签证的工作如已有相应的计日工单价,现场签证中应列明完成该类项目所需的人工、材料、工程设备和施工机械台班的数量。

如现场签证的工作没有相应的计日工单价,应在现场签证报告中列明完成该签证工作所需的人工、材料设备和施工机械台班的数量及单价。

(4)合同工程发生现场签证事项,未经发包人签证确认,承包人便擅自施工的,除非征得发包人书面同意,否则发生的费用应由承包人承担。

(5)按照财政部、原建设部印发的《建设工程价款结算办法》(财建[2004]369 号)第十五条的规定:"发包人和承包人要加强施工现场的造价控制,及时对工程合同外的事项如实纪录并履行书面手续。凡由发、承包双方授权的现场代表签字的现场签证以及发、承包双方协商确定的索赔等费用,应在工程竣工结算中如实办理,不得因发、承包双方现场代表的中途变更改变其有效性。","13 计价规范"规定:"现场签证工作完成后的 7 天内,承包人应按照现场签证内容计算价款,报送发包人确认后,作为增加合同价款,与进度款同期支付"。此举可避免发包方变相拖延工程款以及发包人以现场代表变更而不承认某些索赔或签证的事件发生。

(6)在施工过程中,当发现合同工程内容因场地条件、地质水文、发包人要求等不一致时,承包人应提供所需的相关资料,并提交发包人签证认可,作为合同价款调整的依据。

(十四)暂列金额

(1)已签约合同价中的暂列金额应由发包人掌握使用。

(2)暂列金额虽然列入合同价款,但并不属于承包人所有,也并不必然发生。只有按照合同约定实际发生后,才能成为承包人的应得金额,纳入工程合同结算价款中,发包人按照前述相关规定与要求进行支付后,暂列金额余额仍归发包人所有。

第四节　工程合同价款支付

一、合同价款期中支付

(一)预付款

(1)预付款是发包人为解决承包人在施工准备阶段资金周转问题提供的协助,预付款用于承包人为合同工程施工购置材料、工程设备,购置或租赁施工设备以及组织施工人员进场。预付款应专用于合同工程。

(2)按照财政部、原建设部印发的《建设工程价款结算暂行办法》的相关规定,"13 计价规范"中对预付款的支付比例进行了约定:包工包料工程的预付款的支付比例不得低于签约合同价(扣除暂列金额)的 10%,不宜高于签约合同价(扣除暂列金额)的 30%。预付款的总金额,分期拨付次数,每次付款金额、付款时间等应根据工程规模、工期长短等具体情况,在合同中约定。

(3)承包人应在签订合同或向发包人提供与预付款等额的预付款保函(如有)后向发包人提交预付款支付申请。

(4)发包人应在收到支付申请的 7 天内进行核实,向承包人发出预付款支付证书,并在签发支付证书后的 7 天内向承包人支付预付款。

(5)发包人没有按合同约定按时支付预付款的,承包人可催告发包人支付;发包人在预付款期满后的 7 天内仍未支付的,承包人可在付款期满后的第 8 天起暂停施工。发包人应承担由此增加的费用和延误的工期,并应向承包人支付合理利润。

(6)当承包人取得相应的合同价款时,预付款应从每一个支付期应支付给承包人的工程进度款中扣回,直到扣回的金额达到合同约定的预付款金额为止。通常约定承包人完成签约合同价款的比例在 20%～30%时,开始从进度款中按一定比例扣还。

(7)承包人的预付款保函(如有)的担保金额根据预付款扣回的数额相应递减,但在预付款全部扣回之前一直保持有效。发包人应在预付款扣完后的 14 天内将预付款保函退还给承包人。

(二)安全文明施工费

(1)财政部、国家安全生产监督管理总局印发的《企业安全生产费用提取和使用管理办法》(财企[2012]16号)第十九条规定:"建设工程施工企业安全费用应当按照以下范围使用:

1)完善、改造和维护安全防护设施设备支出(不含'三同时'要求初期投入的安全设施),包括施工现场临时用电系统、洞口、临边、机械设备、高处作业防护、交叉作业防护、防火、防爆、防尘、防毒、防雷、防台风、防地质灾害、地下工程有害气体监测、通风、临时安全防护等设施设备支出;

2)配备、维护、保养应急救援器材、设备支出和应急演练支出;

3)开展重大危险源和事故隐患评估、监控和整改支出;

4)安全生产检查、评价(不包括新建、改建、扩建项目安全评价)、咨询和标准化建设支出;

5)配备和更新现场作业人员安全防护用品支出;

6)安全生产宣传、教育、培训支出;

7)安全生产适用的新技术、新标准、新工艺、新装备的推广应用支出;

8)安全设施及特种设备检测检验支出;

9)其他与安全生产直接相关的支出。"

由于工程建设项目因专业及施工阶段的不同,对安全文明施工措施的要求也不一致,因此"园林计量规范"针对园林绿化工程特点,规定了安全文明施工的内容和包含的范围。在实际执行过程中,园林绿化工程安全文明施工费包括的内容及使用范围,既应符合国家现行有关文件的规定,也应符合"园林计量规范"中的规定。

(2)发包人应在工程开工后的28天内预付不低于当年施工进度计划的安全文明施工费总额的60%,其余部分应按照提前安排的原则进行分解,并应与进度款同期支付。

(3)发包人没有按时支付安全文明施工费的,承包人可催告发包人支付;发包人在付款期满后的7天内仍未支付的,若发生安全事故,发包人应承担相应责任。

(4)承包人对安全文明施工费应专款专用,在财务账目中应单独列项备查,不得挪作他用,否则发包人有权要求其限期改正;逾期未改正的,造成的损失和延误的工期应由承包人承担。

(三)进度款

(1)发承包双方应按照合同约定的时间、程序和方法,根据工程计量结果,办理期中价款结算,支付进度款。

(2)发包人支付工程进度款,其支付周期应与合同约定的工程计量周期一致。工程量的正确计量是发包人向承包人支付工程进度款的前提和依据。计量和付款周期可采用分段或按月结算的方式。

1)按月结算与支付。即实行按月支付进度款,竣工后结算的办法。合同工期在两个年度以上的工程,在年终进行工程盘点,办理年度结算。

2)分段结算与支付。即当年开工、当年不能竣工的工程按照工程形象进度,划分不同阶段,支付工程进度款。

当采用分段结算方式时,应在合同中约定具体的工程分段划分,付款周期应与计量周期一致。

（3）已标价工程量清单中的单价项目，承包人应按工程计量确认的工程量与综合单价计算；综合单价发生调整的，以发承包双方确认调整的综合单价计算进度款。

（4）已标价工程量清单中的总价项目和采用经审定批准的施工图纸及其预算方式发包形成的总价合同应由承包人根据施工进度计划和总价构成、费用性质、计划发生时间和相应的工程量等因素按计量周期进行分解，分别列入进度款支付申请中的安全文明施工费和本周期应支付的总价项目的金额中，并形成进度款支付分解表，在投标时提交，非招标工程在合同洽商时提交。在施工过程中，由于进度计划的调整，发承包双方应对支付分解进行调整。

1）已标价工程量清单中的总价项目进度款支付分解方法可选择以下之一（但不限于）：

①将各个总价项目的总金额按合同约定的计量周期平均支付；

②按照各个总价项目的总金额占签约合同价的百分比，以及各个计量支付周期内所完成的单价项目的总金额，以百分比方式均摊支付；

③按照各个总价项目组成的性质（如时间、与单价项目的关联性等）分解到形象进度计划或计量周期中，与单价项目一起支付。

2）采用经审定批准的施工图纸及其预算方式发包形成的总价合同，除由于工程变更形成的工程量增减予以调整外，其工程量不予调整。因此，总价合同的进度款支付应按照计量周期进行支付分解，以便进度款有序支付。

（5）发包人提供的甲供材料金额，应按照发包人签约提供的单价和数量从进度款支付中扣除，列入本周期应扣减的金额中。

（6）承包人现场签证和得到发包人确认的索赔金额应列入本周期应增加的金额中。

（7）进度款的支付比例按照合同约定，按期中结算价款总额计，不低于 60%，不高于 90%。

（8）承包人应在每个计量周期到期后的 7 天内向发包人提交已完工程进度款支付申请一式四份，详细说明此周期认为有权得到的款额，包括分包人已完工程的价款。支付申请应包括下列内容：

1）累计已完成的合同价款；

2）累计已实际支付的合同价款；

3）本周期合计完成的合同价款：

①本周期已完成单价项目的金额；

②本周期应支付的总价项目的金额；

③本周期已完成的计日工价款；

④本周期应支付的安全文明施工费；

⑤本周期应增加的金额。

4）本周期合计应扣减的金额：

①本周期应扣回的预付款；

②本周期应扣减的金额。

5）本周期实际应支付的合同价款。

上述"本周期应增加的金额"中包括除单价项目、总价项目、计日工、安全文明施工费外的全部应增金额，如索赔、现场签证金额，"本周期应扣减的金额"包括除预付款外的全部应减金额。

由于进度款的支付比例最高不超过90%,而且根据原建设部、财政部印发的《建设工程质量保证金管理暂行办法》第七条规定:"全部或者部分使用政府投资的建设项目,按工程价款结算总额5%左右的比例预留保证金",因此"13 计价规范"未在进度款支付中要求扣减质量保证金,而是在竣工结算价款中预留保证金。

(9)发包人应在收到承包人进度款支付申请后的14 天内,根据计量结果和合同约定对申请内容予以核实,确认后向承包人出具进度款支付证书。若发承包双方对部分清单项目的计量结果出现争议,发包人应对无争议部分的工程计量结果向承包人出具进度款支付证书。

(10)发包人应在签发进度款支付证书后的14 天内,按照支付证书列明的金额向承包人支付进度款。

(11)若发包人逾期未签发进度款支付证书,则视为承包人提交的进度款支付申请已被发包人认可,承包人可向发包人发出催告付款的通知。发包人应在收到通知后的14 天内,按照承包人支付申请的金额向承包人支付进度款。

(12)发包人未按照规定支付进度款的,承包人可催告发包人支付,并有权获得延迟支付的利息;发包人在付款期满后的7 天内仍未支付的,承包人可在付款期满后的第8 天起暂停施工。发包人应承担由此增加的费用和延误的工期,向承包人支付合理利润,并应承担违约责任。

(13)发现已签发的任何支付证书有错、漏或重复的数额,发包人有权予以修正,承包人也有权提出修正申请。经发承包双方复核同意修正的,应在本次到期的进度款中支付或扣除。

二、竣工结算价款支付

(一)结算款支付

(1)承包人应根据办理的竣工结算文件向发包人提交竣工结算款支付申请。申请应包括下列内容:

1)竣工结算合同价款总额;

2)累计已实际支付的合同价款;

3)应预留的质量保证金;

4)实际应支付的竣工结算款金额。

(2)发包人应在收到承包人提交竣工结算款支付申请后7 天内予以核实,向承包人签发竣工结算支付证书。

(3)发包人签发竣工结算支付证书后的14 天内,应按照竣工结算支付证书列明的金额向承包人支付结算款。

(4)发包人在收到承包人提交的竣工结算款支付申请后7 天内不予核实,不向承包人签发竣工结算支付证书的,视为承包人的竣工结算款支付申请已被发包人认可;发包人应在收到承包人提交的竣工结算款支付申请7 天后的14 天内,按照承包人提交的竣工结算款支付申请列明的金额向承包人支付结算款。

(5)工程竣工结算办理完毕后,发包人应按合同约定向承包人支付工程价款。发包人按合同约定应向承包人支付而未支付的工程款视为拖欠工程款。根据《最高人民法院关于审理建设工程施工合同纠纷案件适用法律问题的解释》(法释[2004]14 号)第十七条:"当事人对欠付工程价款利息计付标准有约定的,按照约定处理;没有约定的,按照中国人民银行发布的同期同类贷款利率信息。发包人应向承包人支付拖欠工程款的利息,并承担违约责任。"和《中华人民共和国合同法》第二百八十六条:"发包人未按照合同约定支付价款的,承包人可以催告发包人在合理期限内支付价款。发包人逾期不支付的,除按照建设工程的性质不宜折价、拍卖的以外,承包人可以与发包人协议将该工程折价,也可以申请人民法院将该工程依法拍卖。建设工程的价款就该工程折价或者拍卖的价款优先受偿。"等规定,"13计价规范"中指出:"发包人未按照上述第(3)条和第(4)条规定支付竣工结算款的,承包人可催告发包人支付,并有权获得延迟支付的利息。发包人在竣工结算支付证书签发后或者在收到承包人提交的竣工结算款支付申请7天后的56天内仍未支付的,除法律另有规定外,承包人可与发包人协商将该工程折价,也可直接向人民法院申请将该工程依法拍卖。承包人应就该工程折价或拍卖的价款优先受偿"。

所谓优先受偿,最高人民法院在《关于建设工程价款优先受偿权的批复》(法释[2002]16号)中规定如下:

1)人民法院在审理房地产纠纷案件和办理执行案件中,应当依照《中华人民共和国合同法》第二百八十六条的规定,认定建筑工程的承包人的优先受偿权优于抵押权和其他债权。

2)消费者交付购买商品房的全部或者大部分款项后,承包人就该商品房享有的工程价款优先受偿权不得对抗买受人。

3)建筑工程价款包括承包人为建设工程应当支付的工作人员报酬、材料款等实际支出的费用,不包括承包人因发包人违约所造成的损失。

4)建设工程承包人行使优先权的期限为六个月,自建设工程竣工之日或者建设工程合同约定的竣工之日起计算。

(二)质量保证金

(1)发包人应按照合同约定的质量保证金比例从结算款中预留质量保证金。质量保证金用于承包人按照合同约定履行属于自身责任的工程缺陷修复义务的,为发包人有效监督承包人完成缺陷修复提供资金保证。原建设部、财政部印发的《建设工程质量保证金管理暂行办法》(建质[2005]7号)第七条规定:"全部或者部分使用政府投资的建设项目,按工程价款结算总额5%左右的比例预留保证金。社会投资项目采用预留保证金方式的,预留保证金的比例可参照执行"。

(2)承包人未按照合同约定履行属于自身责任的工程缺陷修复义务的,发包人有权从质量保证金中扣除用于缺陷修复的各项支出。经查验,工程缺陷属于发包人原因造成的,应由发包人承担查验和缺陷修复的费用。

(3)在合同约定的缺陷责任期终止后,发包人应按照规定,将剩余的质量保证金返还给承包人。原建设部、财政部印发的《建设工程质量保证金管理暂行办法》(建质[2005]7号)第九条规定:"缺陷责任期内,承包人认真履行合同约定的责任,到期后,承包人向发包人申请返还保证金"。

(三)最终结清

(1)缺陷责任期终止后,承包人已完成合同约定的全部承包工作,但合同工程的财务账目需要结清,因此,承包人应按照合同约定向发包人提交最终结清支付申请。发包人对最终结清支付申请有异议的,有权要求承包人进行修正和提供补充资料。承包人修正后,应再次向发包人提交修正后的最终结清支付申请。

(2)发包人应在收到最终结清支付申请后的 14 天内予以核实,并应向承包人签发最终结清支付证书。

(3)发包人应在签发最终结清支付证书后的 14 天内,按照最终结清支付证书列明的金额向承包人支付最终结清款。

(4)发包人未在约定的时间内核实,又未提出具体意见的,应视为承包人提交的最终结清支付申请已被发包人认可。

(5)发包人未按期最终结清支付的,承包人可催告发包人支付,并有权获得延迟支付的利息。

(6)最终结清时,承包人被预留的质量保证金不足以抵减发包人工程缺陷修复费用的,承包人应承担不足部分的补偿责任。

(7)承包人对发包人支付的最终结清款有异议的,应按照合同约定的争议解决方式处理。

三、合同解除的价款结算与支付

合同解除是合同非常态的终止,为了限制合同的解除,法律规定了合同解除制度。根据解除权来源划分,可分为协议解除和法定解除。鉴于建设工程施工合同的特性,为了防止社会资源浪费,法律不赋予发承包人享有任意单方解除权,因此,除了协议解除,按照《最高人民法院关于审理建设工程施工合同纠纷案件适用法律问题的解释》第八条、第九条的规定,施工合同的解除有承包人根本违约的解除和发包人根本违约的解除两种。

(1)发承包双方协商一致解除合同的,应按照达成的协议办理结算和支付合同价款。

(2)由于不可抗力致使合同无法履行解除合同的,发包人应向承包人支付合同解除之日前已完成工程但尚未支付的合同价款,另外,还应支付下列金额:

1)招标文件中明示应由发包人承担的赶工费用;

2)已实施或部分实施的措施项目应付价款;

3)承包人为合同工程合理订购且已交付的材料和工程设备货款;

4)承包人撤离现场所需的合理费用,包括员工遣送费和临时工程拆除、施工设备运离现场的费用;

5)承包人为完成合同工程而预期开支的任何合理费用,且该项费用未包括在本款其他各项支付之内。

发承包双方办理结算合同价款时,应扣除合同解除之日前发包人应向承包人收回的价款。当发包人应扣除的金额超过了应支付的金额,承包人应在合同解除后的 86 天内将其差额退还给发包人。

(3)由于承包人违约解除合同的,对于价款结算与支付应按以下规定处理:

1)发包人应暂停向承包人支付任何价款。

2)发包人应在合同解除后 28 天内核实合同解除时承包人已完成的全部合同价款以及按施工进度计划已运至现场的材料和工程设备货款,按合同约定核算承包人应支付的违约金以及造成损失的索赔金额,并将结果通知承包人。发承包双方应在 28 天内予以确认或提出意见,并办理结算合同价款。如果发包人应扣除的金额超过了应支付的金额,则承包人应在合同解除后的 56 天内将其差额退还给发包人。

3)发承包双方不能就解除合同后的结算达成一致的,按照合同约定的争议解决方式处理。

(4)由于发包人违约解除合同的,对于价款结算与支付应按以下规定处理:

1)发包人除应按照上述第(2)条的有关规定向承包人支付各项价款外,应按合同约定核算发包人应支付的违约金以及给承包人造成损失或损害的索赔金额费用。该笔费用由承包人提出,发包人核实后与承包人协商确定后的 7 天内向承包人签发支付证书。

2)发承包双方协商不能达成一致的,按照合同约定的争议解决方式处理。

四、合同价款争议的解决

施工合同履行过程中出现争议是在所难免的,解决合同履行过程中争议的主要方法包括协商、调解、仲裁和诉讼四种。当发承包双方发生争议后,可以先进行协商和解从而达到消除争议的目的,也可以请第三方进行调解;若争议继续存在,发承包双方可以继续通过仲裁或诉讼的途径解决,当然,也可以直接进入仲裁或诉讼程序解决争议。不论采用何种方式解决发承包双方的争议,只有及时并有效的解决施工过程中的合同价款争议,才是工程建设顺利进行的必要保证。

1. 监理或造价工程师暂定

从我国现行施工合同示范文本、监理合同示范文本、造价咨询合同示范文本的内容可以看出,合同中一般均会对总监理工程师或造价工程师在合同履行过程中发承包双方的争议如何处理有所约定。为使合同争议在施工过程中就能够由总监理工程师或造价工程师予以解决,"13 计价规范"对总监理工程师或造价工程师的合同价款争议处理流程及职责权限进行了如下约定:

(1)若发包人和承包人之间就工程质量、进度、价款支付与扣除、工期延期、索赔、价款调整等发生任何法律上、经济上或技术上的争议,首先应根据已签约合同的规定,提交合同约定职责范围内的总监理工程师或造价工程师解决,并应抄送另一方。总监理工程师或造价工程师在收到此提交件后 14 天内应将暂定结果通知发包人和承包人。发承包双方对暂定结果认可的,应以书面形式予以确认,暂定结果成为最终决定。

(2)发承包双方在收到总监理工程师或造价工程师的暂定结果通知之后的 14 天内未对暂定结果予以确认也未提出不同意见的,应视为发承包双方已认可该暂定结果。

(3)发承包双方或一方不同意暂定结果的,应以书面形式向总监理工程师或造价工程师提出,说明自己认为正确的结果,同时抄送另一方,此时该暂定结果成为争议。在暂定结果对发承包双方当事人履约不产生实质影响的前提下,发承包双方应实施该结果,直到按照发承包双方认可的争议解决办法被改变为止。

2. 管理机构的解释和认定

(1)合同价款争议发生后,发承包双方可就工程计价依据的争议以书面形式提请工程造价管理机构对争议以书面文件进行解释或认定。工程造价管理机构是工程造价计价依据、办法以及相关政策的制定和管理机构。对发包人、承包人或工程造价咨询人在工程计价中,对计价依据、办法以及相关政策规定发生的争议进行解释是工程造价管理机构的职责。

（2）工程造价管理机构应在收到申请的10个工作日内就发承包双方提请的争议问题进行解释或认定。

（3）发承包双方或一方在收到工程造价管理机构书面解释或认定后仍可按照合同约定的争议解决方式提请仲裁或诉讼。除工程造价管理机构的上级管理部门做出了不同的解释或认定，或在仲裁裁决或法院判决中不予采信的外，工程造价管理机构做出的书面解释或认定应为最终结果，并应对发承包双方均有约束力。

3. 协商和解

（1）合同价款争议发生后，发承包双方任何时候都可以进行协商。协商达成一致的，双方应签订书面和解协议，并明确和解协议对发承包双方均有约束力。

（2）如果协商不能达成一致协议，发包人或承包人都可以按合同约定的其他方式解决争议。

4. 调解

按照《中华人民共和国合同法》的规定，当事人可以通过调解解决合同争议，但在工程建设领域，目前的调解主要出现在仲裁或诉讼中，即所谓司法调解；有的通过建设行政主管部门或工程造价管理机构处理，双方认可，即所谓行政调解。司法调解耗时较长，且增加了诉讼成本；行政调解受行政管理人员专业水平、处理能力等的影响，其效果也受到限制。因此，"13计价规范"提出了由发承包双方约定相关工程专家作为合同工程争议调解人的思路，类似于国外的争议评审或争端裁决，可定义为专业调解，这在我国合同法的框架内，为有法可依，使争议尽可能在合同履行过程中得到解决，确保工程建设顺利进行。

（1）发承包双方应在合同中约定或在合同签订后共同约定争议调解人，负责双方在合同履行过程中发生争议的调解。

（2）合同履行期间，发承包双方可协议调换或终止任何调解人，但发包人或承包人都不能单独采取行动。除非双方另有协议，在最终结清支付证书生效后，调解人的任期应即终止。

（3）如果发承包双方发生了争议，任何一方可将该争议以书面形式提交调解人，并将副本抄送另一方，委托调解人调解。

（4）发承包双方应按照调解人提出的要求，给调解人提供所需要的资料、现场进入权及相应设施。调解人应被视为不是在进行仲裁人的工作。

（5）调解人应在收到调解委托后28天内或由调解人建议并经发承包双方认可的其他期限内提出调解书，发承包双方接受调解书的，经双方签字后作为合同的补充文件，对发承包双方均具有约束力，双方都应立即遵照执行。

（6）当发承包双方中任一方对调解人的调解书有异议时，应在收到调解书后28天内向另一方发出异议通知，并应说明争议的事项和理由。但除非并直到调解书在协商和解或仲裁裁决、诉讼判决中做出修改，或合同已经解除，承包人应继续按照合同实施工程。

（7）当调解人已就争议事项向发承包双方提交了调解书，而任一方在收到调解书后28天内均未发出表示异议的通知时，调解书对发承包双方应均具有约束力。

5. 仲裁、诉讼

（1）发承包双方的协商和解或调解均未达成一致意见，其中的一方已就此争议事项根据合同约定的仲裁协议申请仲裁，应同时通知另一方。进行协议仲裁时，应遵守《中华人民共和国仲裁法》的有关规定,如第四条:"当事人采用仲裁方式解决纠纷,应当双方自愿,达成仲裁协议。没有仲裁协议,一方申请仲裁的,仲裁委员会不予受理";第五条:"当事人达成仲裁协议,一方向人民法院起诉的,人民法院不予受理,但仲裁协议无效的除外";第六条:"仲裁委员会应当由当事人协议选定。仲裁不实行级别管辖和地域管辖"。

(2)仲裁可在竣工之前或之后进行,但发包人、承包人、调解人各自的义务不得因在工程实施期间进行仲裁而有所改变。当仲裁是在仲裁机构要求停止施工的情况下进行时,承包人应对合同工程采取保护措施,由此增加的费用应由败诉方承担。

(3)在前述(一)~(四)中规定的期限之内,暂定或和解协议或调解书已经有约束力的情况下,当发承包中一方未能遵守暂定或和解协议或调解书时,另一方可在不损害他可能具有的任何其他权利的情况下,将未能遵守暂定或不执行和解协议或调解书达成的事项提交仲裁。

(4)发包人、承包人在履行合同时发生争议,双方不愿和解、调解或者和解、调解不成,又没有达成仲裁协议的,可依法向人民法院提起诉讼。

第十章 园林绿化工程工程量清单计价编制实例

第一节 某园区园林绿化工程工程量清单编制实例

招标工程量清单封面

<u>　　　某园区园林绿化　　　</u>工程

招标工程量清单

招　标　人：<u>　　　××开发区管委会　　　</u>

（单位盖章）

造价咨询人：<u>　　　××工程造价咨询企业　　　</u>

（单位盖章）

××××年××月××日

　　　　某园区园林绿化　　　　工程

招标工程量清单

招标人：　　××开发区管委会　　　　　造价咨询人：　　××工程造价咨询企业
　　　　　　（单位公章）　　　　　　　　　　　　　　　　（单位公章）

法定代表人　　　　　　　　　　　　　　　法定代表人
或其授权人：　　　　×××　　　　　　　或其授权人：　　　　　×××
　　　　　　（签字或盖章）　　　　　　　　　　　　　（签字或盖章）

编制人：　　　　×××　　　　　　　　　复核人：　　　　　×××
　　（造价人员签字盖专用章）　　　　　　　　（造价工程师签字盖专用章）

编制时间：××××年××月××日　　复核时间：××××年××月××日

扉-1

总　说　明

工程名称：某园区园林绿化工程　　　　　　　　　　　　　　第　页共　页

　　1. 工程概况：本园区位于××区，交通便利，园区中建筑与市政建设均已完成。园林绿化面积约为 850m²，整个工程由圆形花坛、伞亭、连座花坛、花架、八角花坛以及绿地等组成。栽种的植物主要有桧柏、垂柳、龙爪槐、大叶黄杨、金银木、珍珠梅、月季等

　　2. 招标范围：绿化工程、庭院工程

　　3. 工程质量要求：优良工程

　　4. 工程量清单编制依据：本工程依据《建设工程工程量清单计价规范》和《园林绿化工程工程量计算规范》编制工程量清单，依据××单位设计的本工程施工设计图纸计算实物工程量

　　5. 投标人在投标文件中应按《建设工程工程量清单计价规范》规定的统一格式，提供"综合单价分析表"、"总价措施项目清单与计价表"

　　其他：略

表-01

分部分项工程和单价措施项目清单与计价表

工程名称:某园区园林绿化工程　　　　　　　　标段:　　　　　　　　第　页共　页

序号	项目编码	项目名称	项目特征描述	计量单位	工程量	金额/元		
						综合单价	合　价	其中暂估价
			绿化工程					
1	050101010001	整理绿化用地	普坚土	m²	834.32			
2	050102001001	栽植乔木	桧柏,高 1.2～1.5m,土球苗木	株	3			
3	050102001002	栽植乔木	垂柳,胸径 4.0～5.0m,露根乔木	株	6			
4	050102001003	栽植乔木	龙爪槐,胸径 3.5～4m,露根乔木	株	5			
5	050102001004	栽植乔木	大叶黄杨,胸径 1～1.2m,露根乔木	株	5			
6	050102002001	栽植灌木	金银木,高 1.5～1.8m,露根灌木	株	90			
7	050102001005	栽植乔木	珍珠梅,高 1～1.2m,露根乔木	株	60			
8	050102008001	栽植花卉	月季,各色月季,二年生,露地花卉	株	120			
9	050102012001	铺种草皮	野牛草,草皮	m²	466.00			
10	050103001001	喷灌管线安装	直径 75mmUPVC管	m	154.60			
			分部小计					
			园路、园桥工程					
11	050201001001	园路	200mm 厚砂垫层,150mm 厚 3:7 灰土垫层,水泥方格砖路面	m²	180.25			
12	040101001001	挖一般土方	普坚土,挖土平均深度 350mm,弃土运距 100m	m³	61.79			
13	050201003001	路牙铺设	3:7 灰土垫层 150mm 厚,花岗石	m	96.23			
			(其他略)					
			分部小计					
			本页小计					
			合　计					

表-08

分部分项工程和单价措施项目清单与计价表

工程名称:某园区园林绿化工程　　　　　　标段:　　　　　　　　　　　第　页共　页

序号	项目编码	项目名称	项目特征描述	计量单位	工程量	金额/元		
						综合单价	合 价	其中 暂估价
			园林景观工程					
14	050304001001	现浇混凝土花架柱、梁	柱6根,高2.2m	m³	2.22			
15	050305005001	预制混凝土桌凳	C20预制混凝土桌凳,水磨石面	个	7			
16	011203003001	零星项目一般抹灰	檩架抹水泥砂浆	m²	60.04			
17	010101003001	挖沟槽土方	挖八角花坛土方,人工挖地槽,土方运距100m	m³	10.64			
18	010507007001	其他构件	八角花坛混凝土池壁,C10混凝土现浇	m³	7.30			
19	011204001001	石材墙面	圆形花坛混凝土池壁贴大理石	m²	11.02			
20	010101003002	挖沟槽土方	连座花坛土方,平均挖土深度870mm,普坚土,弃土运距100m	m³	9.22			
21	010501003001	现浇混凝土独立基础	3:7灰土垫层,100mm厚	m³	1.06			
22	011202001001	柱面一般抹灰	混凝土柱水泥砂浆抹面	m²	10.13			
23	010401003001	实心砖墙	M5混合砂浆砌筑,普通砖	m³	4.87			
24	010507007002	其他构件	连座花坛混凝土花池,C25混凝土现浇	m³	2.68			
25	010101003003	挖沟槽土方	挖座凳土方,平均挖土深度80mm,普坚土,弃土运距100mm	m³	0.03			
26	010101003004	挖沟槽土方	挖花台土方,平均挖土深度640mm,普坚土,弃土运距100mm	m³	6.65			
27	010501003002	现浇混凝土独立基础	3:7灰土垫层,300mm厚	m³	1.02			
28	010401003002	实心砖墙	砖砌花台,M5混合砂浆,普通砖	m³	2.37			
			本页小计					
			合　计					

表-08

分部分项工程和单价措施项目清单与计价表

工程名称：某园区园林绿化工程　　　　　　标段：　　　　　　　　　　第　页共　页

序号	项目编码	项目名称	项目特征描述	计量单位	工程量	金额/元		
						综合单价	合价	其中暂估价
29	010507007003	其他构件	花台混凝土花池，C25混凝土现浇	m³	2.72			
30	011204001002	石材墙面	花台混凝土花池池面贴花岗石	m²	4.56			
31	010101003005	挖沟槽土方	挖花墙花台土方，平均深度940mm，普坚土，弃土运距100m	m³	11.73			
32	010501002001	带形基础	花墙花台混凝土基础，C25混凝土现浇	m³	1.25			
33	010401003003	实心砖墙	砖砌花台，M5混合砂浆，普通砖	m³	8.19			
34	011204001003	石材墙面	花墙花台墙面贴青石板	m²	27.73			
35	010606013001	零星钢构件	花墙花台铁花式，60×6，2.83kg/m	t	0.11			
36	010101003006	挖沟槽土方	挖圆形花坛土方，平均深度800mm，普坚土，弃土运距100m	m³	3.82			
37	010507007004	其他构件	圆形花坛混凝土池壁，C25混凝土现浇	m³	2.63			
38	011204001004	石材墙面	圆形花坛混凝土池壁贴大理石	m²	10.05			
39	010502001001	矩形柱	钢筋混凝土柱，C25混凝土现浇	m³	1.80			
40	011202001002	柱面一般抹灰	混凝土柱水泥砂浆抹面	m²	10.20			
41	011407001001	墙面喷刷涂料	混凝土柱面刷白色涂料	m²	10.20			
		（其他略）						
		分部小计						
		措施项目						
42	050401002001	抹灰脚手架	柱面一般抹灰	m²	11.00			
		（其他略）						
		分部小计						
		本页小计						
	合　计							

表-08

总价措施项目清单与计价表

工程名称：某园区园林绿化工程　　　　　　　标段：　　　　　　　　第　页共　页

序号	项目编码	项目名称	计算基础	费率（%）	金额/元	调整费率（%）	调整后金额/元	备注
1	050405001001	安全文明施工费						
2	050405002001	夜间施工增加费						
3	050405004001	二次搬运费						
4	050405005001	冬雨季施工增加费						
5	050405007001	地上、地下设施的临时保护设施增加费						
6	050405008001	已完工程及设备保护费						
合　计								

编制人（造价人员）：　　　　　　　复核人（造价工程师）：

表-11

其他项目清单与计价汇总表

工程名称：某园区园林绿化工程　　　　　　　标段：　　　　　　　　第　页共　页

序　号	项目名称	金额/元	结算金额/元	备　注
1	暂列金额	50000.00		明细详见表-12-1
2	暂估价	—		
2.1	材料（工程设备）暂估价			明细详见表-12-2
2.2	专业工程暂估价			明细详见表-12-3
3	计日工			明细详见表-12-4
4	总承包服务费			明细详见表-12-5
5	索赔与现场签证	—		明细详见表-12-6
合　计		50000.00		

表-12

暂列金额明细表

工程名称:某园区园林绿化工程　　　　　　标段:　　　　　　　　第 页共 页

序 号	项 目 名 称	计量单位	暂定金额/元	备 注
1	工程量清单中工程量变更和设计变更	项	15000.00	
2	政策性调整和材料价格风险	项	25000.00	
3	其他	项	10000.00	
	合计		50000.00	—

表-12-1

材料(工程设备)暂估价及调整表

工程名称:某园区园林绿化工程　　　　　　标段:　　　　　　　　第 页共 页

序号	材料(工程设备)名称、规格、型号	计量单位	数量		暂估/元		确认/元		差额±/元		备注
			暂估	确认	单价	合价	单价	合价	单价	合价	
1	桧柏	株	3		600.00	1800.00					用于栽植桧柏项目
2	龙爪槐	株	5		750.00	3750.00					用于栽植龙爪槐项目
	合 计					5550.00					

表-12-2

专业工程暂估价及结算价表

工程名称:某园区园林绿化工程　　　　　　　　标段:　　　　　　　　第 页共 页

序号	工程名称	工程内容	暂估金额/元	结算金额/元	差额±/元	备注
1	园林广播系统	合同图纸中标明及技术说明中规定的系统中的设备、线缆等的供应、安装和调试工作	100000.00			
	其他(略)					
合　计			100000.00			

表-12-3

计日工表

工程名称:某园区园林绿化工程　　　　　　　　标段:　　　　　　　　第 页共 页

编号	项目名称	单位	暂定数量	实际数量	综合单价/元	合价/元	
						暂定	实际
一	人工						
1	技工	工日	40				
2							
人工小计							
二	材料						
1	42.5级普通水泥	t	15.00				
2							
材料小计							
三	施工机械						
1	汽车起重机20t	台班	5				
2							
施工机械小计							
四、企业管理费和利润							
总　计							

表-12-4

总承包服务费计价表

工程名称:某园区园林绿化工程　　　　　　　标段:　　　　　　　　　　第　页共　页

序号	项目名称	项目价值/元	服务内容	计算基础	费率(%)	金额/元
1	发包人发包专业工程	100000.00	1. 按专业工程承包人的要求提供施工工作面并对施工现场统一管理，对竣工资料统一管理汇总。 2. 为专业工程承包人提供焊接电源接入点并承担电费			
2	发包人提供材料	5550.00				
	合　计	—	—			—

表-12-5

规费、税金项目计价表

工程名称:某园区园林绿化工程　　　　　　标段:　　　　　　　　　第　页 共　页

序号	项目名称	计算基础	计算基数	计算费率(%)	金额/元
1	规费	定额人工费			
1.1	社会保险费	定额人工费			
(1)	养老保险费	定额人工费			
(2)	失业保险费	定额人工费			
(3)	医疗保险费	定额人工费			
(4)	工伤保险费	定额人工费			
(5)	生育保险费	定额人工费			
1.2	住房公积金	定额人工费			
1.3	工程排污费	按工程所在地环境保护部门收取标准,按实计入			
-2	税金	分部分项工程费＋措施项目费＋其他项目费＋规费－按规定不计税的工程设备金额			
合　计					

编制人(造价人员):×××　　　　　　　　　　　复核人(造价工程师):×××

表-13

第二节 某园区园林绿化工程投标报价编制实例

投标总价封面

____某园区园林绿化____ 工程

投 标 总 价

投 标 人：____××园林公司____

（单位盖章）

××××年××月××日

　　　　　　　　　　__某园区园林绿化__　工程

投 标 总 价

招　　　　标　　人：__××开发区管委会__

工　程　名　称：__某园区园林绿化工程__

投标总价(小写)：__475371.78__
　　　　(大写)：__肆拾柒万伍仟叁佰柒拾壹元柒角捌分__

投　标　人：__　　××园林公司__
　　　　　　　　　　　　(单位盖章)

法定代表人
或其授权人：__　　　×××__
　　　　　　　　　(签字或盖章)

编　制　人：__　　　×××__
　　　　　　　(造价人员签字盖专用章)

时　　间：××××年××月××日

总 说 明

工程名称:某园区园林绿化工程 第 页共 页

1. 工程概况:本园区位于××区,交通便利,园区中建筑与市政建设均已完成。园林绿化面积约为 850m²,整个工程由圆形花坛、伞亭、连座花坛、花架、八角花坛以及绿地等组成。栽种的植物主要有桧柏、垂柳、龙爪槐、大叶黄杨、金银木、珍珠梅、月季等

2. 招标范围:绿化工程、庭院工程

3. 招标质量要求:优良工程

4. 工程量清单编制依据:本工程依据《建设工程工程量清单计价规范》和《园林绿化工程工程量计算规范》编制工程量清单,依据××单位设计的本工程施工设计图纸计算实物工程量

5. 投标人在投标文件中应按《建设工程工程量清单计价规范》规定的统一格式,提供"综合单价分析表"、"总价措施项目清单与计价表"

其他:略

表-01

建设项目投标报价汇总表

工程名称:某园区园林绿化工程 第 页共 页

序号	单项工程名称	金额/元	其中:/元		
			暂估价	安全文明施工费	规费
1	某园区园林绿化工程	475371.78	5550.00	15018.05	17120.57
合　计		475371.78	5550.00	15018.05	17120.57

表-02

单项工程投标报价汇总表

工程名称:某园区园林绿化工程 第 页共 页

序号	单项工程名称	金额/元	其中:/元		
			暂估价	安全文明施工费	规费
1	某园区园林绿化工程	475371.78	5550.00	15018.05	17120.57
合　计		475371.78	5550.00	15018.05	17120.57

表-03

单位工程投标报价汇总表

工程名称:某园区园林绿化工程　　　　　　　　标段:　　　　　　　　第　页共　页

序号	汇总内容	金额/元	其中:暂估价/元
1	分部分项工程	227827.85	5550.00
1.1	绿化工程	106894.14	5550.00
1.2	园路、园桥工程	96857.65	
1.3	园林景观工程	24076.06	
1.4			
1.5			
2	措施项目	35028.22	—
2.1	其中:安全文明施工费	15018.05	—
3	其他项目	179719.50	—
3.1	其中:暂列金额	50000.00	—
3.2	其中:专业工程暂估价	100000.00	—
3.3	其中:计日工	22664.00	—
3.4	其中:总承包服务费	7055.50	—
4	规费	17120.57	—
5	税金	15675.64	—
	招标控制价合计=1+2+3+4+5	475371.78	5550.00

表-04

分部分项工程和单价措施项目清单与计价表

工程名称：某园区园林绿化工程　　　　　　标段：　　　　　　第　页共　页

序号	项目编码	项目名称	项目特征描述	计量单位	工程量	综合单价	合价	其中暂估价
			绿化工程					
1	050101010001	整理绿化用地	普坚土	m²	834.32	1.21	1009.53	
2	050102001001	栽植乔木	桧柏，高 1.2～1.5m，土球苗木	株	3	920.15	2760.45	1800.00
3	050102001002	栽植乔木	垂柳，胸径 4.0～5.0m，露根乔木	株	6	1048.26	6289.56	
4	050102001003	栽植乔木	龙爪槐，胸径 3.5～4m，露根乔木	株	5	1286.16	6430.80	3750.00
5	050102001004	栽植乔木	大叶黄杨，胸径 1～1.2m，露根乔木	株	5	964.32	4821.60	
6	050102002001	栽植灌木	金银木，高 1.5～1.8m，露根灌木	株	90	124.68	11221.20	
7	050102001005	栽植乔木	珍珠梅，高 1～1.2m，露根乔木	株	60	843.26	50595.60	
8	050102008001	栽植花卉	月季，各色月季，二年生，露地花卉	株	120	69.26	8311.20	
9	050102012001	铺种草皮	野牛草，草皮	m²	466.00	19.15	8923.90	
10	050103001001	喷灌管线安装	直径 75mmUPVC 管	m	154.60	42.24	6530.30	
			分部小计				106894.14	5550.00
			园路、园桥工程					
11	050201001001	园路	200mm 厚砂垫层，150mm 厚3：7灰土垫层，水泥方格砖路面	m²	180.25	42.24	7613.76	
12	040101001001	挖一般土方	普坚土，挖土平均深度350mm，弃土运距100m	m³	61.79	26.18	1617.66	
13	050201003001	路牙铺设	3：7灰土垫层150mm厚，花岗石	m	96.23	85.21	8199.76	
			（其他略）					
			分部小计				96857.65	
			本页小计				203751.79	
		合　计					203751.79	5550.00

表-08

分部分项工程和单价措施项目清单与计价表

工程名称:某园区园林绿化工程　　　　　　　　标段:　　　　　　　　　　第　页共　页

| 序号 | 项目编码 | 项目名称 | 项目特征描述 | 计量单位 | 工程量 | 金额/元 | | 其中 |
						综合单价	合　价	暂估价
			园林景观工程					
14	050304001001	现浇混凝土花架柱、梁	柱6根,高2.2m	m³	2.22	375.36	833.30	
15	050305005001	预制混凝土桌凳	C20预制混凝土桌凳,水磨石面	个	7	34.05	238.35	
16	011203003001	零星项目一般抹灰	檩架抹水泥砂浆	m²	60.04	15.88	953.44	
17	010101003001	挖沟槽土方	挖八角花坛土方,人工挖地槽,土方运距100m	m³	10.64	29.55	314.41	
18	010507007001	其他构件	八角花坛混凝土池壁,C10混凝土现浇	m³	7.30	350.24	2556.75	
19	011204001001	石材墙面	圆形花坛混凝土池壁贴大理石	m²	11.02	284.80	3138.50	
20	010101003002	挖沟槽土方	连座花坛土方,平均挖土深度870mm,普坚土,弃土运距100m	m³	9.22	29.22	269.41	
21	010501003001	现浇混凝土独立基础	3:7灰土垫层,100mm厚	m³	1.06	452.32	479.46	
22	011202001001	柱面一般抹灰	混凝土柱水泥砂浆抹面	m²	10.13	13.03	131.99	
23	010401003001	实心砖墙	M5混合砂浆砌筑,普通砖	m³	4.87	195.06	949.94	
24	010507007002	其他构件	连座花坛混凝土花池,C25混凝土现浇	m³	2.68	318.25	852.91	
25	010101003003	挖沟槽土方	挖座凳土方,平均挖土深度80mm,普坚土,弃土运距100mm	m³	0.03	24.10	0.72	
26	010101003004	挖沟槽土方	挖花台土方,平均挖土深度640mm,普坚土,弃土运距100mm	m³	6.65	24.00	159.60	
27	010501003002	现浇混凝土独立基础	3:7灰土垫层,300mm厚	m³	1.02	10.00	10.20	
28	010401003002	实心砖墙	砖砌花台,M5混合砂浆,普通砖	m³	2.37	195.48	463.29	
			本页小计				11352.27	
			合　计				215104.06	5550.00

表-08

分部分项工程和单价措施项目清单与计价表

工程名称：某园区园林绿化工程　　　　　　　标段：　　　　　　　　第　页共　页

序号	项目编码	项目名称	项目特征描述	计量单位	工程量	金额/元		其中
						综合单价	合 价	暂估价
			园林景观工程					
29	010507007003	其他构件	花台混凝土花池,C25混凝土现浇	m³	2.72	324.21	881.85	
30	011204001002	石材墙面	花台混凝土花池池面贴花岗石	m²	4.56	286.23	1305.21	
31	010101003005	挖沟槽土方	挖花墙花台土方,平均深度940mm,普坚土,弃土运距100m	m³	11.73	28.25	331.37	
32	010501002001	带形基础	花墙花台混凝土基础,C25混凝土现浇	m³	1.25	234.25	292.81	
33	010401003003	实心砖墙	砖砌花台,M5混合砂浆,普通砖	m³	8.19	194.54	1593.28	
34	011204001003	石材墙面	花墙花台墙面贴青石板	m²	27.73	100.88	2797.40	
35	010606013001	零星钢构件	花墙花台铁花式,60×6,2.83kg/m	t	0.11	4525.23	497.78	
36	010101003006	挖沟槽土方	挖圆形花坛土方,平均深度800mm,普坚土,弃土运距100m	m³	3.82	26.99	103.10	
37	010507007004	其他构件	圆形花坛混凝土池壁,C25混凝土现浇	m³	2.63	364.58	958.85	
38	011204001004	石材墙面	圆形花坛混凝土池壁贴大理石	m²	10.05	286.45	2878.82	
39	010502001001	矩形柱	钢筋混凝土柱,C25混凝土现浇	m³	1.80	309.56	557.21	
40	011202001002	柱面一般抹灰	混凝土柱水泥砂浆抹面	m²	10.20	13.02	132.80	
41	011407001001	墙面喷刷涂料	混凝土柱面刷白色涂料	m²	10.20	38.56	393.31	
			分部小计				24076.06	
			措施项目					
42	050401002001	抹灰脚手架	柱面一般抹灰	m²	11.00	6.53	71.83	
			（其他略）					
			分部小计				14647.94	
		本页小计					27371.73	
		合　计					242475.79	5550.00

表-08

综合单价分析表

工程名称:某园区园林绿化工程　　　　　　　标段:　　　　　　　　　第　页　共　页

项目编码	050102001002	项目名称	栽植乔木,垂柳	计量单位	株	工程量	6

清单综合单价组成明细

定额编号	定额项目名称	定额单位	数量	单 价				合 价			
				人工费	材料费	机械费	管理费和利润	人工费	材料费	机械费	管理费和利润
EA0921	普坚土种植垂柳	株	1	115.83	800.00	60.83	41.70	115.83	800.00	60.83	41.70
EA0961	垂柳后期管理费	株	1	11.50	12.13	2.13	4.14	11.50	12.13	2.13	4.14
人工单价				小 计				127.33	812.13	62.96	45.84
22.47元/工日				未计价材料费				—			
清单项目综合单价								1048.26			

	主要材料名称、规格、型号	单位	数量	单价/元	合价/元	暂估单价/元	暂估合价/元
材料费明细	垂柳	株	1	796.75	796.75	—	
	毛竹竿	根	1.000	12.54	12.54	—	
	水	t	0.680	3.20	2.18	—	
	其他材料费			—	0.66	—	
	材料费小计			—	812.13	—	

表-09

总价措施项目清单与计价表

工程名称:某园区园林绿化工程　　　　　　标段:　　　　　　　　　　第　页 共　页

序号	项目编码	项目名称	计算基础	费率(%)	金额/元	调整费率(%)	调整后金额/元	备注
1	050405001001	安全文明施工费	定额人工费	25	15018.05			
2	050405002001	夜间施工增加费	定额人工费	1.5	901.08			
3	050405004001	二次搬运费	定额人工费	1	600.72			
4	050405005001	冬雨季施工增加费	定额人工费	0.6	360.43			
5	050405007001	地上、地下设施的临时保护设施增加费			1500.00			
6	050405008001	已完工程及设备保护费			2000.00			
		合　计			20380.28			

编制人(造价人员):×××　　　　　　　　　复核人(造价工程师):×××

表-11

其他项目清单与计价汇总表

工程名称:某园区园林绿化工程　　　　　　　　标段:　　　　　　　　　第 页共 页

序 号	项目名称	金额/元	结算金额/元	备 注
1	暂列金额	50000.00		明细详见表-12-1
2	暂估价	100000.00		
2.1	材料(工程设备)暂估价	—		明细详见表-12-2
2.2	专业工程暂估价	100000.00		明细详见表-12-3
3	计日工	22664.00		明细详见表-12-4
4	总承包服务费	7055.50		明细详见表-12-5
5	索赔与现场签证			明细详见表-12-6
合 计		179719.50		

表-12

暂列金额明细表

工程名称:某园区园林绿化工程　　　　　　　　标段:　　　　　　　　　第 页共 页

序 号	项 目 名 称	计量单位	暂列金额/元	备 注
1	工程量清单中工程量变更和设计变更	项	15000.00	
2	政策性调整和材料价格风险	项	25000.00	
3	其他	项	10000.00	
合计			50000.00	—

表-12-1

材料(工程设备)暂估价及调整表

工程名称:某园区园林绿化工程　　　　　　　标段:　　　　　　　　　　第 页 共 页

序号	材料(工程设备)名称、规格、型号	计量单位	数量		暂估/元		确认/元		差额±/元		备注
			暂估	确认	单价	合价	单价	合价	单价	合价	
1	桧柏	株	3		600.00	1800.00					用于栽植桧柏项目
2	龙爪槐	株	5		750.00	3750.00					用于栽植龙爪槐项目
	合　计					5550.00					

表-12-2

专业工程暂估价及结算价表

工程名称:某园区园林绿化工程　　　　　　　标段:　　　　　　　　　　第 页 共 页

序号	工程名称	工程内容	暂估金额/元	结算金额/元	差额±/元	备注
1	园林广播系统	合同图纸中标明及技术说明中规定的系统中的设备、线缆等的供应、安装和调试工作	100000.00			
	合　计		100000.00			

表-12-3

计日工表

工程名称:某园区园林绿化工程　　　　　　　　标段:　　　　　　　　　　第　页 共　页

编号	项目名称	单位	暂定数量	实际数量	综合单价/元	合价/元 暂定	合价/元 实际
一	人工						
1	技工	工日	40		120.00	4800.00	
2							
3							
4							
5							
	人工小计					4800.00	
二	材料						
1	42.5级普通水泥	t	15.000		300.00	4500.00	
2							
3							
4							
5							
	材料小计					4500.00	
三	施工机械						
1	汽车起重机20t	台班	5		2500.00	12500.00	
2							
3							
4							
5							
	施工机械小计					12500.00	
四、企业管理费和利润　按人工费18%计						864.00	
	总　　计					22664.00	

表-12-4

总承包服务费计价表

工程名称:某园区园林绿化工程　　　　　　　　标段:　　　　　　　　第　页 共　页

序号	项目名称	项目价值/元	服务内容	计算基础	费率(%)	金额/元
1	发包人发包专业工程	100000.00	1. 按专业工程承包人的要求提供施工工作面并对施工现场统一管理,对竣工资料统一管理汇总。 2. 为专业工程承包人提供焊接电源接入点并承担电费	项目价值	7	7000.00
2	发包人提供材料	5550.00		项目价值	1	55.50
	合　计	—	—		—	7055.50

表-12-5

规费、税金项目计价表

工程名称:某园区园林绿化工程　　　　　　　标段:　　　　　　　　第　页 共　页

序号	项目名称	计算基础	计算基数	计算费率(%)	金额/元
1	规费	定额人工费			17120.57
1.1	社会保险费	定额人工费	(1)+(2)+ (3)+(4)+(5)		13516.24
(1)	养老保险费	定额人工费		14	8410.11
(2)	失业保险费	定额人工费		2	1201.44
(3)	医疗保险费	定额人工费		6	3604.33
(4)	工伤保险费	定额人工费		0.25	150.18
(5)	生育保险费	定额人工费		0.25	150.18
1.2	住房公积金	定额人工费		6	3604.33
1.3	工程排污费	按工程所在地环境保护部门收取标准, 按实计入			
2	税金	分部分项工程费+措施项目费+其他 项目费+规费-按规定不计税的工程设 备金额		3.41	15675.64
	合　计				32796.21

编制人(造价人员):×××　　　　　　　　　复核人(造价工程师):×××

表-13

参考文献

[1] 中华人民共和国住房和城乡建设部 . GB 50500—2013 建设工程工程量清单计价规范[S]. 北京:中国计划出版社,2013.

[2] 中华人民共和国住房和城乡建设部 . GB 50858—2013 园林绿化工程工程量计算规范[S]. 北京:中国计划出版社,2013.

[3] 规范编制组 . 2013 建设工程计价计量规范辅导[M]. 北京:中国计划出版社,2013.

[4] 尚红,布凤琴 . 园林景观工程概预算[M]. 北京:化学工业出版社,2009.

[5] 《工程造价计解析价与控制》编委会 . 工程造价计价与控制[M]. 4 版 . 北京:中国计划出版社,2009.

[6] 中国建设工程造价管理协会 . 建设工程造价管理基础知识[M]. 北京:中国计划出版社,2007.